绿色金融理论体系与创新实践研究丛书

大气污染治理的投融资机制研究

蓝虹 方莉 等著

中国金融出版社

责任编辑：丁　芊
责任校对：张志文
责任印制：裴　刚

图书在版编目（CIP）数据

大气污染治理的投融资机制研究（Daqi Wuran Zhili de Tourongzi Jizhi
Yanjiu）/蓝虹，方莉等著 . —北京：中国金融出版社，2018. 4
（绿色金融理论体系与创新实践研究丛书）
ISBN 978 - 7 - 5049 - 9190 - 4

Ⅰ.①大… Ⅱ.①蓝…②方… Ⅲ.①空气污染控制—投融资体制—研
究—中国 Ⅳ.①X196

中国版本图书馆 CIP 数据核字（2017）第 227213 号

出版
发行　**中国金融出版社**

社址　北京市丰台区益泽路 2 号
市场开发部　（010）63266347，63805472，63439533（传真）
网 上 书 店　http：//www. chinafph. com
　　　　　　（010）63286832，63365686（传真）
读者服务部　（010）66070833，62568380
邮编　100071
经销　新华书店
印刷　北京市松源印刷有限公司
尺寸　169 毫米 ×239 毫米
印张　17. 75
字数　236 千
版次　2018 年 4 月第 1 版
印次　2018 年 4 月第 1 次印刷
定价　35. 00 元
ISBN 978 - 7 - 5049 - 9190 - 4
如出现印装错误本社负责调换　联系电话　（010）63263947

中国人民大学生态金融研究中心
环境保护部环境保护对外合作中心
能源基金会

本研究是能源基金会资助的"中国环境保护投融资政策与实践研究项目"中的重要内容，由中国人民大学生态金融研究中心与环境保护部环境保护对外合作中心共同完成。研究人员包括：中国人民大学蓝虹教授及其研究团队沈成琳、李荟均、任慕华、翁智雄、张恺等；环境保护部环境保护对外合作中心方莉副主任及其研究团队陈明、刘援、王爱华、葛天琪、曹杨等。

序　言

近年来，绿色金融在国际国内发展十分迅猛。国家"十三五"规划纲要明确提出"构建绿色金融体系"的宏伟目标。李克强总理在 2016 年和 2017 年的《政府工作报告》中都要求"大力发展绿色金融"。2016 年 8 月，经国务院同意，中国人民银行等七部委共同发布了《关于构建绿色金融体系的指导意见》。2016 年 9 月，中国人民银行发布《G20 绿色金融报告》，作为 G20 的东道主，中国首次将绿色金融列入 G20 核心议题，并且通过 G20 领导人杭州峰会公报成为全球共识。2017 年 6 月，国务院第 176 次常务会议审议通过了浙江、广东、贵州、江西、新疆五省（区）的绿色金融改革创新试验区总体方案。2017 年 10 月，习近平总书记在党的十九大报告中明确提出发展绿色金融。至此，发展绿色金融成为中国生态文明建设的核心战略。

我从事绿色金融已经十几年了，是中国最早开始进行绿色金融研究的学者之一。在绿色金融日益昌盛的今天，想起十几年前，在寂寞中从事绿色金融研究，深深感受着学术就是要能坐得住冷板凳的意境，但是，心里始终是有信念的，即使在最冷寂的时候，我也坚信绿色金融一定会有光辉的未来。因为所有经济学新领域的拓展，都源于现实问题的产生，而绿色金融是现实问题产生后立足于解决这些问题必然会产生的学科。

最早对绿色金融的迫切需求产生于环境界。生态环境保护一直是作为公共物品由各国财政出资供给，然而，随着全球生态环境问题的日益加剧，生态环境问题由局域走向全球，由单一环境问题走向环境问题的综合出现，大气、水、土壤等污染物循环互相影响，环境治理资金需求飞速增长。与此同时，为了推进小政府大市场，更好地发挥市场手段的作用，全球兴起了公共事业民营化浪潮，财政全部支撑环境保护的局面被打破，因为环保资金需求的巨大性，已经不是财政可以完全支撑和承担的，必须寻求金融的帮助，毕竟金融资金总量要远远地大于财政资金总量。为了构建起环保和金融的桥梁，让金融机构和金融专家了解环境，联合国环境署率先成立了金融行动机构，聘请了大量金融界人士进入环保领域，为国际环境行动的融资出谋划策，或者直接制定融资方案进行融资。这一批绿色金融专家都有深厚的金融背景，大多数专家都有在金融机构工作多年的经验，所以，对于金融机构的运作模式和金融专家的思考关注焦点非常熟悉。他们在经受了环境知识的培训后被派到全球各金融机构，寻求金融机构对环保的支持，打通环境与金融沟通的桥梁，为环保融资奔走呼吁。

金融界对绿色金融的需求是与环保民营化紧密相连的。环保民营化采取的一般是 PPP 模式，因为生态环保公共物品供给的属性，一般很难做到完全市场化自由供给，需要通过政府与社会资本的合作实现，但与政府合作并不仅仅意味着财政支持，还包括帮助收费、定价、授予特许经营权等多方面，其中有很多特许经营 PPP 项目是完全不需要财政支持的，完全靠金融手段融资无论何种 PPP 模式项目，都具有项目周期长且资金额度需求巨大的特点，很难用普通的贷款模式和风险管理模式开展贷款业务，但生态环保领域民营化所释放的巨大融资市场，以及生态环保民营化项目所具有的政府规划和天然垄断性特征，使其具有未来收益稳定的特点，金融机构认为这是一个新兴的投资领域。为此，世界各领先银行开始开拓该领域业务，并将其纳入主体业务之一。但大型基础设施的特点和项目融资无追索权和有限追索权的特征，使金融机构遭遇到由环境风险引致的金融风险，从而形成了对金融机构环境风险管理的需求。在这个领域最著名的就是赤道原则。

赤道原则是金融机构管理项目融资业务中环境与社会风险的国际行业标准，项目融资在全球范围内的兴起加快了金融机构参与环境风险管理的进程。项目融资最早兴起于欧洲，是欧洲公共基础设施融资的重要工具。伴随着公共事业民营化的浪潮，项目融资业务在全球领先银行不断推进。2002年10月，荷兰银行和国际金融公司在伦敦主持召开了一个有9家国际领先商业银行参加的会议，讨论项目融资中的环境和社会风险问题。会上就以往项目中的案例因为环境或社会风险而引发争议，随后，花旗银行建议银行尽量制定一个框架来解决这些问题。最后决定在国际金融公司保全政策的基础之上创建一套项目融资中有关环境与社会风险的指南，这个指南就是赤道原则。

全球生态环境危机的加剧也导致环境法律法规的日益严格，污染者付费原则中的污染者定义，在生态环境利益相关者日益扩大的情况下，其概念也得到了延展，金融机构，如果曾经对污染项目提供资金，必然也享受了污染红利，因此，也在污染者付费定义的延展中纳入了污染者行列，需要和污染企业一起承担法律责任。金融机构需要承担污染的法律责任最早出现在美国的《超级基金法》中。

20世纪后半叶，美国经济发生了深刻的变革，经济和工作重心经历了从城市到郊区、由北向南、由东向西的转移，许多企业在搬迁后留下了大量的"棕色地块"（Brownfield Site），具体包括那些工业用地、汽车加油站、废弃的库房、废弃的可能含有铅或石棉的居住建筑物等，这些遗址在不同程度上被工业废物所污染，这些污染地点的土壤和水体的有害物质含量较高，对人体健康和生态环境造成了严重威胁。1978年，美国纽约州北部拉夫运河镇地区发生的由有害化学物质造成的严重危害居民健康的土壤污染事件，是其中影响最广的事件之一。拉夫运河位于美国加州，是一个世纪前为修建水电站挖成的一条运河，20世纪40年代干涸被废弃。1942年，美国一家电化学公司购买了这条大约1000米长的废弃运河，当作垃圾仓库来倾倒大量工业废弃物，持续了11年。1953年，这条充满各种有毒废弃物的运河被公司填埋覆盖好后转赠给当地的教育机构。此后，纽约市政府在这片土地上陆续开发了房地产，盖起了大量的住宅和一所学校。从1977年开始，这里的居民不断发生各种怪病，孕妇流产、儿童夭折、婴儿畸形、癫痫、直肠出血等病症也频频发生。这件事激起当地居民的愤慨，当局随后展开调查发现，1974—1978年，拉夫运河小区出生的孩子56%有生理缺陷，住在小区内的妇女与入住前相比，流产率增加了300%。婴儿畸形、孕妇流产的元凶，即是拉夫运河小区的前身——堆满化学废物的大垃圾场的"遗毒"。"棕地"中的有毒物质渗入地下后，可通过土壤、管道等，缓慢挥发、释放有毒物质，毒性持续可达上百年。当时的美国总统卡特宣布封闭当地住宅，关闭学校，并将居民撤离。

土壤污染事件的爆发具有以下特征，这些特征导致对金融机构的影响最为深远。第一，隐蔽性和滞后性。土壤污染从产生到出现问题通常会滞后较长时间，往往要通过对土壤样品进行分析化验和农作物的残留检测，甚至通过研究对人畜健康状况的影响后才能确定。比如日本的"痛痛病"，是经过了10~20年之后才逐渐被人们认识的。第二，累积性。污染物在土壤中并不像在大气和水体中那样容易扩散和稀释，因此会在土壤中不断积累而超标。第三，不可逆转性。重金属对土壤的污染基本上是一个不可逆转的过程，许多有机化学物质的污染也需要较长时间才能降解。如被某些重金属污染后的土壤可能需要100~200年的时间才能够逐渐恢复。第四，难治理性。积累在土壤中的无法降解污染物很难靠稀释和自我净化作用来消除。土壤污染一旦发生，仅仅依靠切断污染源的方法往往很难恢复，有时要靠换土、焚烧、淋洗等方法才能解决，也就是说土壤污染治理的资金耗费量是十分巨大的。

在拉夫运河事件发生后，美国政府对全国可能的棕色地块进行了勘察，发现潜在的棕色地块至少在5000块以上，这是财政无法承受的。按照传统污染者付费原则，应该由污染企业承担修复费用，但由于土壤污染爆发，其潜伏期往往长达几十年，经过几十年，很多企业已经破产倒闭，作为经济责任主体已经消失了。在这种情况下，以拉夫运河（The Love Canal）事件为契机，1980年美国国会通过了《综合环境反应、赔偿和责任法》（CERCLA），该法案因其中的环保超级基金而闻名，因此，通常又被称为《超级基金法》。超级基金主要用于治理全国范围内的闲置不用或被抛弃的危险废物处理场，并对危险物品泄漏作出紧急反应。《超级基金法》将污染者付费原则中污染者定义进行了拓展，规定的潜在责任方包括：（1）泄漏危险废物或有泄漏危险废物设施的所有人和运营人；（2）危险废物处理时，处理设施的所有人或运营人；（3）危险物品的生产者以及对危险物品的处置、处理和运输作出安排的人；（4）危险物品和设施的运输者。

人们在那时已经普遍认识到，企业污染行为如果得不到金融机构的支持是很难形成的，而且金融机构的盈利中也包含着污染红利，开始意识到监管金融机构环境行为的重要性，在这种背景下，《超级基金法》将银行等金融机构也列入潜在责任方，规定：贷款银行是否参与了造成污染的借款公司的经营、生产活动或者废弃物处置，如直接介入借贷公司的日常或财务性或经营性管理活动；对污染设施的处置，贷款银行取消其赎取权；或者贷款银行通过订立合同、协议或其他方式处置有毒废弃物等。只要具备上述条件之一，且这些行为被证实是一种影响借贷公司处置有毒废弃物的因素，那么贷款银行就可能被视为"所有人"或者"经营人"而被法院裁定承担清污环境责任。

1986年，美国法院根据《超级基金法》判定马里兰银行（Maryland Bank and Trust）负有清理污染场地的法律责任，因为它的一家客户，从事污染废弃物管理的公司破产了，而被其严重污染的厂址作为抵押品成为了该银行的资产。美国法院认为，贷款银行拥有充足的工具和方法进行尽职调查以避免该风险，这种对潜在环境污染风险的尽职调查是贷款银行的责任，法院没有义务保护贷款银行因为自身的失误而导致的资金损失。在1990年关于参与污染设施和项目管理的案例中，法院裁定Fleet Factors必须承担清理污染的环境责任，因为它的一个破产的客户斯恩斯德伯勒印花公司（Swainsbro Print Works Inc.）遗留下大量的环境污染问题。Fleet Factors已经将斯恩斯德伯勒印花公司的库存、设备和厂房作为贷款的抵押品，当斯恩斯德伯勒印花公司申请破产时，Fleet Factors介入进行设备清算。就在此时，危险化学物品发生了泄漏，从而大面积污染了厂地。法院据此裁定Fleet Factors是污染设施的运营人（Operator），因此需要承担清理污染的法律责任。

这一系列法律判决，使金融机构迅速对环境风险作出反应，开始建立绿色金融事业部等专门的绿色金融部门，负责在信贷审核流程中审核和管理环境风险，防止银行因为环境风险而导致资金的损失和业务的流失。无论是环境机遇还是环境风险，对银行来说都是真金白银的盈利或者损失，是与其经营绩效密切相关的。因此，金融机构推动绿色金融发展的动力是内生的，是核心业务的内在需求。

目前，以赤道原则为代表的金融机构环境风险管理已经在全球普及，而生态环境民营化推进，也为金融机构捕获环境机遇带来了更大的空间，生态环保领域的投融资已经成为全球金融界新的蓝海。

但是，在传统金融看来，生态环保投融资都具有强烈的公共物品属性，属于财政范畴，怎么可能开发为新金融的蓝海呢？

绿色金融是支撑生态文明建设和绿色发展的金融体系，是有别于传统金融的一种新型金融模式。从宏观上说，作为国家宏观调控的工具，绿色金融要求把资源环境的高度稀缺性在金融的资源配置系统中体现出来，帮助实现高度稀缺的生态环境资源的优化配置。从微观上说，绿色金融就是要为具有公共物品属性的生态环保项目融资。

传统金融与财政的边界是非常清晰的。在传统经济学理论中，由于公共物品供给的外部性特征，公共物品的融资一般只能由财政来承担，所以，为公共物品融资的 Public Finance 在中国直接就被翻译成了公共财政，其实应该是公共金融学，就是为公共物品融资的学科。传统金融一般只为私人物品融资。但是，伴随着全球公共物品的民营化浪潮，金融开始介入公共物品的融资。最经典的案例就是科斯的灯塔。

在 17 世纪初期的英国，灯塔是由领港公会负责建造的，这是一个隶属于政府的机构，专门管理航海事宜。航海业在英国占有重要位置，航海业的迅速发展导致了船只对建造足够多和质量足够好的灯塔以保障航运安全的急迫需求，但当时的英国财政面临困境，需要提供的公共物品很多，没有足够的资金建造很多灯塔，灯塔的维护修理也出现了问题。灯塔的质量对航运安全是十分重要的，这种灯塔公共物品供给的不足导致了航海中事故发生频率的上升，因此，从事航运的船商有动力出资修建更多灯塔以保障航运的安全。但是，航海中的灯塔，因为供给的强烈外部性特征，无法形成有效的收费机制，无法让私人投资者获得合理的回报。而通过对航海者增加税收来增加财政供给，又因为收支两条线使航海者对纳税是否可以增加灯塔供给产生疑惑，即使是采取专税的形式，也无法让纳税人与某一特定航线的灯塔建设紧密结合，导致航海者对增加税收的抵触情绪。航海者希望有新的收费模式将收费与其获得的灯塔服务更直接相连，他们希望看到自己的付费直接体现在更好的灯塔服务上。

最后的解决方案是由隶属政府的港口管理部门解决。港口公务人员根据船只大小及航程中经过了多少个灯塔来收费，不同航程收取不同的灯塔费用，港口公务人员将各航线的收费标准印刷成小册子，以正规化和完善收费机制，航海的船只可以在航海中对这些航线是否有这么多个灯塔以及这些灯塔的明亮度等质量问题进行监督。港口的公务人员代收灯塔费后，再转给各个灯塔的建设和运营商，作为他们投资建设运营和维护灯塔的收益回报。这样，公共物品的灯塔供给，就实现了由政府和财政供给向市场和金融供给的转型。我们需要关注的是，虽然灯塔的供给在港口公务人员的帮助下实现了市场化和金融供给的转型，但这并没有改变灯塔的公共物品特性：一是灯塔的供给仍然具有强烈的外部性特征，所以其收费机制的建立必须要依靠政府。二是各个航线到底需要安装多少灯塔，灯塔的亮度要达到怎样的程度，每个灯塔要收多少钱，都不是灯塔建设运营商可以自己决定的，必须是政府来规划。三是灯塔建设运营商并不能随意自由地进出该领域，其建设运营灯塔必须通过政府的资质考核和评估获得政府颁发的特许经营权。

灯塔收费机制的形成及金融供给的介入告诉我们，只要能形成合理的收费机制，金融也是可以参与公共物品的供给的。因为生态环境保护带有鲜明的公共物品特性，与传统私人物品的供给有着显著的不同。但是，随着全球生态环境问题的加剧，资金需求飞速增长，特别是很多生态环保产品还是全球性公共物品，例如二氧化碳减排等，目前并没有一个全球政府财政可以提供这些全球生态环境公共物品，绿色金融的作用就非常重要了。绿色金融技术，通过合理设计生态环境产品供给方和需求方都认同的收费机制，可以实现跨区域跨时间地沟通和连接生态环境产品的供给方和需求方，从而为推动生态文明建设提供可持续的资金支持。因此，绿色金融对生态文明建设和可持续发展来说是非常重要的，甚至是财政无法替代的。

金融是需要回报的，但金融需要回报仅仅是金融存在的条件，而不是金融的本质。金融的本质是什么，我很赞成陈志武教授在《金融的逻辑》里的定义，第一，金融首先是跨期价值交换；第二，金融可以跨区域地沟通供需双方。绿色金融就是要通过金融手段的跨期和跨区域交易特征，连接生态环境资源的需求方和供给方，实现生态环境资源的市场价值和最优资源配置。绿水青山不会自动地转化为金山银山，必须通过绿色金融手段，才能实现生态环境资源的市场化、价值化和产业化，才能让绿水青山不仅转化为金山银山，而且让供给绿水青山的产业成为重要的绿色产业，才能实现生态环境优化与经济增长共赢的可持续增长模式。

金融不是财政，金融是需要回报的，这是金融在市场中生存的基本条件。生态环保项目是公共物品，具有公益性特征，所以人们往往会认为只能由财政来供给。但是，随着生态环境危机的加剧，生态环境项目的公益性特征已经从区域性走向全国性甚至全球性，而且，生态环境项目所需求的融资总量也是财政无法承受的，在这种情况下，如何用市场的方式为生态环境项目提供充足的融资就成为公共金融学的新命题，因为市场中的金融资源总量显然是远远大于财政可以聚合的资金。所以，绿色金融技术作为金融技术中新生的内容，其最大的挑战就是如何运用金融手段为具有公共物品属性的生态环保项目融资，这就需要通过绿色金融技术为这些绿色项目设计合理有效的回报机制，就是要实现陈志武教授在《金融的逻辑》里说的金融的第二个职能，连接需求方和供给方，为绿色金融的需求者和供给者搭建交易的桥梁。

因为绿色项目具有公共物品的属性，所以绿色金融的需求往往是通过政府来体现的。因此，绿色项目即使由金融供给，也和供给私人物品是完全不同的形态和模式，是一定要和政府合作才能完成的。例如，经典案例中的科斯的灯塔，也是通过政府机构的领港公会负责定价和收费，才促成了金融介入灯塔公共物品的供给。因此，绿色项目的市场化设计，需要政府和金融人员的共同合作。

绿色项目的市场化设计有多种模式，从理论上说，一个顶级的绿色金融设计人员应该是可以把所有绿色项目设计成金融可以参与的项目。但这仅仅是理论上的，在现实中，要将绿色项目设计成金融可介入可开发的项目，不仅需要绿色金融技术专家的设计技术，还需要很多现实的支持条件，所以，现实中不是所有绿色项目都可以设计成金融可以介入和开发的项目。

在绿色金融技术设计的经典案例中，最著名的是《京都议定书》框架下的碳金融机制的形成。由于二氧化碳的全球流动性和输送性特征，碳减排是全球公共物品，但目前并没有全球公共财政来对其进行供给，最后是通过《京都议定书》框架下的碳交易机制来解决这种全球公共物品供给的资金机制。在国家级和地区级绿色公共物品供给中，市场化金融化设计目前最常用的有以下几种模式：

第一，地方政府以某种闲置资产来换取金融对绿色公共物品的供给，市场和金融投资者通过盘活这些闲置资产来获得绿色项目经营的回报。最经典的案例就是天津生态城建设。天津生态城的原址是盐碱地加垃圾和污水倾倒地，天津市政府要对其进行治理，但是财政资金有限，在这种情况下，天津市政府将这块盐碱地加垃圾和污水倾倒地的废弃用地三十年的经营权通过政府法令的方式转让给了中新天津生态城投资开发公司，其承担生态城内道路、交通灯、道路交通线喷涂、道路标识；道路照明；雨水收集系统；污水管网系统；中水管网系统等公共基础设施项目建设。天津市政府通过绿色指标体系对其进行严格监管，包括绿色建筑比例100%，绿色出行大于90%等。天津生态城总投资超过500亿元，全部来自金融资金，没有动用财政资金。中新天津生态城投资开发公司以项目资产和未来收益为抵押或质押，进行银行贷款、发行绿债等各种金融手段的融资，国家开发银行也对其进行了开发性金融的支持。目前天津生态城运行良好。这种政府以闲置资产换取市场和金融的公共服务供给的设计方式，在国际上非常普遍，例如美国福特岛区域绿色开发项目。

第二，通过受益者或者污染者付费的模式来获得绿色项目的盈利。在污水处理、垃圾处理、脱硫脱硝等领域，主要是通过污染者付费的方式，但是，定价及收费机制都需要地方政府帮助才能实现。我们从这里可以看到金融相对财政在供给公共物品方面的优势。金融的一个特点是服务与收费的直接对应，例如科斯的灯塔，虽然是公共物品，但是船商付多少费用，是直接与他享受了航线的多少盏灯塔的服务以及这些灯塔的质量直接对应和挂钩的，这体现了市场供给的特性，因此，船商的支付意愿较强。财政是收支两条线的，即使是专税，也无法做到服务与收费的直接和准确对应。但是，金融对公共物品的供给和对私人物品的供给是很不一样的。一是公共物品收益外溢的特性，使供给者无法直接收费，必须通过政府帮助代收费用。二是很多绿色公共物品具有自然垄断的特征，例如污水处理厂，因为地下管网的建设必须规划进行，所以在哪里建设运营以及到底建设运营多少公共物品，必须通过政府规划来规范。三是因为绿色公共物品的受益者是全体居民，包括富人和穷人，而且既然是公共物品，那一定是无论穷人和富人都应该享受的生活必需品，所以不能由供给者直接定价，必须是政府代表全体居民和市场主体协议定价，以保障穷人也能充分享受。

第三，通过政府采购的模式付费。这是争议最大的一种绿色金融设计技术。既然还是由财政全付费，那么，金融介入的价值体现在什么地方？笔者认为这种模式的优势有两点，一是给财政购买公共物品提供分期付款。假设一个大型公共绿地公园建设和运营的投资需要8亿元，政府以购买公共服务的方式20年分期付款，每年支付租赁费4000万元，再加上运营费和合理的保本微利，这样政府的财政负担就减轻了。尤其是，很多国家在经济下行时期开展大型公共设施的大规模投资，既增加国民福利，又拉动经济增长。但经济下行时期一般财政收入都不高，这种通过金融介入来分期购买公共服务的方式对于减轻当期的财政负担就格外重要。二是采取分期购买公共服务的方式，政府每年对社会资本提供的公共服务都要进行严格的检查，只有质量合格了才付费，可以提高公共物品的供给质量。如前面所说的大型公共绿地，如果草坪、树木湖泊等出现质量问题，政府是可以不付费或者减少租赁费用的。

第四，通过财政与金融的联合供给。因为绿色项目一般具有公益性特征，收益外溢严重，因此财政与金融的联合供给设计模式就非常普遍。例如，很多地方的生物质能发电，其原材料是厨余垃圾，既可以清除垃圾，又可以供给新能源来替代化石能源，所以其绿色环保的公益性收益是很大的。但是，如果由社会资本全产业链供给，很多地方会因为成本太高导致收益无法达到金融资本介入的基础条件，这时可以采取财政与金融联合供给的模式，由财政负责前端的厨余垃圾收集和运输，由社会资本负责中后端的厨余垃圾转化为沼气及沼气置换天然气等。财政负责前端的厨余垃圾收集与运输，解决了生物质能供给中原材料不足的问题，而且大大降低了社会资本需要投入的成本，其收益得到很大提升，成为金融争抢的绿色项目。

第五，通过产业链延伸设计。例如，单纯的生态农业可能收益不够高，但是，如果进行产业链延伸设计，将生态农业、生态果业与生态教育、生态旅游、生态养生等相结合，进行产业链的延伸设计，收益就可以大幅提高。

绿色项目种类万千，因此绿色项目市场化的设计方案也是多种多样的，肯定不限于以上五种类型，但无论哪种设计方案，政府的参与合作是必需的。绿色金融是政府规范的市场，所以，金融可以介入到何种程度，在很大程度上取决于地方政府的态度和积极性。绿水青山不会自动转化为金山银山，必须通过政府与金融机构的合力推进。

目前，很多银行已经开展了融资加融智的模式，将金融服务链延伸到绿色项目市场化设计前端，主动连接绿色金融需求端和供给端，这对绿色金融推进十分重要。

在全球可持续发展背景下，各国都加强了绿色标准和环境法规的管理，这就推动了一大批绿色产业的发展。如大家最熟悉的新能源、节能行业、污水处理、垃圾处理等。在全球气候变化倡议推动下，受各国的碳税政策等的影响，新能源获得了长足的发展，成为一个投资热点。中国为了推动新能源发展，也采取了一系列政策，例如环境税，因为煤电会释放二氧化硫和氮氧化物，而通过对这两种污染物的排放征收较高的环境税，必然会加大使用煤电的成本，从而使新能源的相对价格下降，这将有利于新能源产业的发展。最近国家又在推动煤炭使用许可证制度、总量控制下的全国碳交易制度等，必然进一步在市场中加大新能源使用的优势，使新能源产业成为金融机构的投资热点。

污水处理行业作为比较成熟的环保产业，在世界各国都已经成为金融机构的投资热点，例如全球水务巨头苏伊士、威利雅等。值得高兴的是，近年来，中国的水务公司也得到了飞速发展，*inDepth Water Year Book* 发布了全球前40水务公司排名，中国的北控水务、首创股份、上海实业、天津创业环保、桑德国际、中国水务、重庆水务、光大水务、康达国际、粤海投资、江西洪城水业、中信水务、国祯环保13家环保公司位列其中。但是，与国际著名的水务公司相比，中国水务公司更多依托的是国内巨大的污水处理和再生水使用市场，而在国际市场的拓展中还有差距。苏伊士、威利雅等国际著名的水务公司，其本国业务在其总业务中所占比例较小，更多的业务来自国际市场的拓展，例如，中国第一批PPP模式的污水处理业务，基本上都是被苏伊士、威利雅等国际水务公司承包了，中国的水务公司是在学习了它们的商业模式和管理运营模式后才逐渐成长起来的。近年来，在绿色并购基金等金融工具支持下，中国环保行业成长迅速并将业务范畴扩展到国际，例如2014年6月30日，首创集团收购新西兰固废公司Transpacific New Zealand公司100%股权，以及收购新加坡危废处理排名第一的ECO公司100%股权，将业务范围扩展到新西兰和新加坡。

绿色产业的公共服务特性决定了绿色产业有保本微利、收益稳定的特点。绿色产业的每个单项项目资金需求量都很大，这种保本微利对民营资本来说就转化为很大的业务，利润率虽然不太高，但利润总量十分可观。正是绿色产业的保本微利、收益稳定、资金额度巨大的特点，使其成为各国金融机构争抢的投资热点。

中国正处于向绿色经济的转型时期，大量的绿色产业崛起，成为新的经济增长点，给金融机构提供了大量的绿色投资机遇。及时抓住绿色投资机遇，是各个金融机构获得竞争成功的关键。但是，我们也必须认识到，绿色金融市场是典型的政策性市场，绿色金融市场的培育需要各方面政策强劲支持。因此，我国绿色金融的发展趋势和发展空间，还要依托于绿色金融相关政策的制定和严格执行。

2018年，我国将生态文明建设写入宪法，预示着绿色金融将进入一个快速发展期。全面推进绿色金融需要对绿色金融更加全面的认识，作为一名已经从事绿色金融研究十几年的学者，我欣喜地看到绿色金融的迅猛发展，决定将自己十几年从事绿色金融研究的心得，撰写成《绿色金融理论体系与创新实践研究丛书》，为推进绿色金融发展贡献我的绵薄之力。同时这也是给一路陪我走来的师长朋友学生们的最好礼物，正是他们的支持和鼓励，才使我将绿色金融研究坚持了十几年，并最终熬过了冷寂期，迎接了绿色金融繁盛的春天。

蓝　虹

2018 年 4 月 8 日

目　　录

第一章　我国大气污染及防治现状

本章基于我国大气污染现状及《大气污染防治行动计划》分析出，我国目前主要的大气污染物为二氧化硫、氮氧化物、烟（粉）尘及挥发性有机物（VOCs），其主要污染来源为工业源，对于二氧化硫、氮氧化物和粉尘，其主要排放工业行业为电力、热力生产和供应业、非金属矿物制品业、黑色金属冶炼及压延加工业、化学原料和化学制品制造业、石油加工、炼焦和核燃料加工业以及有色金属冶炼及压延加工业。对于VOCs而言，其主要工业排放源是石油炼制、有机化工、建筑装饰、涂装行业等。针对我国主要大气污染物及其来源，本书认为治理行业中脱硫脱硝行业、除尘行业、VOCs治理行业、"煤改气"及合同能源管理为我国大气污染治理的主要行业，并在第二章对以上行业的投融资特征进行具体分析。

一、我国大气污染物分析

（一）大气污染现状

1. 全国大气污染现状

近年来，我国大气污染物排放总量呈逐年下降趋势，虽然部分污染较为严重的城市有所好转，但是空气质量达到二级标准的比例也在减少，污染仍然很严重。2014年，中国社会科学院发布的《全球环境竞争力报告（2013）》显示，中国在全球133个国家中生态环境竞争力排名为第

124 位。其中，空气质量排名位列倒数第二位。[①] 环境保护部依据《环境空气质量标准》（GB 3095—2012），从 2013 年开始对实施该标准的城市进行监测。2015 年，对全国 338 个地级以上城市开展空气质量新标准监测结果显示，265 个城市空气质量超标，占 78.4%，达标的城市只有 73 个，占 21.6%。[②]

造成中国大气污染的原因主要包括五个方面：一是以煤炭为主的能源消费结构以及工业结构和布局的不合理使大气中颗粒悬浮物超标和二氧化硫浓度较高。二是生活水平提高，使机动车保有数量激增。大量机动车尾气排放，使大气中一氧化碳、碳氢化合物、氮氧化物和颗粒含量剧增。三是以大规模的房地产开发为主的建筑施工活动，使扬尘污染加重。四是部分地区生态环境的破坏导致北方沙尘暴污染加重。五是硫氧化物、氮氧化物等总量排放控制不到位，导致酸雨地区及酸雨增多。总之，中国目前的大气污染类型是以二氧化硫、氮氧化物和烟（粉）尘为主的复合型大气污染。

大气细颗粒物（PM2.5）是灰霾天气形成的主要原因。2015 年，城市超标天数中，以 PM2.5 为首要污染物的占超标天数的 66.8%。PM2.5 中含有多种化学组分，可参与一些大气化学反应过程，降低能见度，引发灰霾天气。PM2.5 中含有硫酸盐、硝酸盐、铵盐、有机物、土壤尘（或地壳矿物质）、海盐、金属氧化物、氢离子和水等，以二次气溶胶（二次无机气溶胶 SNA + 二次有机气溶胶 SOA）为主，其二次组分主要有硝酸盐、硫酸盐、铵盐和半挥发性有机物等。研究表明，在高污染情况下，硫酸盐主要来源于 SO_2 的非均相液相氧化，硝酸盐主要来源于 NO_x 的气相氧化过程，并在一定程度上与 NH_3 浓度相关，SOA 主要来源于挥发性或半挥发性有机化合物的氧化。[③]

由此可见，除了二氧化硫、氮氧化物和烟（粉）尘外，VOCs 也是我

---

① 中国社会科学院. 全球环境竞争力报告（2013）［R］. 北京：中国社会科学院，2014.
② 环境保护部. 2015 年环境状况公报［R］. 2016 - 05 - 20.
③ 喻义勇，王苏蓉，秦玮. 大气细颗粒物在线源解析方法研究进展［J］. 环境监测管理与技术，2015（3）：12 - 17.

国大气污染的主要污染物。VOCs 是一大类挥发性有机化合物的总称,具有毒性、刺激性及光化学反应活性。目前我国对氮氧化物、二氧化硫以及粉尘重视程度较高,已出台一系列政策控制其排放,但 VOCs 领域还存在较多空白。根据业内专家估计,我国 VOCs 排放总量已达 2500 万~3000 万吨水平,已较大幅度超过氮氧化物、二氧化硫以及粉尘等排放量,亟须予以重视,进行治理。我国主要大气污染物排放情况如表 1-1 所示。

表 1-1　　　　　　　我国主要大气污染物排放情况[①]

污染物	项目	总排放	工业源	城镇生活源	机动车	集中式
NO_x	排放量（万吨）	2078.0	1404.8	45.1	627.8	0.3
	占总排放比重（%）		67.6	2.17	30.21	0.01
SO_2	排放量（万吨）	1974.4	1740.4	233.9		0.2
	占总排放比重（%）		88.15	11.85		0.01
粉尘	排放量（万吨）	1740.8	1456.1	227.1	57.4	0.2
	占总排放比重（%）		83.65	13.05	3.30	0.01
VOCs	排放量（万吨）	2500~3000	2088.7			
	占总排放比重（%）		超过50%			

数据来源:环境保护部.中国环境年鉴 2015［R］.中国环境年鉴社,2015.

2. 京津冀大气污染现状

京津冀及周边地区是全国空气重污染高发地区,2015 年区域内 70 个地级以上城市共发生 1710 天次重度及以上污染,占 2015 年全国的 44.1%。2015 年 12 月 30 日,国家发展和改革委员会、环境保护部等部门共同发布的《京津冀协同发展生态环境保护规划》中也指出,京津冀地区是我国空气污染最重的区域,PM2.5 污染已成为当地人民群众的"心肺之患",是京津冀地区首要污染物。

根据《2015 年中国环境状况公报》,区域内 PM2.5 年均浓度平均超标 1.54 倍以上。该区域 13 个地级及以上城市空气质量平均达标天数为 191 天,比全国平均水平少 89 天。重度及以上污染天数比例为 10.0%,

---

① VOCs 总排放数据来自业内专家估计,国海证券研究所。

较第一阶段开展空气质量新标准监测 74 个城市的平均值高出 5.9 个百分点。从图 1-1 中也能清晰看出京津冀 SO_2、NO_x、VOCs、PM2.5 污染物排放强度远高于国内其他地区。

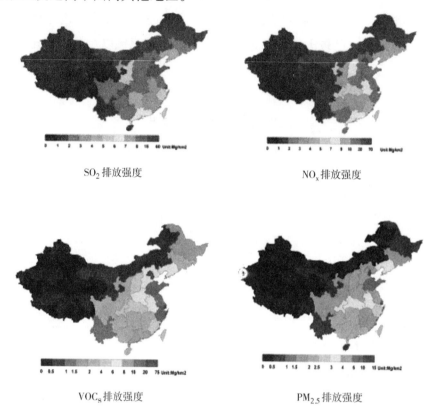

SO₂ 排放强度　　　　　　　　　　　　NOₓ 排放强度

VOCₛ 排放强度　　　　　　　　　　　　PM₂.₅ 排放强度

资料来源：清华大学。

图 1-1　京津冀 SO₂、NOₓ、VOCs、PM2.5 排放强度

（二）《大气污染防治行动计划》中污染物分析

我国大气污染形势严峻，以可吸入颗粒物（PM10）、细颗粒物（PM2.5）为特征污染物的区域性大气环境问题日益突出，损害人民群众身体健康，影响社会和谐稳定。为切实改善空气质量，《大气污染防治行动计划》要求 2017 年全国 PM10 浓度普降 10%，京津冀、长三角、珠三角等区域的 PM2.5 浓度分别下降 25%、20% 和 15% 左右，要求经过五年努力，全国空气质量"总体改善"。为实现以上目标，《大气污染防治行动计划》提出十项具体措施，包括加大综合治理力度，减少多污染物排放等。《大气污染防治行动计划》提出，加快提升燃油品质；加大排污费征收力度，做到应收尽收；实行环境信息公开；等等。本书结合环境保护部环境规划院《中国大气污染防治行动计划实施投融资需求及影响研究报告》，分析《大气污染防治行动计划》中各项措施主要针对的大气污染物。

表1-2 《大气污染防治行动计划》中涉及的主要污染物识别

项目	类别	措施	主要针对污染物
主要清洁能源替代	燃煤锅炉	淘汰、整治燃煤小锅炉	PM2.5、PM10、SO_2、NO_x、烟（粉）尘
	煤炭	控制煤炭消费总量	
		提高煤炭洗选比例	
	天然气	加大天然气、煤制天然气、煤层气供应	
	其他能源	积极有序发展水电，开发利用地热能、风能、太阳能、生物质能，安全高效发展核电	
机动车整治	新能源汽车	大力推广新能源汽车	NO_x、烟（粉）尘、VOCs
	低速汽车	加快推进低速汽车升级换代	
	黄标车	加快淘汰黄标车和老旧车辆	
	油品质量	提升燃油品质，加快石油炼制企业升级改造	
工业企业污染治理	锅炉	实施脱硫	SO_2、烟（粉）尘
		除尘设施	
	电厂、钢铁、石化等行业	脱硫	SO_2
		脱硝	NO_x
企业技术改造	清洁生产	全面推行清洁生产，对钢铁、水泥、化工、石化、有色金属冶炼等重点行业进行清洁生产审核，实施清洁生产技术改造	PM2.5、PM10、SO_2、NO_x、烟（粉）尘、VOCs
	循环经济	大力发展循环经济	

基于以上分析可知，我国大气污染的主要污染物为 SO_2、NO_x、烟（粉）尘及 VOCs，故本研究所针对的需要治理的污染物为 NO_2、NO_x、烟（粉）尘及 VOCs。

二、主要大气污染物的来源

（一）全国主要大气污染物来源

1. 氮氧化物来源分析

氮氧化物自"十二五"纳入主要污染物以来，氮氧化物的排放情况得到了明显的控制，2015 年上半年，氮氧化物尚未达到"十三五"的减排目标，减排进度相对落后，但仍超过其自身的时序进度。从图 1-2 可以看出，近年来，氮氧化物排放总量呈下降趋势，主要的排放贡献来源为工业源和机动车，且工业源的主要排放行业为电力、热力生产和供应业，排放量超过工业源排放的一半以上（如图 1-3 所示）；生活源和集中式的来源占比非常少。从图 1-3 中也能看出，工业源和生活源得到了较好的控制，排放量均有下降，但机动车的排放量却呈上升趋势，需要在未来治理中重点加强控制。

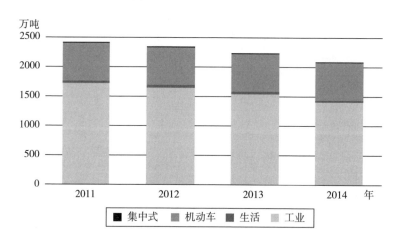

图 1-2　全国氮氧化物排放情况（2011—2014 年）

2. 二氧化硫来源分析

二氧化硫是大气三大污染物中最早提出治理规划的。近年来，如图 1-4 所示，二氧化硫的排放总量已逐年降低，说明二氧化硫的控制起到

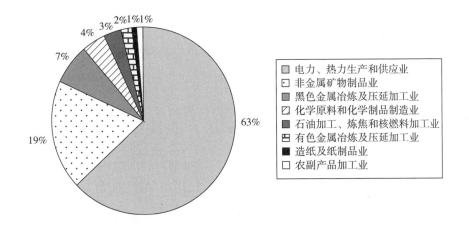

电力、热力生产和供应业
非金属矿物制品业
黑色金属冶炼及压延加工业
化学原料和化学制品制造业
石油加工、炼焦和核燃料加工业
有色金属冶炼及压延加工业
造纸及纸制品业
农副产品加工业

资料来源：环境保护部、平安证券研究所。

图 1 – 3 2013 年氮氧化物排放行业情况

了效果，总量控制上基本完成规划要求。其中工业源仍然是二氧化硫最主要的来源，在 2014 年的总排放中占比达到 88.15%；而二氧化硫城镇生活源，由于零散且相对不容易管理，对其的控制显得相对困难，排放量出现反复，近两年有小幅增加。集中式、机动车等项目为"十二五"新增，从2011 年才开始统计，由于其量少，故并不影响整体趋势的比较。

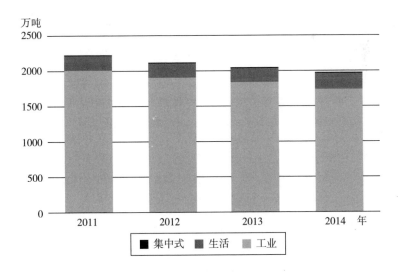

集中式　生活　工业

图 1 – 4 全国二氧化硫排放情况（2011—2014 年）

虽然工业源得到了有效的控制，但是其仍是二氧化硫的主要排放源。其主要排放行业如图 1 - 5 所示，电力、热力生产和供应业是其主要排放行业，占总排放的45%。

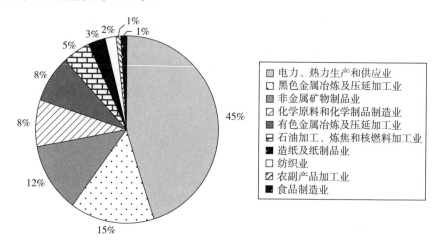

资料来源：环境保护部、平安证券研究所。

图 1 - 5　2013 年前十大二氧化硫排放行业

3. 烟（粉）尘来源分析

由于近年的雾霾问题严重，烟（粉）尘排放受到社会越来越多的关注。从图 1 - 6 中可以看出，工业源是烟（粉）尘排放的主要来源，其主要工业污染源为电力、热力生产和供应业、非金属矿物制品业和黑色金属冶炼及压延加工业等（如图 1 - 7 所示）。烟（粉）尘排放从 2005 年开始得到控制，并获得了良好的效果，根据图 1 - 6 中 2011—2013 年的排放情况就能看出。但 2014 年烟（粉）尘的排放量明显增加，两大主要污染源工业源和生活源的排放总量都明显增多，然而，机动车污染源的贡献并没有增加。分析其原因：第一，我国提出的提升油质以及淘汰黄标车等一系列控制移动源污染的措施起到了很好的效果，在机动车数量上升的情况下，控制机动车污染源排放处在一个稳定的水平。第二，"十一五"期间，国家制定的"十一五"环境保护规划要求对废气中的烟（粉）尘和二氧化硫进行总量控制。在"十二五"期间，国家制定的"十二五"环境保护规划取消了对烟（粉）尘的总量控制，废气总量控制指标是二氧化硫和氮氧化物，导致各地方并没有增加对烟（粉）尘的削减力度。虽然对锅炉等排放烟（粉）尘的污染源也进行了控制，但没有明显效果，也可能是因为以前未被重视的污染源其排放量被新纳入了统计数据中，从而造成 2014 年排放总量的增加。

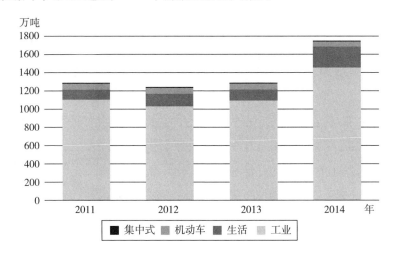

图 1-6 全国烟（粉）尘排放情况（2011—2014 年）

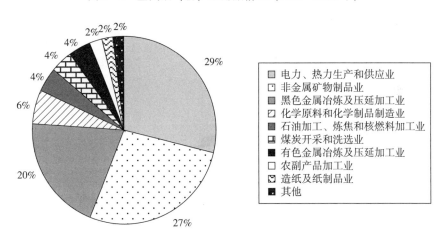

资料来源：环境保护部、平安证券研究所。

图 1-7 2013 年前十大工业粉尘排放行业

4. VOCs 来源分析

VOCs 的人为来源可分为固定源、移动源、无组织排放源。固定源包括化石燃料燃烧、溶剂的使用、废弃物燃烧、石油存储盒转运以及石油化工、钢铁工业、金属冶炼的排放。移动源包括机动车、飞机和轮船等交通工具的排放，以及非道路排放源的排放。无组织排放源则包括生物质燃烧以及汽油、油漆等溶剂挥发。

随着城镇化及工业化迅速发展，工业源 VOCs 排放的频率、浓度及种类均迅速增加，已成为我国大气 VOCs 污染的重要来源。2012 年我国工业源 VOCs 排放量达到 2088.7 万吨，占比超过 50%，其中木材加工、有机化工、印刷包装、集装箱制造这四个行业单位产值 VOCs 排放量最高，均超过 200 吨/亿元。工业源 VOCs 产生主要分为四大环节：VOCs 的生产、有机物的储存和运输以及 VOCs 为原料的工艺过程、含 VOCs 产品的使用。该四个环节的排放贡献如图 1-8 所示。

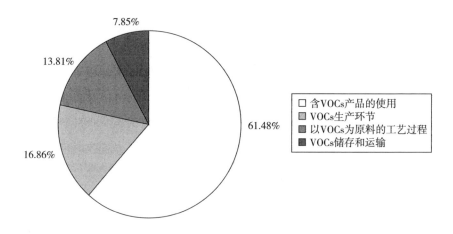

资料来源：杨利娴：《我国工业源 VOCs 排放时空分布特征与控制策略研究》；国海证券研究所。

图 1-8　生产活动四大环节 VOCs 排放量占比

表 1-3　　　　　　　　　　四大环节的 VOCs 排放源与排放量

环节	排放源	排放量
VOCs 的生产	石油和天然气开采、石油炼制、基础化学原料制造、肥料制造	石油炼制是"VOCs 的生产"环节主要排放源。2010 年"VOCs 的生产"总排放量为 278.26 万吨，其中石油炼制就超过该环节总排放量的四分之三，炼油厂区内油品的转运占石油炼制 VOCs 排放的 59.6%，另外三个节点的排放比重分别为 9.9%、28.1% 和 2.4%

续表

环节	排放源	排放量
储存与运输	油品储存与运输，有机溶剂储存与运输	排放量为129.52万吨，主要包括存储过程油品储罐的收发作业、静置呼吸、罐车装卸等环节的油品蒸发损耗，以及运输过程的管道、罐车泄漏，及受温差造成的大小呼吸损耗。其中，原油储存与运输、汽油储存与运输等VOCs排放量之和就超过环节总排放量的一半。至于煤油、柴油、润滑油等其他油品，尽管挥发性较低，但涉及的排放种类数目多，因此其接近40%的排放量不容忽视
以VOCs为原料的工艺过程	涂料产品制造，胶黏剂、合成纤维、合成树脂生产	总排放量为227.90万吨。其中，食品加工业和合成材料制造业排放量分别为51.92万吨、49.55万吨，两者之和占该环节总排放量超过四成。食品加工业的排放主要来自酿酒过程中醇类物质的挥发，这部分就占了食品加工业量的80.23%。而合成材料制造排放则主要来自合成树脂及橡胶制品。此外，纺织品制造中国年纱和布制造、合成纤维制造时的洗涤和漂染处理过程、涂料/颜料/油墨生产时的VOCs逸散，均在该环节VOCs排放中起到不容忽视的作用
含VOCs产品的使用	炼焦业、纺织印染、皮革制造、制鞋业、造纸和纸制品业、印刷和包装印刷、木材加工、家具制造、机械设备制造、交通运输设备制造	排放量共计1014.36万吨，是排放量最大的环节。主要原因是其排放涉及17个行业，包括如涂装、喷涂、印染、有机溶剂使用的工艺过程。其中，喷涂相关行业的机械设备制造、交通运输设备制造、电子制造业等的排放占该环节总排放的三分之一。当中光机械设备制造和交通运输设备制造业的排放量相加就超过该环节总量的25%。就单个排放源而言，建筑装饰的排放量高达198.73万吨，是该环节排放比重最大的细分行业

资料来源：杨利娴：《我国工业源VOCs排放时空分布特征与控制策略研究》；国海证券研究所。

（二）京津冀主要大气污染物来源分析

京津冀地区主要大气污染物与全国相同，分别为SO_2、NO_x、VOCs、PM2.5。图1-9为北京、天津、河北地区主要污染物排放情况，可以看出，京津冀地区大气污染物主要来源与全国相同，也为工业源。

根据清华大学京津冀大气污染研究结果可知，京津冀SO_2排名前四的工业排放源分别为工业锅炉，黑色金属冶炼及延压加工业，电力、热力

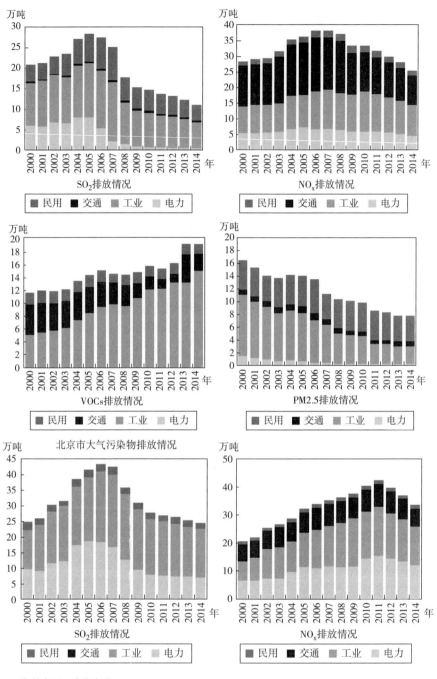

资料来源：清华大学。

图 1-9　北京、天津、河北地区主要大气污染物排放情况

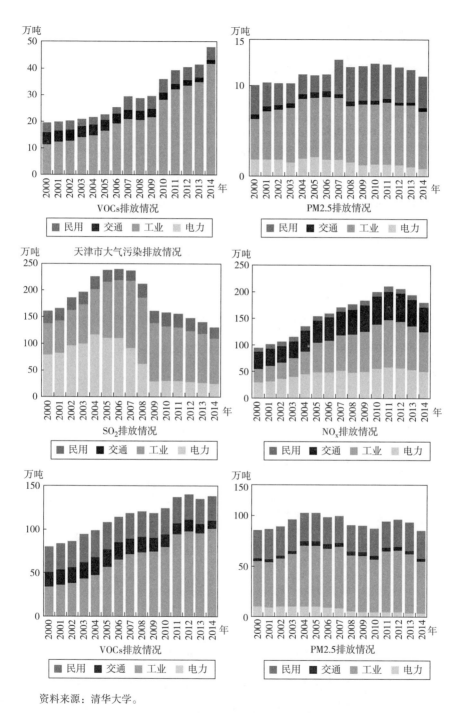

资料来源：清华大学。

图1-9 北京、天津、河北地区主要大气污染物排放情况（续）

生产和供应业以及非金属矿物制品业（如图 1－10 所示）。

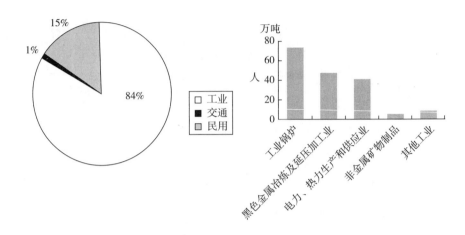

图 1－10　SO₂ 排放源情况

京津冀 NOₓ 排名前四的工业排放源分别为电力、热力生产和供应业，工业锅炉、非金属矿物制品业和黑色金属冶炼及延压加工业（如图 1－11 所示）。

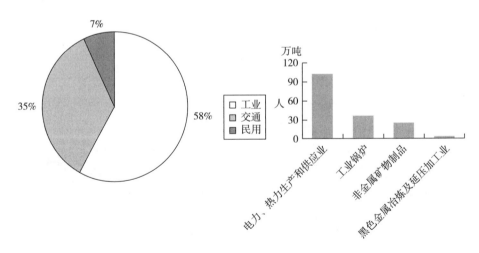

图 1－11　NOₓ 排放源情况

京津冀 PM2.5 排名前四的工业排放源分别为黑色金属冶炼及延压加工业、非金属矿物制品业、工业锅炉以及电力、热力生产和供应业（如图 1－12 所示）。

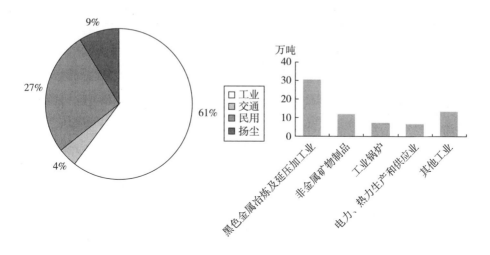

图 1 – 12　PM2.5 排放源情况

　　综上可知，京津冀地区大气污染主要工业污染行业为工业锅炉，黑色金属冶炼及延压加工业，电力、热力生产和供应业以及非金属矿物制品业。

　　综上可以看出，我国大气污染污染物主要来自工业污染源排放，对于二氧化硫、氮氧化物和粉尘，其主要排放工业行业为电力、热力生产和供应业，非金属矿物制品业，黑色金属冶炼及压延加工业，化学原料和化学制品制造业，石油加工，炼焦和核燃料加工业以及有色金属冶炼及压延加工业。对于 VOCs 而言，其主要工业排放源是石油炼制、有机化工、建筑装饰、涂装行业等。

三、主要治理行业分析

（一）《大气污染防治行动计划》中治理行业分析

　　从《大气污染防治行动计划》规划文件中，根据提炼出的一系列大气污染治理措施，识别出《大气污染防治行动计划》中大气污染治理主要涉及的环保产业的类型，如表 1 – 4 所示。

表1-4 《大气污染防治行动计划》中涉及环保产业类型识别

项目	类别	措施	环保产业类别识别
主要清洁能源替代	燃煤锅炉	淘汰、整治燃煤小锅炉	"煤改气"产业、可再生能源供热产业、洁净煤产业
	煤炭	控制煤炭消费总量	
		提高煤炭洗选比例	
	天然气	加大天然气、煤制天然气、煤层气供应	
	其他能源	积极有序发展水电，开发利用地热能、风能、太阳能、生物质能，安全高效发展核电	
机动车整治	新能源汽车	大力推广新能源汽车	油品脱硫脱硝行业、新能源汽车行业、机动车尾气净化装置生产与安装产业、VOCs治理行业
	低速汽车	加快推进低速汽车升级换代	
	黄标车	加快淘汰黄标车和老旧车辆	
	油品质量	提升燃油品质、加快石油炼制企业升级改造	
工业企业污染治理	锅炉	实施脱硫	脱硫、脱硝、除尘行业
		除尘设施	
	电厂、钢铁、石化等行业	脱硫	
		脱硝	
企业技术改造	清洁生产	全面推行清洁生产，对钢铁、水泥、化工、石化、有色金属冶炼等重点行业进行清洁生产审核，实施清洁生产技术改造	合同能源管理
	循环经济	大力发展循环经济	

《大气污染防治行动计划》中对工业企业、机动车、煤炭使用、燃煤锅炉、清洁能源使用等提出要求，并针对以上对象提出了一系列措施，主要针对大气中主要污染物 SO_2、NO_s、烟（粉）尘和 VOCs 等。其涉及的主要治理行业为脱硫脱硝行业、除尘行业、"煤改气"行业、洁净煤产业等。

（二）京津冀地区主要治理行业分析

京津冀地区大气污染问题一直是国家和社会关注的焦点，采用何种方式有效改善大气环境质量，一直是相关部门及社会各界研究的重点。

在《京津冀协同发展生态环境保护规划》《京津冀及周边地区落实大气污染》等规划文件中都提出了一系列大气污染治理的措施。以下根据京津冀大气污染的特点，分别从面源、点源和移动源三个方面有针对性地对大气污染治理手段进行整理。

1. 面源污染治理措施

（1）全面淘汰燃煤小锅炉。加快热力和燃气管网建设，通过集中供热和清洁能源替代，加快淘汰供暖和工业燃煤小锅炉。在供热供气管网覆盖不到的其他地区，改用电、新能源或洁净煤，推广应用高效节能环保型锅炉。

（2）推进城市及周边绿化和防风防沙林建设，扩大城市建成区绿地规模，继续推进道路绿化、居住区绿化、立体空间绿化。强化山西省、内蒙古自治区生态保护和建设，积极治理水土流失，继续实施退耕还林、还草，压畜减载恢复草原植被，加强沙化土地治理。进一步加强京津冀风沙源治理和"三北"防护林建设。

（3）多方面处理农村面源污染。全面禁止秸秆焚烧。削减农村炊事和采暖用煤，加大罐装液化气和可再生能源炊事采暖用能供应。推进绿色农房建设，大力推广农房太阳能热利用。对于城郊和农村地区暂时污染替代的民用燃煤，推广使用洁净煤和先进炉具。加强氨污染控制，推动氨的合成和化肥生产行业技术升级与污染治理，减少氨排放；加强脱硫脱硝过程中的氨逃逸控制；编制农业施肥、畜牧业、生物质燃烧、化工生产等重点行业氨排放清单。

2. 点源污染治理措施

（1）重治严管"高架点源"，对企业发放排污许可证。加快电力、钢铁、水泥、平板玻璃、有色企业以及燃煤锅炉脱硫、脱硝、除尘改造工程建设，推进企业清洁生产技术改造，确保按期达标排放，削减二氧化硫、氮氧化物、烟粉尘、挥发性有机物排放总量。

（2）实施挥发性有机物污染综合治理工程。有机化工、医药、表面涂装、塑料制品、包装印刷等行业实施挥发性有机物综合整治，在石化行业推行"泄漏检测与修复"技术改造，完成有机废气综合治理，限时完成加油站、储油库、油罐车的油气回收治理。

（3）实施清洁能源替代。增加外输电、天然气供应，加快发展可再生能源，逐步降低煤炭消耗比重。加快风电与光伏电站建设，推进太阳能、地热能、生物质能综合利用，优先安排可再生能源和低碳清洁能源上网。鼓励城市积极利用工业余热集中供暖，大力推广地热供暖。加强天然气利用政策引导，扩大管道天然气、煤制气、煤层气以及成品油箱京津冀输送，适度发展天然气汽车。在气源有保障、经济可承受的前提下稳步推进工业"煤改气"工程。

（4）全面推进煤炭清洁利用。耗煤项目实施煤炭等量或减量替代。加快淘汰分散燃煤锅炉，以热电联产、集中供热和清洁能源替代。提高煤炭洗选比例，新建煤矿应同步建设煤炭洗选设施，现有煤矿加快建设和改造。加强散煤治理，扩大高污染燃料禁燃区范围，禁燃区内禁止燃用散煤等高污染燃料。建设全密闭煤炭优质化加工和配送中心，构建洁净煤供应网络。

3. 移动源污染治理措施

（1）大力推广新能源汽车。公交、环卫等行业和政府机关率先推广使用新能源汽车。采取直接上牌、财政补贴等综合措施鼓励个人购买新能源汽车。在农村地区积极推广电动低速汽车（三轮汽车、低速货车）。

（2）提升燃油品质。京津冀全范围供应符合国家第五阶段标准的车用汽、柴油，加油站不得向机动车销售普通柴油。中石油、中石化、中海油等炼化企业要合理安排生产和改造计划，制定合格油品保障方案，确保按期供应合格油品。加强油品质量监督检查，严厉打击非法生产、销售不合格油品行为，加油站不得销售不符合标准的车用汽、柴油。

（3）紧盯"车油路"，全方位削减机动车污染排放。加快淘汰黄标车和老旧车辆。北京市在淘汰全部黄标车基础上，将淘汰重点升级为国 I、国 II 标准轻型客车和国 III 标准重型柴油车。控制城市机动车保有量，严格限制机动车保有量增长速度，通过采取鼓励绿色出行、增加使用成本等措施，降低机动车使用强度。同时实施补贴等激励政策，鼓励出租车每年更换高效尾气净化装置。

（4）大力发展城市公共交通加强城市交通管理。实施公交优先战略，构建以城市公共交通为主的城市机动化出行系统，建立有效衔接的城市综合交通管理体系，开展"无车日"活动，提高绿色交通出行比例。加快推进轨道交通设施建设，逐步完善特大城市以轨道交通为核心的公共交通出行体系，积极推广无轨电车。大力推广社区巴士、自行车租赁、"P＋R"（驻车换乘）等，解决交通出行"最后一公里"问题。

表 1-5　　　　　　　京津冀大气污染治理涉及环保产业类型识别

	大气污染治理手段	主要环保产业识别
面源	全面淘汰燃煤小锅炉	"煤改气"产业，可再生能源供热产业
	促进城市及周边地区绿化和防风防沙林建设，扩大城市建成区绿地规模	道路绿化、居住区绿化、立体空间绿化等的园林产业
	农村面源污染防治	秸秆综合利用、沼气利用、太阳能供热等可再生能源产业
点源	工业企业清洁生产技术改造	脱硫、脱硝、除尘行业
	挥发性有机物污染综合治理工程	挥发性有机物回收利用行业
	清洁能源替代	可再生能源发电行业、工业余热集中供暖、合同能源管理
	煤炭清洁利用	洁净煤行业
移动源	推广新能源汽车	新能源汽车产业
	燃油品质升级	油品脱硫脱硝行业
	削减传统机动车污染排放	机动车尾气净化装置生产与安装产业
	大力发展城市公共交通管理	城市公交、轨道交通、社区巴士、自行车租赁等产业

从《京津冀协同发展生态环境保护规划》《京津冀及周边地区落实大气污染防治行动计划实施细则》等规划文件中，可以提炼出一系列大气污染治理的措施，进而识别出京津冀大气污染治理主要涉及的环保产业的类型，如表 1-5 所示。其中，属于清洁生产的主要包括"煤改气"产业、可再生能源产业、洁净煤行业、新能源汽车产业、油品脱硫脱硝产业与合同能源管理。属于末端治理的产业包括园林绿化产业、挥发性有机物回收利用产业及机动车尾气净化装置生产与安装产业等。

　　通过对全国和京津冀大气污染治理行业的分析，本研究认为脱硫脱硝行业、除尘行业、VOCs 治理行业、"煤改气"以及合同能源管理为我国目前大气污染主要治理行业，在第二章对其投融资特征进行详细分析。

第二章 金融支持大气污染治理行业投融资特征分析

本章重点分析我国大气污染治理行业的投融资特征，研究火电厂烟气脱硫、烟气脱硝、烟气除尘、VOCs 防治和"煤改气"这五个大气污染治理的重点行业治理技术经济性、市场特征和企业性质，为后续提出针对性的金融手段提供行业基础。本章的主要结论如下：

第一，火电厂烟气脱硫行业方面，石灰石—石膏脱硫技术是目前我国燃煤电厂控制 SO_2 气体排放最有效和应用最广的技术，可以用以核算火电厂烟气脱硫项目固定资产投资区间和运行总成本区间。在主体技术下，火电机组脱硫设备固定资产投资区间为 9000 万元至 2 亿元，年运行成本区间约为 6500 万元/年至 16500 万元/年。据此核算，2×350 兆瓦、2×660 兆瓦和 2×1000 兆瓦三个级别下，火电厂脱硫设施投资的内部收益率分别为 1%、9% 和 17%。火电厂烟气脱硫行业依靠补贴政策和排污收费政策已经能够实现盈利。同时，火电厂规模越大，脱硫设施的单位投资成本和单位运行成本越低，但单位收益基本不变，使得规模越大的火电厂开展脱硫的利润率越高，有利于污染第三方治理的形成。目前脱硫行业已经逐渐步入成熟发展期，行业内已经形成一些具有竞争力的企业，但市场集中度仍然偏低，不利于行业具有绝对性优势的企业的形成。从企业性质来看，上市企业的优势更加明显，按 2015 年新建投运量核算，上市企业占据的市场份额约为非上市企业的 2 倍多。

第二，火电厂烟气脱硝行业方面，选择性催化还原（SCR）技术为大容量火电机组烟气脱硝项目的主体技术。基于此主体技术，火电机组脱硝设备固定资产投资区间约为4000万元至8600万元，年运行成本区间为1000万元/年至3000万元/年。在300兆瓦、600兆瓦和1000兆瓦三个级别下，火电厂烟气脱硝设施投资项目的内部收益率分别为－3%、14%和22%。可见，600兆瓦以下的火电机组应该逐渐取缔。对于600兆瓦和1000兆瓦的火电机组，脱硝设备投资的内部收益率较高，已有开展第三方治理项目的实例。目前，脱硝行业竞争十分激烈，还处于快速发展时期，行业排名前十的脱硝企业2015年市场份额仅为34.4%，不利于行业健康发展。同时，脱硝行业上市公司发展较差，非上市企业占据了2015年76%的脱硝市场份额。由此可见，应该通过绿色证券政策，疏通脱硝企业上市融资渠道，促进行业形成具有绝对优势的龙头企业形成。

第三，火电厂烟气除尘方面，电除尘技术的市场份额最大，但袋式除尘技术和电袋复合式除尘技术市场规模增长迅速，均可能成为未来火电厂烟气除尘的主体技术。基于可获得的数据，本节对300兆瓦火电机组在三种不同技术下开展烟气除尘项目的固定资产投资成本和年运行成本进行分析，总结出电除尘技术、袋式除尘技术、电袋复合式除尘技术下除尘设备的固定资产投资分别约为3000万元、1800万元和2700万元，年运行成本分别约为270万元/年、500万元/年和223万元/年。收益方面，在考虑烟气除尘项目带来的烟尘排污费削减的情况下，安装除尘设备的收益极大，项目开展后的第二年便能收回初始的固定资产投资成本。但如果不考虑削减的烟尘排污费的影响，火电厂除尘项目的内部收益率为负值。可见，排污收费政策在促进除尘行业发展上能够发挥较大作用，仅靠0.2分/度的除尘电价补贴并不能够覆盖火电厂的除尘成本。行业特征方面，袋式除尘行业市场集中度较高，排名靠前的十家企业的市场份额达到了89.5%，已有具有行业绝对优势的龙头企业形成，对技术发展较为有利。同时，袋式除尘行业中，上市企业占据了约76%的市场份额，股权融资、并购咨询等能够作为主要的支持除尘企业发展的金融服务手段。

第四，挥发性有机污染物（VOCs）防治方面，石油石化、包装印刷和建筑装饰行业的VOCs排放量最多，占到VOCs总排放量的46%以上。

目前我国 VOCs 治理行业刚刚起步，缺乏对 VOCs 排放的监测体系，监测技术也参差不齐，亟须 VOCs 监测行业的发展。同时，VOCs 治理重在前端的实时监测泄漏和修复，从根源上降低排放、节省资源，由此也促进了 VOCs 监测行业的发展。基于此，本节重点对 VOCs 监测技术、监测市场需求以及监测项目的收益来源进行分析。目前，VOCs 监测的发展方向为以气相色谱—火焰离子化监测法等 VOCs 在线监测技术和通过互联网将监测设备与系统监控中心相结合形成 VOCs 监测综合解决方案为主。根据项目组的核算，城市 VOCs 监测需求为 22.68 亿元，工业园区 VOCs 监测需求为 49.72 亿元，污染源 VOCs 监测需求为 468 亿元。综合估算，VOCs 监测设备行业预计能够达到 539 亿元的市场规模。VOCs 监测项目的收益来源主要有：节省的 VOCs 排污费、获得 VOCs 监测项目补贴和 VOCs 资源回收利用收益。目前，部分城市已经有 VOCs 第三方监测和治理的案例。

第五，"煤改气"行业方面，主要的替代用户包括散煤用户、工业制造业企业和燃煤电厂三类，主要的产业模式包括燃气运营商主导模式、用户主导模式、政府主导模式、第三方"煤改气"项目包和煤改气技术改造与创新项目包。不同地区、不同替代用户的"煤改气"工程固定资产投资成本和年运行成本差异较大，因此本节主要通过案例对"煤改气"行业成本和内部收益率进行分析。江西省某县的"煤改气"项目，同时实施了"煤改气""煤改电"和"煤改生物燃料"工程，内部收益率最高，达到 107%，一年内可完全回收初期投资成本；温州某"煤改气"工程处于亏损状态，主要原因为温州市天然气价格较高；由于较低的天然气价（2.28 元/立方米），良好的供热价格和"煤改气"财政补贴政策，北京市某区域供热项目的"煤改气"工程的财务内部收益率为 28.42%，4~5 年即可收回投资收益，远远短于一般燃气设备的使用寿命，具有良好的财务收益。

第六，本节介绍了合同能源管理行业的投融资现状。合同能源管理能够减少用能单位的燃料消耗量，降低"三废"的排放，并有利于用能单位采用更优质更清洁的燃料，从而能够促进大气污染的防治。节能服务公司主要节能效益分享型、节能量保证型和能源费用托管型三种模式。其中，节能效益分享型项目仍是主流，并主要应用于工业领域。近年来，我国合同能源管理行业增长迅速，截至2013年底，我国实施合同能源管理项目的工业节能服务企业数量约为3000家。节能服务企业具有较好的利润率，其中，建筑节能服务行业的平均利润率达29.86%。项目组对一家重点高等院校的合同能源管理项目进行了分析，计算出项目的内部收益率为28%。但目前，节能服务行业整体还存在企业规模尚小、市场集中度较低、融资困难等问题。

一、脱硫行业投融资特征

（一）脱硫技术分析：石灰石/石灰—石膏脱硫技术为主体技术

根据《2015年中国环境统计年鉴》，二氧化硫排放量位于前三位的行业依次为电力、热力生产和供应业，黑色金属冶炼及压延加工业，非金属矿物制品业。其中，电力、热力生产和供应业的二氧化硫排放量最大，是二氧化硫治理的最关键的领域。而电力行业对二氧化硫排放的贡献主要来源于燃煤火电厂。

烟气脱硫（FGD）是目前燃煤电厂控制SO_2气体排放最有效和应用最广的技术。20世纪60年代后期以来，烟气脱硫技术发展迅速，根据美国电力研究院（EPRI）的统计，大约有300种不同流程的FGD工艺进行了小试或工业性试验，但最终被证实在技术上可行、经济上合理并且在燃煤电厂得到采用的成熟技术仅有十多种。

烟气脱硫技术按脱硫剂及脱硫反应产物的状态可分为湿法、干法及半干法三大类，这三类烟气脱硫技术在发达国家已发展多年，目前在火电厂大、中容量机组上得到广泛应用并继续发展的主流工艺有四种：石灰石/石灰—石膏脱硫工艺、喷雾干燥脱硫工艺、炉内喷钙炉后增湿活化脱硫工艺和循环流化床烟气脱硫工艺。[①] 四种典型工艺技术经济比较如表2-1所示。

表2-1　　　　　　　　　　四种脱硫工艺比较

工艺	石灰石/石灰—石膏湿法	喷雾干燥	炉内喷钙炉后增湿活化	循环流化床
适用煤种含硫量	>1%	1%~3%	<2%	低、中、高硫均可
Ca/S比	1.1~1.2	1.5~2	<2.5	1.2左右
脱硫效率	>90%	80%~90%	60%~80%	>85%
占电厂总投资的百分数	15%~20%	10%~15%	4%~7%	5%~7%
钙利用率	>90%	50%~55%	35%~40%	>80%
运行费用	高	较高	较低	较低
设备占地面积	大	较大	小	小
灰渣状态	湿	干	干	干
技术是否成熟	成熟	较成熟	成熟	较成熟
适用规模及场合	大型电厂高硫煤机组	燃用中、低硫煤的现有中小型机组改造	燃用中、低硫煤的现有中小型机组改造	燃用中、低硫煤的现有中小型机组改造；受场地限制新建的中小型机组

目前，已有石灰石—石膏湿法、烟气循环流化床、海水脱硫法、脱硫除尘一体化、半干法、旋转喷雾干燥法、炉内喷钙尾部烟气增湿活化法、活性焦吸附法、电子束法等十多种烟气脱硫工艺技术得到应用。与国外情况一样，在诸多脱硫工艺技术中，石灰石—石膏湿法烟气脱硫仍是主流工艺技术。据统计，全国已投运的烟气脱硫机组中，石灰石—石膏湿法脱硫工艺占90%以上，海水法占3%，烟气循环流化床法占2%，氨法占1%。[②]

---

① 任鑫芳. 火电厂SO$_2$减排政策与脱硫电价机制研究 [D]. 北京：华北电力大学，硕士学位论文.2008.

② 李豫. 燃煤发电SO$_2$排控状况浅析 [J]. 电力勘测设计，2012，8（4）：42~45.

近年来，电煤煤质下降，含硫量逐渐增加；而且随着国家"上大压小"政策的贯彻落实，煤电机组逐步向大容量，高参数，低排放的趋势发展。

根据《火力发电厂烟气脱硫设计技术规程》（DL／T 5196—2004）按机组容量和燃煤硫分对脱硫工艺选择的原则：（1）燃煤含硫量2%或容量200兆瓦的机组，宜优先采用石灰石—石膏湿法脱硫工艺，脱硫率应保证在90%以上；（2）燃煤含硫量<2%或容量<200兆瓦机组，宜优先采用干法或半干法等费用较低的成熟技术，脱硫率应保证在75%以上；（3）燃煤含硫量<1%的海滨电厂，可以采用海水法脱硫工艺，脱硫率宜保证在90%以上；（4）电子束法和氨水洗涤法脱硫工艺应经过全面技术经济认可时采用，脱硫率宜保证在90%以上；（5）脱硫装置的可用率应保证在95%以上。

2007年1月20日，国家发改委和能源办联合下发了《关于加快关停小火电机组的若干意见》，其中指出，在"十一五"期间，在大电网覆盖范围内逐步关停单机容量5万千瓦以下的常规火电机组；运行满20年、单机10万千瓦级以下的常规火电机组；按照设计寿命服役期满、单机20万千瓦以下的各类机组等。由此可见，现阶段小机组火电在我国的比例越来越小，200兆瓦以下的机组将逐渐被取缔。因此，干法、半干法等一次性投资较低，脱硫效率一般的技术在燃煤电厂上的应用空间将会逐渐缩小。此外，2011年修订的《火电厂大气污染物排放标准》对二氧化硫的排放制定了更加严格的标准，必须采用高脱硫率的烟气脱硫方法才能满足排放要求。

综上所述，石灰石—石膏湿法烟气脱硫技术在我国的烟气脱硫市场中将会长期占据着主导地位，而且市场份额会越来越大。可见，石灰石—石膏湿法烟气脱硫技术成本基本上能反映我国火电厂二氧化硫治理的一般成本。

（二）基于主体技术和中国企业规模的脱硫成本分析：主要指标为固定资产投资区间和年运行总成本区间

我国从"十一五"期间开始了火电机组"上大压小"的政策。2007年1月20日，国家发改委和能源办联合下发了《关于加快关停小火电机组的若干意见》，其中指出，在"十一五"期间，在大电网覆盖范围内逐步关停单机容量5万千瓦以下的常规火电机组；运行满20年、单机10万千瓦级以下的常规火电机组；按照设计寿命服役期满、单机20万千瓦以下的各类机组等。由此可见，未来200兆瓦以下的机组将逐渐被取缔，新建火电机组基本上均为200兆瓦以上的大机组。目前，新建火电机组的规模以300兆瓦、600兆瓦和1000兆瓦三个级别的机组居多。根据北极星电力网的统计，2016年1月至4月间获核准的新改扩建火电项目情况如表2-2所示。可以看出，新建火电厂的装机容量基本在300兆瓦以上。其中，被统计的22个项目中，单个机组装机容量接近300兆瓦的火电项目有11个，接近600兆瓦的火电项目有8个，1000兆瓦的火电项目有3个。由此，在本节以及后两节的分析中，均以300兆瓦、600兆瓦和1000兆瓦这三个级别的火电机组为例，对脱硫、脱硝、除尘设备的投资和后期运营成本进行分析。

表2-2　　　　2016年1月至4月获核准的新改扩建火电项目情况

项目名	装机容量
国电胜利电厂	1×660兆瓦
泉惠石化工业区热电联产工程项目	1×600兆瓦
金沙低热值煤电厂	2×660兆瓦
内蒙古自备电厂	3×350兆瓦
湖北省荆州市燃煤热电联产（二期）	2×600兆瓦
赵石畔煤电一体化项目雷龙湾电厂一期	2×1000兆瓦
宁夏大武口区热电联产机组扩建项目	2×350兆瓦
辽宁华电铁岭发电一期工程	4×300兆瓦
京能左云马道头低热值煤电厂（一期）项目	2×350兆瓦
煤电铝热电联产动力车间（一期）项目	2×350兆瓦

项目名	装机容量
山东莒南力源热电二期	2×350 兆瓦
神华国神集团府谷公司电厂二期	2×660 兆瓦
神华国华电力公司锦界电厂三期	2×660 兆瓦
甘肃天水热电联产项目	2×350 兆瓦
丰煤电公司火电项目	2×300 兆瓦
晋能有限责任公司文水国金	1×350 兆瓦
阳泉煤业低热值煤热电项目	2×660 兆瓦
河北国电电力遵化热电联产项目	2×350 兆瓦
山西神头发电项目二期	2×1000 兆瓦
漳泽发电厂"上大压小"改扩建项目	2×1000 兆瓦
大唐热电三期低热值煤热电联产扩建工程	1×660 兆瓦
龙煤双鸭山矿业有限责任公司	1×350 兆瓦

资料来源：北极星电力网. 五大发电等 2016 年 1—4 月获核准的 77 个火电项目情况 [EB/OL]. [2016-08-01]. http://news.bjx.com.cn/html/20160503/729587.shtml.

根据《火电工程限额设计参考造价指标》（2014 年），采用石灰石—石膏湿法烟气脱硫技术时，火电机组的脱硫设备固定资产投资区间如表 2-3 所示。

表 2-3　　　　　　　　脱硫工程总投资成本

装机容量	湿法脱硫装置主体造价（万元）
2×350 兆瓦	9204
2×660 兆瓦	15166
2×1000 兆瓦	19382

根据史建勇（2015 年）研究的上述机组年运行成本谱图，估算 2×350 兆瓦、2×660 兆瓦、2×1000 兆瓦三类机组容量的单位发电量运行成本（含折旧）分别为 0.024 元/千瓦时、0.021 元/千瓦时、0.018 元/千瓦时。[①] 由此可以推算出，三类机组的年运行成本分别为 6490 万元/年、

---

① 史建勇. 燃煤电站烟气脱硫脱硝技术成本效益分析 [D]. 杭州：浙江大学硕士学位论文，2015.

11492 万元/年和 16454 万元/年。

（三）脱硫投资项目的资金流和内部收益率分析

脱硫装置系统的收益主要由两个部分组成：增加的脱硫电价和减少的排污费。

1. 脱硫电价收益的计算

2014 年 3 月 28 日，国家发改委和环保部联合发布了《燃煤发电机组环保电价及环保设施运行监管办法》，《燃煤发电机组脱硫电价及脱硫设施运行管理办法（试行）》也相应废止。新办法中规定：对燃煤发电机组新建或改造环保设施实行环保电价加价政策。环保电价加价标准由国家发展改革委制定和调整如表 2-4 所示。

表 2-4   各省（区、市）脱硫加价标准表

单位：分/千瓦时（含税）

省级电网	加价标准
北京	1.5
天津	1.5
河北北网	1.5
河北南网	1.5
山西	1.5
山东	1.5
内蒙古西部	1.5
内蒙古东部	1.3
辽宁	1.5
吉林	1.3
黑龙江	1.3
上海	1.5
江苏	1.5
浙江	1.5
安徽	1.5
福建	1.5
湖北	1.5

省级电网	加价标准
河南	1.5
湖南	1.5
江西	1.5
四川	1.5
重庆	2
陕西	1.5
甘肃	1.5
宁夏	1.5
青海	1.5
广东	2
广西	1.8
云南	2.16
贵州	1.7
海南	1.5

资料来源：根据国家发展改革委员会网站各省脱硫加价标准调整通知整理。

由此，本研究中取一般地区的脱硫电价加价标准1.5分/千瓦时来计算。根据中电联编著的《中国电力行业发展报告2014》，我国火电平均年利用小时数为5021小时，由此，不同机组的脱硫电价收益如表2–5所示。

表2–5　　　　　　　　各容量机组脱硫电价收益

装机容量	脱硫电价收益（万元/年）
2×350兆瓦	5272.05
2×660兆瓦	9942
2×1000兆瓦	15063

2. 节省的排污费的计算

根据国家发改委、财政部、环境保护部《关于调整排污费征收标准等有关问题的通知》所作的调整，目前全国各地二氧化硫排污费征收标准不低于每千克1.2元。以下以最低标准对火电厂安装脱硫设施而节省排污费进行核算。

表2-6   脱硫项目排污费节省计算

	2×350兆瓦	2×660兆瓦	2×1000兆瓦
单位煤耗（克/千瓦时）	350	350	350
年耗煤量（吨）	1230145	2319702	3514700
原煤燃烧 SO_2 转化率	0.9	0.9	0.9
脱硫效率	0.95	0.95	0.95
煤含硫比率	0.01	0.01	0.01
年 SO_2 减排量（吨）	21035.48	39666.9	60101.37
SO_2 排污费（元/吨）	1200	1200	1200
节约排污费用（万元/年）	2524.258	4760.029	7212.164

由此可见，典型情形下，采用石灰石—石膏法脱硫技术安装脱硫设施的资金流情况如表2-7所示。

表2-7   石灰石—石膏法脱硫项目内部收益率计算

年份	2×350兆瓦		2×660兆瓦		2×1000兆瓦	
	收益	支出	收益	支出	收益	支出
0	0	18176	0	26021	0	31353
1	7796.3	6490	14702	11492	22275.16	16454
2	7796.3	6490	14702	11492	22275.16	16454
3	7796.3	6490	14702	11492	22275.16	16454
4	7796.3	6490	14702	11492	22275.16	16454
5	7796.3	6490	14702	11492	22275.16	16454
6	7796.3	6490	14702	11492	22275.16	16454
7	7796.3	6490	14702	11492	22275.16	16454
8	7796.3	6490	14702	11492	22275.16	16454
9	7796.3	6490	14702	11492	22275.16	16454
10	7796.3	6490	14702	11492	22275.16	16454
11	7796.3	6490	14702	11492	22275.16	16454
12	7796.3	6490	14702	11492	22275.16	16454
13	7796.3	6490	14702	11492	22275.16	16454
14	7796.3	6490	14702	11492	22275.16	16454
15	7796.3	6490	14702	11492	22275.16	16454

内部收益率是能够使未来现金流入量现值等于未来现金流出量现值

的折现率，或者说是使投资项目净现值为零的折现率。计算公式如下：

$$净现值 = \sum_{k=0}^{n} \frac{I_k}{(1+R)^k} - \sum_{k=0}^{n} \frac{O_k}{(1+R)^k} = 0$$

式中，I_k 为第 k 期的现金流入量，O_k 为第 k 期的现金流出量，R 为内部收益率。

根据计算可知，2×350 兆瓦，2×660 兆瓦和 2×1000 兆瓦的火电厂其脱硫设施投资的内部收益率分别为 1%、9% 和 17%。由此可见，目前我国火电脱硫行业依靠补贴政策和排污收费政策已经能够实现盈利。同时，火电厂规模越大，脱硫设施的单位投资成本和单位运行成本均越低，但单位收益基本不变，使得规模越大的火电厂，开展脱硫的利润率越高，有利于污染第三方治理的形成。

目前，火电厂烟气脱硫第三方治理产业逐渐发展起来。截至 2015 年底，已签订火电厂烟气脱硫特许经营合同的机组容量 1.33 亿千瓦，已投运火电厂烟气脱硫委托运营合同的机组容量约为 2755 万千瓦，共占全国已投运火电厂烟气脱硫机组的 19.6%。其中，1.067 亿千瓦机组已按照特许经营模式运营。根据中电联发布的信息，已签订合同的火电厂烟气脱硫特许经营机组容量和 2015 年当年实施火电厂烟气脱硫委托运营机组容量情况如表 2-8 所示。

表 2-8 2015 年底累计签订合同的火电厂烟气脱硫特许经营机组容量情况

环保公司名称	签订的特许经营合同容量（兆瓦）	采用的脱硫方法及所占比例（%）
大唐环境产业集团股份有限公司	28700	石灰石—石膏湿法 95.33 海水法 4.67
北京清新环境技术股份有限公司	22260	石灰石—石膏湿法 100
北京国电龙源环保工程有限公司	15220	石灰石—石膏湿法 92.95 有机胺法 3.99 海水法 2.17 氨法 0.89
重庆远达烟气治理特许经营有限公司	11540	石灰石—石膏湿法 100
江苏峰业科技环保集团股份有限公司	8580	石灰石—石膏湿法 93.01 海水法 6.99
武汉光谷环保科技股份有限公司	7480	石灰石—石膏湿法 100

环保公司名称	签订的特许经营合同容量（兆瓦）	采用的脱硫方法及所占比例（%）
浙江天地环保工程有限公司	6920	石灰石—石膏湿法 100
山东三融环保工程有限公司	5130	石灰石—石膏湿法 100
北京博奇电力科技有限公司	3720	石灰石—石膏湿法 100
浙江浙大网新机电工程有限公司	3245	石灰石—石膏湿法 100
中国华电科工集团有限公司	2660	石灰石—石膏湿法 100
福建龙净环保股份有限公司	2060	石灰石—石膏湿法 100
浙江天蓝环保技术股份有限公司	330	石灰石—石膏湿法 100

注：按 2015 年底累计签订烟气脱硫特许经营合同的机组容量大小排序。

资料来源：中电联节能环保分会．中电联发布 2015 年度火电厂环保产业信息［EB/OL］．［2016－08－10］http：//huanzi. cec. org. cn/tuoliu/2016－04－25/152005. html.

表 2－9　　2015 年当年实施火电厂烟气脱硫委托运营机组容量情况

环保公司名称	签订的特许经营合同容量（兆瓦）	采用的脱硫方法及所占比例（%）
北京国电龙源环保工程有限公司	21390	石灰石—石膏湿法 100
上海申欣环保实业有限公司	5000	石灰石—石膏湿法 100
北京清新环境技术股份有限公司	660	石灰石—石膏湿法 100
江苏新世纪江南环保股份有限公司	500	氨法脱硫 100

注：按 2015 年当年实施火电厂烟气脱硫委托运营机组容量大小排序。

（四）脱硫行业市场规模和市场集中度分析

2000 年左右，脱硫技术的引进曾使脱硫行业出现爆发式的增长。在短短几年内，专业烟气脱硫公司已由最初的几家激增到 100 多家，大量企业的进入造成了市场竞争混乱，脱硫工程竞相压价，报价低价现象迭出，脱硫工程单位价格从 2001 年的 800～1200 元/千瓦降至 2006 年底的 80～120 元/千瓦。作为典型的买方市场，客户行为直接导致了脱硫市场的失序。在国际上，脱硫工程报价常年稳定在 100 美元/千瓦；而在国内，前几年电力企业压价，导致工程公司不得不想尽一切办法压缩成本。由于脱硫工程 60% 以上是设备、材料费，因此脱硫企业降低成本的主要手段就是在设备、材料上做文章。电力企业对工程质量监管松懈，也造成了有些工程从投运的第一天起，改进和维修就没有间断，有的甚至是一年施工、两年维修。

现阶段，火电脱硫行业已经逐渐步入成熟发展期，行业内已经形成一些具有竞争力的企业，开始从低价竞争走向技术、服务等全方位竞争；从拼技术、拼价格，转变为拼服务、拼管理。一些原来靠价格战争地盘、技术不过硬的小型脱硫企业自然萎缩、退出或转行；大型企业在扩大市场、技术创新、管理创新等方面也有了更大的动力。但是，与成熟行业相比，脱硫行业的集中度仍然偏低。以累计投运量估算，火电厂脱硫机组累计投运量排名靠前的三家脱硫企业的总投运量占全国已投运火电厂烟气脱硫机组容量的 25.9%，排名靠前的五家企业累计投运量占全国已投运火电厂烟气脱硫机组容量的 37.9%，排名靠前的十家企业的累计投运量占全国已投运火电厂烟气脱硫机组容量的 55.6%。可见，脱硫行业目前竞争仍较激烈，并不利于行业内具有绝对性优势的企业的形成。

（五）脱硫企业性质分析

从上榜的脱硫企业的所有制情况来看，私营企业数量更多，也占据了更大的市场份额。累计投运量中，国有企业占比仅为 37%。其中，规模较大的脱硫国有企业主要是电力集团控股的企业，依托集团内部的资源获得脱硫订单，如北京国电龙源环保工程有限公司、中电投远达环保工程有限公司、中国华电工程（集团）有限公司和大唐环境产业集团股份有限公司等。而规模较大的私营企业大多是综合性的、依靠技术取得竞争优势的企业，如北京博奇电力科技有限公司、福建龙净环保股份有限公司、武汉凯迪电力环保有限公司等。

从 2015 年火电厂烟气脱硫机组新建投运量来看，私营企业的优势更加明显。2015 年新建的脱硫机组中，约 80% 由私有性质的脱硫企业承担，国有企业的新市场份额仅为 20%。可见，脱硫行业私营企业发展态势良好，市场份额逐渐增加。

从企业上市情况来看，上市脱硫企业与非上市脱硫企业累计火电脱

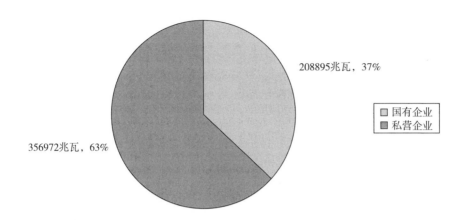

208895兆瓦，37%

国有企业
私营企业

356972兆瓦，63%

图 2-1　2015 年底各所有制企业火电烟气脱硫机组累计投运量比较

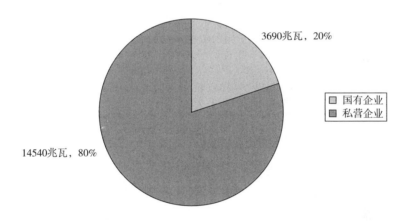

3690兆瓦，20%

国有企业
私营企业

14540兆瓦，80%

图 2-2　2015 年度各所有制脱硫企业新建投运量比较

硫机组投运量基本持平。上市脱硫公司有6%的微弱优势。但如果仅从2015年新建投运量进行比较，上市脱硫企业的优势更加明显，占新建投运总量的70%，远超过非上市脱硫企业30%的份额。

目前，环保行业整体净资产收益率较高。根据2012年全国工商业联合会经济部和中华财务咨询有限公司发布的上市公司财务指标指数，23个行业的上市公司净资产收益率在1.36%至16.07%之间，均值为7.6%。其中，包括电力、环保、燃气、水务等行业在内的公用事业上市公司的净资产收益率约在2.6%至13.74%之间，均值为8.23%，高于23个行业的平均水平。

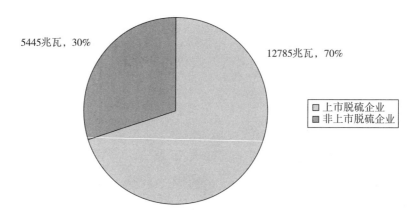

图 2 - 3   2015 年底上市/非上市脱硫企业火电脱硫机组累计投运量对比

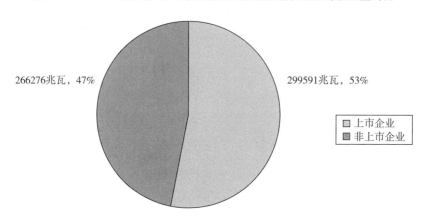

图 2 - 4   2015 年度上市/非上市脱硫企业火电脱硫新建投运量比较

就大气污染治理行业而言，脱硫行业公司整体的净资产收益率较高，高于环保行业的平均水平。表 2 - 10 列出了脱硫行业四个上市公司 2015 年度的财务数据，可见，大气污染治理行业的毛利率和净资产收益率均处于较高水平。

表 2 - 10　　　　　　　脱硫公司净资产收益率与毛利率比较　　　　　单位：%

	净资产收益率	毛利率
清新环境	17.54	38.99
龙净环保	15.71	22.91
永清环保	8.54	23.24
洁昊环保	18.18	56.79

资料来源：Wind 数据库。

二、脱硝行业投融资特征

（一）脱硝行业主体技术分析：SCR 技术为主体技术

根据《2015 年中国环境统计年鉴》，在 2014 年调查统计的工业行业中，氮氧化物排放量位于前三位的行业依次为电力、热力生产和供应业，非金属矿物制品业，黑色金属冶炼及压延加工业。其中，电力、热力生产和供应业的氮氧化物排放量最高。可见，电力行业也可以作为氮氧化物治理投资最关键的领域。同样地，电力行业中，对氮氧化物贡献最多的也是燃煤发电厂。

2010 年 1 月，环境保护部颁布了《火电厂氮氧化物防治技术政策》，指导火电行业采用先进的氮氧化物减排技术，将低氮燃烧技术作为燃煤电厂脱硝基本配置技术，若采用低氮燃烧技术后仍不能满足要求时，应建设烟气脱硝设施。

火电行业控制氮氧化物排放的技术措施可分为两大类：一是低氮燃烧技术，即通过燃烧技术的改进来降低氮氧化物的排放量，主要包括低氮燃烧器、空气分级燃烧技术及燃料分级燃烧技术，此方法具有实施简单、投资低的优点，但是脱硝效率不高，通常难以达到排放标准要求。二是尾部加装烟气脱硝装置。烟气脱硝技术包括选择性催化还原技术（SCR）、选择性非催化还原法（SNCR）、液体吸收法、微生物吸收法、活性炭吸附法、电子束等多种方法。表 2－11 总结了各种烟气脱硝技术的技术对比。

表 2－11　　　　　　　　烟气脱硝技术对比

优点	缺点	脱除率（%）	投资费用
二次污染小、净化效率高、技术成熟	设备投资高	80～90	高
不用催化剂、费用小	NH_3 用量大，二次污染，难以保证反应温度和停留时间	30～60	较低
工艺简单、投资少、收益显著	效率低、副产物不易处理	效率低	较低

优点	缺点	脱除率（%）	投资费用
工艺简单、能耗低、效率高、无二次污染	微生物环境条件难控制	80	低
同时脱硫脱硝、运行费用低	设备庞大，吸附剂用量大，再生频繁	80～90	高
同时脱硫脱硝、运行费用低	运行费用高，技术不易掌握	85	高

其中，SCR 脱硝技术具有脱硝效率高、二次污染小、技术成熟、工艺设备紧凑、运行可靠等优点，是目前烟气脱硝的主体技术。根据环境保护部于 2010 年颁布的《火电厂氮氧化物防治技术政策》，新建、改建、扩建的燃煤机组，宜选用 SCR；小于等于 600 兆瓦时，也可选用 SNCR - SCR。燃用无烟煤或贫煤且投运时间不足 20 年的在役机组，宜选用 SCR 或 SNCR - SCR。燃用烟煤或褐煤且投运时间不足 20 年的在役机组，宜选用 SNCR 或其他烟气脱硝技术。

随着氮氧化物排放标准的趋严，脱硝效率较高的 SCR 技术逐渐成为烟气脱硝的主体技术。2011 年 9 月，环境保护部和质检总局联合发布正式的《火电厂大气污染物排放标准（GB 13223—2011）》，对污染物排放限值进行了从严修订，收紧了火电厂氮氧化物排放限值。自 2012 年 1 月 1 日起，新建火力发电锅炉的氮氧化物排放限值标准降低为 100 毫克/立方米，比 2003 年的标准降低了 77.8%。从 2014 年 7 月 1 日起，现有火力发电锅炉也开始执行 2011 年颁布的新的氮氧化物排放限值。由此可见，无论是新建火电锅炉的烟气脱硝设备建设还是原有火电锅炉的脱硝设备改造，高效率的 SCR 技术都将成为主流技术。截至 2012 年底，我国燃煤机组脱硝装机容量已达到 2.25 亿千瓦，其中采用 SCR 脱硝技术的机组占 90% 以上。[①] 因此，本研究主要基于 SCR 技术进行分析。

---

① 蒋春来，杨金田，许艳玲，等. 燃煤电厂差异化脱硝电价方案研究 [J]. 中国电力，2013，11（46）：78～83.

（二）基于主体技术和火电机组规模的脱硝成本分析：主要指标为固定资产投资区间和年运行总成本区间

2007 年 1 月 20 日，国家发改委和能源办联合下发了《关于加快关停小火电机组的若干意见》，其中指出，在"十一五"期间，在大电网覆盖范围内逐步关停单机容量 5 万千瓦以下的常规火电机组；运行满 20 年、单机 10 万千瓦级以下的常规火电机组；按照设计寿命服役期满、单机 20 万千瓦以下的各类机组等。由此可见，未来 200 兆瓦以下的机组将逐渐被取缔，新建火电机组的主体规模将在 200 兆瓦～1000 兆瓦之间。目前，新建火电机组的规模以 300 兆瓦、600 兆瓦和 1000 兆瓦三个级别的机组居多。[①] 根据近期的调研，采用 SCR 脱硝技术时，这三个级别的火电机组的单位脱硝设备固定资产投资成本如表 2 - 12 所示。

表 2 - 12　　　　　　脱硝设备固定资产投资成本调研结果

装机容量	单位投资成本（元/千瓦）	固定资产投资总成本（万元）
300 兆瓦	139	4170
600 兆瓦	106	6360
1000 兆瓦	86	8600

由此可见，脱硝设备固定资产的投资区间为 4000 万～8600 万元，运行寿命约为 20 年。

SCR 脱硝设备的年运行成本主要包括脱硝装置运行的消耗性费用，包括还原剂的费用、催化剂替代的费用、能量消耗的费用以及除固定、变动之外的费用（如土地使用税等）。根据蒋春来等（2013 年）对其调研的机组的研究，可以估计出新建的和现有的不同容量机组脱硝年运行成本如表 2 - 13 所示，同步建设脱硝设施年运行成本为 1000 万～3000 万元/年。

---

① http://3y.uu456.com/bp - 31fc0eeee009581b6bd9ebc5 - 1.html。

表 2-13   SCR 脱硝技术年运行成本估计

装机容量	300 兆瓦	600 兆瓦	1000 兆瓦
调查机组台数	12	9	4
还原剂费用	680	1089	1180
脱硝电费	238	411	525
工业水及除盐水水费	1	1	1
蒸汽费用	9	183	330
催化剂更换费用	253	730	814
其他费用	104	189	241
年运行成本	1354	2064	3092

（三）脱硝投资项目的资金流和内部收益率分析

2013 年 8 月，国家发改委发布《关于调整可再生能源电价附加标准与环保电价有关事项的通知》，规定自 2013 年 9 月 25 日起，燃煤发电企业脱硝电价补偿标准由每千瓦时 0.8 分钱提高至 1 分钱。在保持现有销售电价总水平不变的情况下，主要利用电煤价格下降腾出的电价空间解决上述电价调整资金来源。各省（自治区、直辖市）具体电价调整方案，由省级价格主管部门研究拟定后报国家发改委审批。

根据中电联编著的《2014 年中国电力行业年度发展报告》，我国火电平均年利用小时数为 5021 小时。由此，可以估算出，因为配套了脱硝设备而产生的脱硝电价收益如表 2-14 所示。

表 2-14   不同容量机组脱硝设备年脱硝电价收益

装机容量（兆瓦）	年脱硝收益（万元）
300	1506.3
600	3012.6
1000	5021

由此可见，典型情形下，采用 SCR 脱硝技术安装脱硝设施的资金流和内部收益率情况如表 2-15 所示。

表 2 - 15　　　　不同容量火电机组烟气脱硝项目内部收益率计算　　单位：万元

年份	300兆瓦的火电机组		600兆瓦的火电机组		1000兆瓦的火电机组	
	收益	支出	收益	支出	收益	支出
0	0	4170		6360		8600
1	1506.3	1354	3012.6	2064	5021	3092
2	1506.3	1354	3012.6	2064	5021	3092
3	1506.3	1354	3012.6	2064	5021	3092
4	1506.3	1354	3012.6	2064	5021	3092
5	1506.3	1354	3012.6	2064	5021	3092
6	1506.3	1354	3012.6	2064	5021	3092
7	1506.3	1354	3012.6	2064	5021	3092
8	1506.3	1354	3012.6	2064	5021	3092
9	1506.3	1354	3012.6	2064	5021	3092
10	1506.3	1354	3012.6	2064	5021	3092
11	1506.3	1354	3012.6	2064	5021	3092
12	1506.3	1354	3012.6	2064	5021	3092
13	1506.3	1354	3012.6	2064	5021	3092
14	1506.3	1354	3012.6	2064	5021	3092
15	1506.3	1354	3012.6	2064	5021	3092
16	1506.3	1354	3012.6	2064	5021	3092
17	1506.3	1354	3012.6	2064	5021	3092
18	1506.3	1354	3012.6	2064	5021	3092
19	1506.3	1354	3012.6	2064	5021	3092
20	1506.3	1354	3012.6	2064	5021	3092
内部收益率	-3%		14%		22%	

内部收益率是能够使未来现金流入量现值等于未来现金流出量现值的折现率，或者说是使投资项目净现值为零的折现率。计算公式如下：

$$净现值 = \sum_{k=0}^{n} \frac{I_k}{(1+R)^k} - \sum_{k=0}^{n} \frac{O_k}{(1+R)^k} = 0$$

式中，I_k 为第 k 期的现金流入量，O_k 为第 k 期的现金流出量，R 为内部收益率。

经过核算，300兆瓦的火电机组采用 SCR 脱硝技术方法进行烟气脱硝，内部收益率为负值。可见，SCR 技术对于 300 兆瓦的火电机组来说成本过高。因此，《火电厂氮氧化物防治技术政策》中指出，对于装机容量小于或等于 600 兆瓦的火电机组，可以采用成本较低的 SNCR 技术进行脱硫。但 SNCR 技术的脱硝效率仅能达到 30% ~ 60%，脱除率较低。由此可见，应该鼓励 300 兆瓦以上的大规模火电厂的建设。或者对 600 兆瓦以下火电厂，适当提高其脱硝电价加价标准。

对于 600 兆瓦和 1000 兆瓦的火电机组，脱硝设施的内部收益率较高，已经有开展第三方治理的实例。脱硝行业第三方治理主要有特许经营和委托经营两种模式。

截至 2015 年底，已签订火电厂烟气脱硝特许经营合同的机组容量 0.66 亿千瓦，其中，0.44 亿千瓦机组已按特许经营模式运营。

火电厂烟气脱硝特许经营是指在政府有关部门的组织协调下，火电厂将国家出台的脱硝电价、与脱硝相关的优惠政策等形成的收益权以合同形式特许给专业化脱硫公司，由专业化脱硫公司承担脱硝设施的投资、建设、运行、维护及日常管理，并完成合同规定的脱硝任务。表 2 – 16 为中电联发布的火电厂烟气脱硝特许经营机组容量情况。

表 2 – 16　2015 年底累计签订合同的火电厂烟气脱硝特许经营机组容量情况

环保公司名称	签订的特许经营合同容量（兆瓦）	采用的脱硫方法及所占比例（%）
大唐环境产业集团股份有限公司	26100	SCR100
重庆远达烟气治理特许经营有限公司	14990	SCR100
北京清新环境技术股份有限公司	10640	SCR 77.44 SNCR 22.56
北京国电龙源环保工程有限公司	7900	SCR100
中国华电科工集团有限公司	4500	SCR100
浙江天地环保工程有限公司	2400	SCR100
北京博奇电力科技有限公司	1200	SCR100
永清环保股份有限公司	600	SCR100

注：按 2015 年底累计签订烟气脱硝特许经营合同的机组容量大小排序。

委托经营是指受托人接受委托人的委托，按照预先规定的合同，对委托对象进行经营管理的行为。烟气脱硝委托运营目前主要有运营总包和劳务分包两种模式。运营总包模式为脱硝运维公司负责脱硝系统的全面运行，并承担全部或部分耗材费用，享受全部或部分脱硝补助电价。劳务分包模式为脱硝运维公司只是提供人工方面的服务，承担脱硝运行及机械设备、热控设备等的维修；脱硝运营维护公司也可为电厂提供备品备件更换、技术咨询等方面的服务。表 2-17 为中电联发布的火电厂烟气脱硝委托运营机组情况。

表 2-17　　2015 年当年实施火电厂烟气脱硝委托运营机组容量情况

环保公司名称	委托运营机组容量（兆瓦）
上海申欣环保实业有限公司	5000
北京国电龙源环保工程有限公司	1200
北京清新环境技术股份有限公司	600

（四）脱硝行业市场规模和市场集中度分析

与脱硫行业类似，脱硝行业的市场集中度也较低。按 2015 年火电厂脱硝机组累计投运量来计算，排名靠前的三家脱硝企业的脱硝机组累计投运量仅占全国脱硝企业累计投运量的 25.3%，排名靠前的五家企业的累计投运量仅占全国脱硝企业累计投运量的 35.2%，排名靠前的十家企业的累计投运量占全国脱硝企业累计投运量的 48.4%。

如果以 2015 年当年新投运的脱硝机组的容量来计算，脱硝行业的市场集中度更低。前三家企业当年脱硝机组投运量仅占全国投运量的 18.7%，前五家企业当年脱硝机组投运量仅占全国投运量的 26.9%，前十家企业当年脱硝机组投运量仅占全国投运量的 34.4%。

可见，脱硝行业竞争十分激烈，还处于快速发展阶段。尚不存在具有绝对优势的企业，使得脱硝行业也存在低价竞争的恶性循环，不利于脱硝行业的健康发展。

（五）脱硝企业性质分析

从各所有制企业的市场份额来看，尽管国有企业的累计投运量更高，但私营企业在 2015 年占据了更高的市场份额。可见脱硝行业也呈现私营企业占有率不断上升的趋势。

从脱硝企业上市情况来看，非上市企业占据了更大的市场份额，同时，这一情况在 2015 年并未得到改善。由此可见，脱硝企业通过上市获取股权融资的能力不强。

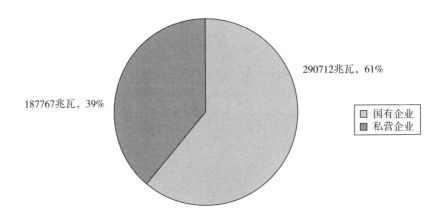

187767兆瓦，39%

290712兆瓦，61%

国有企业
私营企业

图 2 - 5   2015 年底各所有制脱硝企业火电烟气脱硝机组累计投运量比较

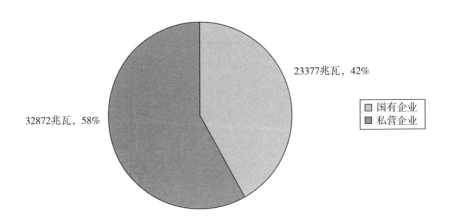

32872兆瓦，58%

23377兆瓦，42%

国有企业
私营企业

图 2 - 6   2015 年各所有制脱硝企业投运量

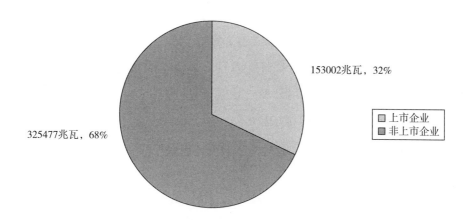

153002兆瓦，32%

325477兆瓦，68%

□ 上市企业
■ 非上市企业

图 2 - 7 　2015 年底上市/非上市企业火电厂烟气脱硫机组累计投运量

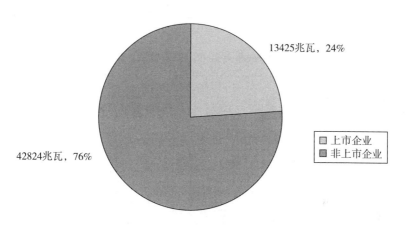

13425兆瓦，24%

42824兆瓦，76%

□ 上市企业
■ 非上市企业

图 2 - 8 　2015 年上市/非上市脱硝企业新投运量

三、除尘行业投融资特征

（一）除尘主体技术分析

目前，我国烟气除尘技术种类较多，包括湿式除尘、电除尘、袋式除尘和电袋复合式除尘等。我国较早开始推行电除尘技术。早在"八五"时期，我国便已提出新建 200 兆瓦及以上燃煤机组和在城市市区新建燃煤机组均要采用电除尘器，除尘效率须达到 99% 。因此，电除尘一直是我国燃煤电站的主流除尘技术。但近年来，随着污染物类型的变化。重点控制的颗粒物从 PM10 变为 PM2.5，原有的电除尘技术已经较难满足环保控制的需求，袋式除尘技术和电袋复合式除尘技术越来越受欢迎。从表 2-18 可以看出，目前 PM2.5 去除效率较高的技术包括袋式除尘、电袋复合式除尘及五电场的电除尘技术。

近年来，袋式除尘与电袋复合除尘技术在燃煤电站的应用比例逐渐上升，截至 2015 年底，火电厂安装袋式除尘器、电袋复合式除尘器的机组容量超过 2.78 亿千瓦，占全国煤电机组容量的 31.4% 以上。其中，袋式除尘器机组容量约 0.78 亿千瓦，占全国煤电机组容量的 8.82%；电袋复合式除尘器机组容量超过 2.0 亿千瓦，占全国燃煤机组容量的 22.62%。

表 2-18　　　　　　　　国内外研究获得的除尘器分级除尘效率

除尘器类型		对不同粒径颗粒物的除尘效率（%）			参考文献
		PM2.5	PM10	TSP	
湿式除尘		50	81.74	94.0	美国环保署，空气污染物排放系数汇编（AP-42）
电除尘		96.0	97.65	99.2	
袋式除尘		98.33	99.13	99.8	
静电除尘（三电场）		86.575	94.42	97.79	2004—2005 年间现场实测 7 台机组（易红宏等，2008）
静电除尘（四电场）		95.225	97.41	99.055	
静电除尘（五电场）		97.955	99.1	99.825	
静电除尘 + 湿法脱硫		97.405	99.025	99.855	
袋式除尘		99.72	99.76	99.94	
静电除尘（三电场）+ 湿法脱硫		96.55	99.07	99.78	基于实测的燃煤电厂细颗粒物排放特性分析与研究（王圣等，2011）
静电除尘（四电场）+ 湿法脱硫		97.73	99.41	99.85	
静电除尘（五电场）+ 湿法脱硫		98.25	99.615	99.87	
煤粉炉	湿式除尘	66.3	80.6	93.1	8 家电厂 10 台机组实测（YuZhao et al.，2010）
	静电除尘	92.0	95.7	98.6	
	静电 + 湿法脱硫	96.3	98.6	99.7	
	袋式除尘/电袋除尘	99.5	99.8	99.9	
循环流化床	静电除尘	92.5	95.7	98.2	

从图 2-9 也可以看出，我国火电厂烟气除尘主体技术为电除尘技术、袋式除尘技术和电袋复合式除尘技术。因此下文对这三种技术进行分析。

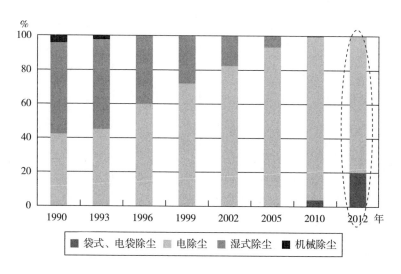

图 2-9　火电厂烟气除尘技术适用情况比较

（二）基于主体技术和火电机组规模的除尘成本分析：主要指标为固定资产投资区间和年运行成本

如表 2-19 所示，电除尘技术适用的机组规模较广，而袋式除尘技术和电袋复合式除尘技术仅适用于 600 兆瓦以下的机组。由此，本节主要对 300 兆瓦容量的机组分别采用三种不同的除尘技术所需的固定资产投资和运行成本进行对比分析。

表 2-19　　　　　　　　三种除尘技术适用条件对比

电除尘（五电场）	除尘效率 >99.5%	适用于燃煤灰分及飞灰比电阻适中的各种新建、改建和扩建电厂
袋式除尘	除尘效率 >99.8%	适用于燃用各种煤质的新建、改建和扩建电厂和对现役电除尘器的改造，适用于 600 兆瓦及以下的机组，特别适用于半干法烟气脱硫后的烟气除尘。可去除烟气中的部分重金属。

续表

电袋复合式除尘	除尘效率 > 99.8%	适用于燃用各种煤质的新建、改建和扩建电厂和对现役电除尘器的改造，适用于 600 兆瓦及以下的机组。可去除烟气中的部分重金属。

若单纯采用静电除尘器，要达到和布袋除尘器同样的除尘效率，按照 300 兆瓦机组处理烟气量为 1845000 立方米/小时，则电除尘器总收尘面积应在 20000 平方米以上，初步设计为四室四电场，需要固定资产投资约 3000 万元。在后期的运行维护费用中，运行电耗占主要部分，静电除尘设备的可靠性强，维护费用非常低。特别需要指出的是，在单纯四室四电场的设计中，实际除尘效率不稳定，对微小尘粒的吸收效果比较差，现在新建的燃煤电厂已经很少只单纯采用静电除尘设备。静电除尘设备运行电耗如表 2 - 20 所示。

表 2 - 20　　　　　　　　　静电除尘设备的运行电耗

名称	单位	静电除尘器
高压整流设备	千瓦	520
两种除尘方式引风机运行功率差值	千瓦	0
绝缘子电加热及振打	千瓦	120
压缩空气	千瓦	260
以上合计	千瓦	900
年运行时间	小时	7500
年电耗量	千瓦时	6750000
年运行电耗（按每千瓦时电费为 0.4 元计算）	万元	270

可见，300 兆瓦火电机组的静电除尘设备的固定资产投资约为 3000 万元，运行费用约为 270 万元/年。

单纯采用布袋除尘需要增加额外的引风机及附属设备投资，在后期的运行维护中，运行电耗较静电除尘设备有所减少，但是布袋大修期间的更换等维护费用较静电除尘设备大为增加。额外增加的引风机及附属设备投资约为 500 万元。目前燃煤电厂锅炉用布袋式除尘设备造价高于常规布袋式除尘器，制约布袋式除尘器造价的主要因素是高温滤料和脉冲阀,因其还多半依赖进口,导致造价很高。按当前市场价格估算,布袋式除尘器一次固定资产投资每10万立方米/小时风量约100万元,按照300兆瓦机组处理烟气量为1845000立方米/小时,与四室四电场静电除尘器同等风量的固定资产投资成本约为1800万元,布袋式除尘器造价低于四室四电场静电除尘器。

布袋大修期间的更换费用是后期运行成本中的主要部分,在单纯采用布袋除尘设备时,布袋的损耗较静电—布袋复合除尘设备中布袋的损耗大,因为没有前面静电除尘设备对含尘烟气的初处理,后面的布袋要承受更大的磨损,更换的周期缩短。一般静电—布袋复合除尘中布袋的更换周期为5年,单纯布袋除尘中布袋更换的周期为3年。表2-21列出了单纯采用布袋除尘设备的电耗费用和维护费用。

表2-21   布袋除尘设备运行电耗

名称	单位	布袋除尘器
高压整流设备	千瓦	0
两种除尘方式引风机运行功率差值	千瓦	633
绝缘子电加热及振打	千瓦	0
压缩空气	千瓦	200
以上合计	千瓦	833
年运行时间	小时	7500
年电耗量	千瓦时	6250000
年运行电耗(按每千瓦时电费为0.4元计算)	万元	250

表2-22   布袋除尘设备滤袋消耗

名称	单位	静电—布袋复合除尘器	布袋除尘器
滤袋数量基数		1	1.5
滤袋使用寿命	年	5	3
滤袋年消耗基数		0.2	0.5
平均年更换滤袋费用	万元	100	250

可见,布袋除尘设备的固定资产投资约为1800万元,年运行成本约为500万元/年。

在静电—布袋复合除尘中一般采用四室三电场的静电除尘设备和布

袋除尘设备相搭配。设备运行电耗如表 2 – 23 所示。

表 2 – 23　　　　　　　　静电—布袋复合除尘设备运行电耗

名称	单位	静电—布袋复合除尘器
高压整流设备	千瓦	220
两种除尘方式引风机运行功率差值	千瓦	0
绝缘子电加热及振打	千瓦	60
压缩空气	千瓦	130
以上合计	千瓦	410
年运行时间	小时	7500
年电耗量	千瓦时	3075000
年运行电耗（按每千瓦时电费为 0.4 元计算）	万元	123

由此可以对 300 兆瓦火电机组的除尘设备的固定资产投资成本和年运行成本进行比较，如表 2 – 24 所示。

表 2 – 24　　　　三种除尘技术固定资产投资成本和年运行成本比较

	电袋复合式除尘器	静电除尘器	布袋除尘器
固定资产投资成本（万元）	2700	3000	1800
年运行成本（万元/年）	223	270	500

（三）除尘投资项目的资金流和内部收益率分析

根据国家发改委发布的《关于进一步疏导环保电价矛盾的通知》（2014 年），目前除尘电价加价标准为每千瓦时 0.2 分钱。以天津市为例，烟尘排污费标准为每千克 2.75 元。根据中电联编著的《2014 年中国电力行业年度发展报告》，我国火电平均年利用小时数为 5021 小时。由此，300 兆瓦机组的除尘电价收益为 301.26 万元/年。

相关研究显示，300 兆瓦火电机组烟气排放量约为 920000 立方米/小时，烟尘处理前排放浓度为 19 克/立方米，年有效工作时长取 5021 小时。由此可计算出电袋复合式除尘器和布袋除尘器的年除尘量约为 87591.5 吨/年，静电除尘器的年除尘量约为 87328.2 吨/年。根据《排污费征收标准管理办法》，废气排放的排污费标准为每一污染当量征收 0.6 元。烟尘的污染当量值为 2.18 千克。由此,可计算出采用电袋复合式除尘器和布袋除尘器节省的排污费约为 2411 万元/年,采用静电除尘器节省的排污费约为 2403.5 万元/年。以 2015 年作为除尘设备的折旧年限,三类除尘项目的资金流量如表 2-25 所示。

当计算烟气排污费的削减收益时,安装除尘设备的收益极大,项目开展后的第二年便能收回初始的固定资产投资成本。

表 2-25 　　　　考虑排污费时三种除尘项目的内部收益率　　　　单位:万元

年份	电袋复合式除尘		静电除尘		布袋除尘	
	收益	支出	收益	支出	收益	支出
0	0	2700	0	3000	0	1800
1	2712	223	2704.5	270	2712	500
2	2712	223	2704.5	270	2712	500
3	2712	223	2704.5	270	2712	500
4	2712	223	2704.5	270	2712	500
5	2712	223	2704.5	270	2712	500
6	2712	223	2704.5	270	2712	500
7	2712	223	2704.5	270	2712	500
8	2712	223	2704.5	270	2712	500
9	2712	223	2704.5	270	2712	500
10	2712	223	2704.5	270	2712	500
11	2712	223	2704.5	270	2712	500
12	2712	223	2704.5	270	2712	500
13	2712	223	2704.5	270	2712	500
14	2712	223	2704.5	270	2712	500
15	2712	223	2704.5	270	2712	500
IRR	92%		81%		123%	

当不考虑烟尘排污费的削减带来的收益时,除尘项目的资金流变化较大,投资收益率为负值。由此可见,排污收费政策在促进除尘行业发展上能够发挥较大作用。0.2 分/度的除尘电价补贴并不能够覆盖火电厂的除尘成本。

表2-26　　　　　不考虑排污费时三种除尘项目的内部收益率　　　　单位：万元

年份	电袋复合式除尘		静电除尘		布袋除尘	
	收益	支出	收益	支出	收益	支出
0	0	2700	0	3000	0	1800
1	301.26	223	301.26	270	301.26	500
2	301.26	223	301.26	270	301.26	500
3	301.26	223	301.26	270	301.26	500
4	301.26	223	301.26	270	301.26	500
5	301.26	223	301.26	270	301.26	500
6	301.26	223	301.26	270	301.26	500
7	301.26	223	301.26	270	301.26	500
8	301.26	223	301.26	270	301.26	500
9	301.26	223	301.26	270	301.26	500
10	301.26	223	301.26	270	301.26	500
11	301.26	223	301.26	270	301.26	500
12	301.26	223	301.26	270	301.26	500
13	301.26	223	301.26	270	301.26	500
14	301.26	223	301.26	270	301.26	500
15	301.26	223	301.26	270	301.26	500
IRR	-9%		-17%		—	

（四）除尘行业现状介绍

目前，中电联仅公布了脱硫行业和脱硝行业的第三方治理现状，尚无除尘行业第三方治理的项目信息。同时，在网上也较难获得除尘行业的第三方治理情况。

根据中电联公布的袋式除尘行业的信息，袋式除尘行业市场集中度较高。累计投运量排名靠前的三家企业的市场份额为65.7%，排名靠前的五家袋式除尘企业的市场份额为75.3%，排名前十的企业的市场份额达到了89.5%。

发展时间最长的电除尘行业也有着很高的市场集中度。相关研究显示，电除尘设备企业中的浙江菲达、福建龙净、天洁集团、上海冶矿、科林环保五个企业的合同额和产品销售收入占到整个行业的 65% 以上。①
此外，电袋复合式除尘领域，仅龙净环保、菲达环保两家企业便分别占
据了 49% 和 10% 的市场。②

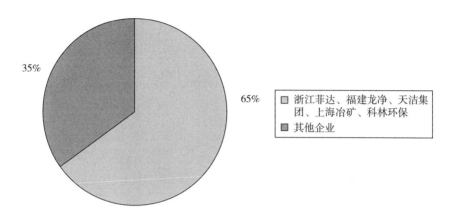

图 2 − 10　除尘行业的市场集中度

　　除尘行业的低端市场由于技术门槛低，竞争激烈，小企业生存艰难，
资金周转困难，再加上国家不断加强各个行业的环保门槛，低端除尘器
难以满足高端需要，因此小型除尘企业生存空间被进一步压缩，产量下
降；而中高端除尘器有一定技术门槛，加上大企业资金运转能力较强，
因此市场需求逐渐向高端企业尤其是上市企业集中。由此可见，除尘行
业市场集中度仍将增大。一方面，随着新标准的颁布，空气污染排放愈
加严格，低端除尘器的市场进一步紧缩，缺乏技术力量的小型企业会被
逐渐淘汰出局，而大厂商有较为集中的核心技术力，一些龙头企业如龙
净环保等不仅可以提供除尘服务，还可以提供除尘、脱硫脱硝装置的设
计、安装、测试、升级等一条龙服务，因此大企业在技术方面的优势会
逐渐占领市场。另一方面，行业内龙头企业纷纷推出产能扩张计划，例
如龙净环保近年来先后进行了武汉工业园、天津龙净、西矿环保工业园
项目的建设，菲达环保 2014 年 1 月签订了诸暨辰通环境工程有限公司的

①　http：//market. chinabaogao. com/jixie/0331KD02014. html。
②　http：//www. chinairn. com/news/20140925/142757511. shtml。

收购协议，等等。可以预见，除尘器行业第一梯队的公司已经为增加市场份额做好了准备，这将会进一步挤压中小型企业的生存空间，增加行业集中度。

根据2015年底袋式除尘（含电袋复合式）机组累计投运量情况，在火电厂除尘行业中，私营企业占据了79%的市场份额，而国有企业的市场份额较低，仅为21%（见图2-11）。

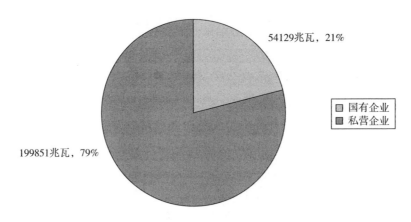

图2-11　各所有制袋式除尘企业市场份额

在除尘行业中，技术和资金实力更强的公司更具有竞争优势，因此上市企业的市场份额更高。在袋式除尘行业中，上市公司占据了约76%的市场份额，远高于非上市公司24%的市场份额（见图2-12）。可见，

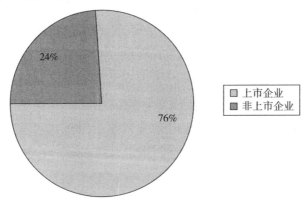

图2-12　2015年上市和非上市袋式除尘企业市场份额

股权融资、并购咨询等能够作为主要的支持除尘企业的金融服务手段。

四、VOCs 防治行业投融资特征

VOCs（Volatile Organic Compounds）学名为挥发性有机物，按照世界卫生组织的定义，沸点在 50～250℃ 的化合物，室温下饱和蒸气压超过 133.32 帕斯卡，在常温下以蒸气形式存在于空气中的一类有机物为挥发性有机物（VOCs）。

VOCs 成分复杂，目前已经监测出的 VOCs 有 300 多种，具有相对强的活性，是一种性格比较活泼的气体，导致它们在大气中既可以以一次挥发物的气态存在，又可以在紫外线照射下，在 PM10 颗粒物中变化而再次生成为固态、液态或二者并存的二次颗粒物存在；且参与反应的这些化合物寿命还相对较长，可以随着风吹雨淋等天气变化，或者飘移扩散，或者进入水和土壤，污染环境。挥发性有机物经过复杂的光化学反应形成的二次有机气溶胶是可吸入颗粒物的重要组成部分。随着近年来，城市细颗粒污染物的污染情况越发严重，国家对挥发性有机物的关注度也越来越高。

2010 年 5 月，国务院办公厅转发《环境保护部等部门关于推进大气污染联防联控工作改善区域空气质量指导意见的通知》（国办发〔2010〕33 号），首次从国家层面提出挥发性有机物的控制要求。包括"从事喷漆、石化、制鞋、印刷、电子、服装干洗等排放挥发性有机污染物的生产作业，应当按照有关技术规范进行污染治理。推进加油站油气污染治理，按期完成重点区域内现有油库、加油站和油罐车的油气回收改造工作，并确保达标运行；新增油库、加油站和油罐车应在安装油气回收系统后才能投入使用"。

近年来，国家层面出台的 VOCs 治理的相关政策汇总如表 2－27 所示。

表 2－27 VOCs 治理相关政策

政策、标准和法规	发布时间	发布机构
《挥发性有机物（VOCs）污染防治技术政策》	2013 年 5 月	环境保护部
《石化行业挥发性有机物综合整治方案》	2014 年 12 月	环境保护部
《重点行业 VOCs 防治技术指南》	正在制定	环境保护部
《重点行业挥发性有机物削减行动计划》	2016 年 7 月	工信部、财政部

根据环保部环境规划院的测算，全国 VOCs 排放量超 20 万吨/年的行业在 2009 年排放总量达 1681.52 万吨，占全国工业总排放量的 95.7%。其中，石油石化（包括石油炼制和油气存储）、包装印刷和建筑装饰行业的 VOCs 排放量最多。三个行业的 VOCs 排放量可以占到工业 VOCs 总排放量的 46% 以上。由于不同行业的 VOCs 排放特征、治理技术差异较大，其催生出的 VOCs 治理行业也具有较大差异，但目前，VOCs 防治政策推动的主要是 VOCs 的监测行业，主要有两个方面的原因。

一方面，长期以来，我国缺乏对 VOCs 排放的监测体系，使得国家对 VOCs 并无公开的相关数据。由于 VOCs 成分种类复杂，特性不一，涉及的行业多，工艺复杂，很难摸清全国的 VOCs 排放总量。因此，在开展 VOCs 防治和回收利用之前，需要对全国 VOCs 排放现状进行摸底，必须首先建立起成熟的监测体系。

另一方面，VOCs 的治理与其他大气污染物的治理有较大差别，对其治理的手段重在前端防治而非末端治理，监测是 VOCs 前端防治的最关键的环节。例如，石油石化行业的 VOCs 排放基本上都是原材料或产品的泄漏，因此治理的重点在于实时监测泄漏点并进行修复，从而在降低排放的同时减少资源的浪费。

（一）VOCs 监测技术分析

目前大气 VOCs 的监测方法主要包括离线技术和在线技术，其中离线技术指的是通过外部的各类监测仪表样本进行定期的人工抽查；在线监测指的是将监测设备安装固定在需要监测的设备上,通过不断的采样分析得到连续的监测结果。离线监测和在线监测通常都包括采样、预浓缩、分离和检测几个过程。

我国 VOCs 监测尚处于刚刚起步的阶段,在开展的 VOCs 监测工作中,采用的方法比较多样化,监测数据相对零散,目标化合物也不一致。由于 VOCs 工业源监测对象往往具有高温、高压、高浓度等特点,现有的监测设备多数无法满足直接进样分析的要求,目前已出台的 VOCs 监测技术导则针对的均为吸附剂采样,针对的目标化合物也仅为卤代烃和芳香烃化合物,难以反映监测区域 VOCs 的污染特征和状况,且需要设备多数来自进口。未来,气相色谱—火焰离子化监测法等 VOCs 在线监测技术、通过互联网将监测设备与系统监控中心相结合形成 VOCs 监测综合解决方案将成为主要的监测方法。

(二) VOCs 监测的市场需求分析

1. 城市监测需求

根据 2012 年 5 月发布的《空气质量新标准第一阶段监测实施方案》,环境监测第一阶段京津冀、长三角、珠三角等重点区域以及直辖市和省会城市,共 74 个城市 496 个监测点位;根据 2013 年 6 月发布的《空气质量新标准第二阶段监测实施方案》,实施范围包括国家环保重点城市、模范城市在内共 116 个城市 449 个监测点位;根据 2014 年 5 月发布的《空气质量新标准第三阶段监测实施方案》,实施范围包括 177 个地级及以上城市共 552 个国控城市空气质量监测点位。

方案三个阶段全部实施完毕之后,全国城市地区将实现监测站点的全覆盖,监测对象为 SO_2、NO_2、PM10、PM2.5、O_3 和 CO 六项,并不包括 VOCs 的监测。假设未来每个站点都增添 VOCs 监测设备,按单套设备 150 万元(低沸点和高沸点 VOCs 分析设备组合)来估算,城市监测的市场空间为 22.68 亿元。若全国 2853 个县级行政区未来有 40% 进一步覆盖监测点位,则未来设备市场空间将达到 39.80 亿元。

表 2 – 28　　　　　　　主要地区 VOCs 监测市场空间预测

目标地区	城市个数	监测点数	单个监测点投入（亿元）	投资额（亿元）
京津冀、长三角、珠三角等重点区域以及直辖市、省会城市和计划单列市	74	496	0.015	7.44
113 个环境保护重点城市和国家环保模范城市	116	449	0.015	6.74
除一阶段、二阶段外所有地级以上城市	181	567	0.015	8.51
所有县级行政区	2853	1141	0.015	17.12
合计				39.8

2. 工业园区监测需求

工业园区 VOCs 监测解决方案包括重点源排口监测、重点企业厂界监测、区域大气质量监测、环境移动监测车、区域大气遥测等部分。地方园区管理部门可根据实际情况建立适合园区的配置方案，和城市一样属于对环境污染"面"的监测。

根据现有 435 个国家级产业园区和 1222 个省级产业园区，按照每个园区两个监测点（厂区和生活区），每个监测点投入 150 万元（低沸点和高沸点 VOCs 分析设备组合）进行估算，则相关产业园区的 VOCs 监测市场将达到 49.71 亿元。

表 2 – 29　　　　　　工业园区 VOCs 监测点市场空间预测

园区类型	园区数	平均监测点数	单个监测点投入（亿元）	投资额（亿元）
国家级产业园区	435	2	0.015	13.05
省级产业园区	1222	2	0.015	36.66
总计				49.71

3. 污染源监测需求

污染源监测方面，按照此前根据《重点区域大气污染防治"十二五"规划重点工程项目》对于全国共计 1311 个 VOCs 重点治理企业，以及上海市进行的补贴范围面向的企业数量（重点治理企业 28 个，补贴企业 2000 个）比例来估算，VOCs 监测设备在污染源端有望实现最高 9.36

万台。按照污染源单套监测设备 50 万元估算，市场空间将达 468 亿元。

由此我们综合估算，受益于法律法规重视度增加、排污费的征收以及政府部门补贴的激励作用，VOCs 监测设备行业有望迎来大的爆发，最高激活 539 亿元市场空间。

（三）VOCs 监测项目的成本效益分析

1. VOCs 排污收费政策

2015 年 6 月 13 日，财政部、国家发展改革委、环境保护部联合发布通知，为了规范挥发性有机物排污收费管理，改善环境质量，制定并印发了《挥发性有机物排污收费试点办法》，自 2015 年 10 月 1 日起施行。根据《挥发性有机物排污收费试点办法》，此次 VOCs 排污收费试点行业包括石油化工和包装印刷两个大类，原油加工及石油制品制造、有机化学原料制造、初级形态塑料及合成树脂制造、合成橡胶制造、合成纤维单（聚合）体制造、仓储业和包装装潢印刷七个小类。VOCs 排污费按 VOCs 排放量折合的污染当量数计征，每当量值为 0.95 千克。

各地方政府对政策响应程度高，目前已有北京、江苏、浙江、青岛、河南等地出台相关收费政策，北京市已出台收费细则。北京采取与台湾类似的阶梯收费模式，通过挥发性有机物清洁生产评估、排放浓度低于市排放限值 50%，且当月未因环境污染受到环保部门处罚的，收费标准为 10 元/千克；存在未安装废气治理设施，或废气治理设施运行不正常，或挥发性有机物超出排放标准等环境污染行为的，收费标准为 40 元/千克；其他情况为 20 元/千克。

以包装印刷行业为例，2014 年北京市工业源清单统计结果显示，北京市印刷行业（含出版物印刷、数字印刷、专项印刷、包装装潢印刷、其他印刷）VOCs 排放量为 5354 吨，按照最新出台的 VOCs 排放收费标准，每年排污费总额将为 0.54 亿～2.14 亿元（分别按照超低达标排放和不达标排放上下限估算）。2014 年北京地区印刷企业主营业务收入 302 亿元，利润总额 30.5 亿元，排污费占利润比例达 1.77%～7.08%。排污费的征收将提升企业成本，促进企业进行减排。

2. VOCs 监测项目补贴政策

地方政府部门对污染源企业进行 VOCs 补贴为行业发展提供有效动力，目前北京、上海、天津、河北等省市已颁布相关奖补政策，重庆、山东正在制定中。不同地区根据实际情况不同补贴政策不同，北京补贴额基本上为企业成本的 25% ~ 30%。

上海地区补贴政策较细，2015 年 8 月，上海市出台《上海市工业挥发性有机物减排企业污染治理项目专项扶持操作办法》，对于 2014 年 3 月 21 日至 2016 年 12 月 31 日期间，上海市既有 VOCs 排放企业实施完成的 VOCs 污染治理项目，包括设备泄漏与检测（LDAR）项目、末端治理项目和 VOCs 在线监测项目的企业将进行补贴，补贴对象为年排放量超过 100 吨的 256 家重点企业和 VOCs 年排放量 1 吨以上的 1744 家一般企业。预计补贴总额将超 5 亿元。

通过向 VOCs 排放企业征收排污费的方式可对积极治理的企业进行奖励，同时对消极治理的企业进行高额收费作为变相惩罚，不仅可以为地方政府增加财政收入并进一步投入对 VOCs 行业的整治之中，而且可以充分发挥排污费的杠杆作用对企业进行激励。排污费收费标准远高于企业治理 + 监测设备采购成本，政府补贴将激励企业对监测设备的采购和治理的成本投入。

3. VOCs 监测项目的其他效益

开展 VOCs 监测项目能够为企业节省原材料，带来资源化效益。根据孙祥升（2016 年）的研究，中沙石化公司开展 VOCs 泄漏检测与修复（LDAR）计划之后，公司内 VOCs 排放量由原来的 3406 吨/年降低到 312.9 吨/年，降低了 90%（见图 2 – 13）。[①] 减少的 VOCs 排放量可以转化为中间产品乙烯（2015 年的平均价格为 7086.6 元/吨），将节约材料费：

$$3093.1 \times 7086.6 = 2192（万元）$$

① 孙祥升. LDAR 在中沙石化的应用及成果［J］. 中国石油和化工标准与质量，2016（7）：86 – 88.

目前部分地区已经开展了 VOCs 排污收费试点。例如，北京市对 VOCs 排放量已出台的收费标准为 2 万元/吨。由此，可以计算出开展 LDAR 计划之后，中沙石化公司总收益为

$$2192 + 6186.2 = 8378.2 （万元）$$

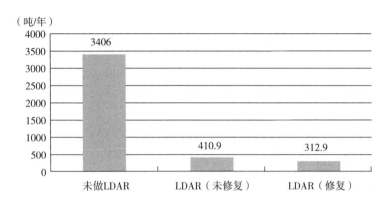

图 2 - 13　中沙石化公司 LDAR 计划 VOCs 减排量

根据张雁雁等（2015 年）的研究，某 PTA 生产装置的氧化装置和制氢装置应用 LDAR 技术进行检测和修复后，该组装置泄漏的挥发性有机物物料包括：对二甲苯、醋酸、醋酸甲酯、醋酸异丁酯、甲醇。维修前后各物质排放量如表 2 - 30 所示。

表 2 - 30　　某 PTA 生产装置应用 LDAR 技术 VOCs 减排量

泄漏物质	维修前泄漏量（吨/年）	维修后泄漏量（吨/年）	泄漏减排量（吨/年）
对二甲苯	0.016	0.01	0.006
醋酸	2.073	1.785	0.288
醋酸甲酯	0.556	0.504	0.052
醋酸异丁酯	0.135	0.11	0.025
甲醇	1.491	1.267	0.224
合计	4.271	3.676	0.595

资料来源：张雁雁，温鹏飞，胡颖华，郭筠. 石化行业 VOCS 泄漏检测与修复体系的建立 [J]. 环境与发展，2015（5）：68 - 71.

维修人员对氧化装置泄漏点进行维修，主要采取更换机封、紧固螺栓、紧固填料压盖方式。通过维修减少了泄漏点数，降低了 VOCs 泄漏损

失量。维修后泄漏损失降低 67.6% ~ 100%，泄漏组件维修效果非常明显。挥发性有机物泄漏年度减排量由检修前的 4.271 吨/年减少到 3.676 吨/年。减排量为 0.595 吨/年。

通过物质流分析，计算从组件当中泄漏出来的挥发性有机物的总量，采用收集到的原料价格计算相应的经济价值，如表 2-31 所示。

表 2-31　　　　　　　　实施 LDAR 计划节省的物料成本

	泄漏减排量（吨/年）	单价（元/年）	节省的物料成本（元/年）
对二甲苯	0.006	3000	18
醋酸	0.288	10000	2880
醋酸甲酯	0.052	5000	260
醋酸异丁酯	0.025	8500	212.5
甲醇	0.224	3400	761.6
合计	0.595		4132.1

此外，同样按照 2 万元/吨的排污费征收标准，减少的 VOCs 排放量能够为企业节省 1.19 万元/年的排污费。因此，本项目中开展 LDAR 计划能够带来的总收益约为 1.6 万元/年。

4. VOCs 监测项目的商业模式分析

目前，VOCs 治理行业已经有 PPP 项目的试点。2015 年 9 月 15 日，河北省政府发布《河北省人民政府办公厅关于推进环境污染第三方治理的实施意见》后实施的第一个大气污染第三方治理项目——河北先河下属子公司河北先河正源环境治理技术有限公司与河北雄县签订了合作框架协议，项目采取第三方治理模式，为后者辖区内包装印刷行业 VOC（挥发性有机物）污染综合治理提供第三方整体服务。① 项目整体投资 18 亿元，同时，该项目也是国内有机废气治理行业中公司主导的第一个 PPP 项目。

雄县包装印刷行业是典型的中小微企业密集型行业，如果单个企业

---

① 雄县人民政府. 河北雄县引导包装印刷企业 投身节能减排 [EB/OL]. [2016-08-15] http：//www. xiongxian. gov. cn/content/? 1946. html.

进行治理，一套完整的溶剂回收装置近200万元的投资以及每年十几万元的运行费用，大部分企业无力承担，这也是企业普遍抵触的根本原因。但作为北方产业密度最高的地区，雄县的2700多家企业分布在县域400多平方千米范围内，且主要在城区周边的几个乡镇。采用社会资本、专业环保力量，创新解决雄县包装印刷产业可持续发展与环境保护问题，建立具有区域经济特色的第三方环境治理模式，对包装印刷企业有机废气排放进行"逐一收集治理，统一提纯分离，回购循环利用"。

先河正源环境治理技术有限公司在当地政府规划及政策指导下对其所辖企业进行技术和资金支持，建立挥发性有机物排放收集装置、解析装置及运营体系，减轻印刷企业治污成本及技术运营服务成本；同时，在当地建设满足产业产能和技术需求的VOC资源化利用基地作为辖区内包装印刷企业VOC污染治理、回收溶剂提纯利用的公共服务平台，为企业提供VOC溶剂的资源化利用服务，降低企业VOC污染治理成本。

河北先河正源环境治理技术有限公司与雄县签订雄县包装印刷产业VOC污染排放第三方治理项目框架协议，通过第三方治理模式和提纯精馏中心的建设，这种模式能够达到印刷企业、政府、技术投资方及当地百姓等多方面共赢的局面。项目总投资约14亿~18亿元，通过对雄县近千家包装印刷企业建设废气排放处理和溶剂回收设施、污染源监控管理平台及有机溶剂提纯精馏基地等，及时收集企业产生的废有机溶剂和资源化处理。项目建成后年可减排、资源化废溶剂5万~8万吨。

第三方治理公司通过为政府建立挥发性有机物排放及治理设施运行的在线监控平台系统建设，为政府建立有机物排放源在线监控平台，将规划内的排放企业纳入监管平台，实现挥发性有机物排放及治理设备运行的在线实时监控，以此为基础建立有效的减排监管及排污收费体系。对包装印刷企业有机废气排放采取"逐一收集治理，统一提纯分离，回购循环利用"模式，在政府统一协调支持、企业投入低成本的情况下，即能够治理包装印刷企业有机废气排放、溶剂回收循环利用，又能实现环境保护和政府监管，同时也发展了当地环保产业并增加就业。将成为京津冀一体化进程中环境保护、产业经济对接的亮点，具有很好的借鉴和推广作用。

五、煤改气投融资分析

（一）"煤改气"是降低燃煤污染的重要途径

"煤改气"是指在居民生活、工业生产、发电中使用天然气（包括常规天然气、非常规天然气、煤制气等）替代污染较大的燃煤，从而有效减少大气污染的工程。根据天然气和煤炭的理论转换值以及不同利用行业的热效率，可以计算出天然气燃烧污染物排放量占煤炭燃烧排放比例情况（如表2－32所示）。其中天然气在工业燃料中排放的氮氧化物和烟尘量分别为煤炭燃烧排放的1.7%、15.8%和8.7%[1]，天然气的理论燃烧污染物排放量明显少于煤炭。因此，"煤改气"是减排的重要途径之一。

表2－32　　　　　天然气燃烧排放物占煤炭燃烧排放的比例　　　　单位：%

用气结构	排放	排放	排放	烟尘排放
发电	41.1	2.3	72.5	1.4
工业燃料	46.15	1.7	15.8	8.7
城市燃气	21.6	0.8	7.4	4.5

注：发电中燃煤按流化床锅炉计算，不同结构均采用不同的热效率。

2013年9月，国务院下发了《大气污染防治行动计划》，指出要在全国范围内"全面整治燃煤小锅炉。加快推进集中供热、'煤改气'、'煤改电'工程建设，到2017年，除必要保留的以外，地级及以上城市建成区基本淘汰每小时10蒸吨及以下的燃煤锅炉，禁止新建每小时20蒸吨以下的燃煤锅炉；其他地区原则上不再新建每小时10蒸吨以下的燃煤锅炉"。

2013年9月，环境保护部、国家发改委等六部门联合下发的《京津

---

[1] 《京津冀"煤改气"背后的机遇和挑战》。

冀及周边地区落实大气污染防治行动计划实施细则》中明确指出：加快热力和燃气管网建设，通过集中供热和清洁能源替代，加快淘汰供暖和工业燃煤小锅炉。到 2017 年底，北京市、天津市、河北省地级及以上城市建成区基本淘汰每小时 35 蒸吨及以下燃煤锅炉，城乡接合部地区和其他远郊区县的城镇地区基本淘汰每小时 10 蒸吨及以下燃煤锅炉。

可见，无论全国范围内的大气污染防治行动计划，还是京津冀区域的计划，均提出以其他能源消费替代来削减煤炭的消费量。在诸多可替代的能源中，大规模应用天然气成为这一区域未来削减煤炭消费的一大抓手。这意味着京津冀地区未来五年内将有望成为国内天然气消费快速增长的重点区域之一，而由此带动的将是围绕天然气生产、输送及终端应用的完整产业链需求。

（二）"煤改气"主要替代领域

燃煤是京津冀地区主要污染源之一，只有将"煤改气"工程着眼于燃煤量大且产生污染物多的行业，才可以有效实现改善大气环境，具体来说，"煤改气"主要替代领域可以分为以下三类。

第一类是散煤用户。2014 年 8 月 22 日，《中国环境报》报道："在冬季采暖期间，京津冀晋地区大量散煤燃烧后直接排放，污染物浓度贡献率占全年的 50% 左右。"散煤用户多处于京津冀的城乡接合部以及农村地区，其特点是排放分散，不易监测，但分布范围广，是防治大气污染的难点。

第二类是企业。目前，诸如钢铁、有色金属、化工、水泥等行业仍然在中国的工业结构中占有较大比重。而由于历史原因，该行业的很多企业技术水平较低，煤炭仍是其主要工业燃料，再加上很多企业对除污设备投入不足，导致这些行业的用煤污染物排放量很大。不过，工业用户有着用煤集中的特点，所以是最适合开展"煤改气"的领域。

第三类是燃煤电厂。根据《中国能源统计年鉴2015》，电力热力生产和供应业是我国用煤比例最大的一类行业，尤其是与燃气电厂相比。因此，对燃煤电厂用户的蒸汽锅炉、燃气轮机进行"煤改气"改造是另一替代领域。

(三)"煤改气"产业模式

第一是燃气运营商模式。此模式适用于"煤改气"用户资金不足的情况,具体模式为:由燃气运营商负责初始投资,包括燃气锅炉,供气设备等,用户通过与燃气运营商签订一般高于 LNG 气价 5% ~ 10% 的价格的长期供气协议,相当于以 LNG 气价来抵扣投资的商业模式,一般以 2 ~ 3 年为抵扣设备款的结算期,到期设备即可归用户所有,气价再恢复到市场价。

第二是用户模式。采用此模式的用户一般具有充足的初始投资资金,资金来源一般为政府补贴或者自筹资金。

第三是政府模式。河北省某市,在 2014 年 10 月 5 日至 11 月 15 日之间,要求将政府财政预算范围内的机关、学校、医院、敬老院里的所有小煤锅炉全部淘汰,一次性替换 LNG 燃气锅炉 200 多台套。在较短的 40 天时间内,取得了令人惊叹的成就。[①] 此模式需要较大的财政力度支持。

第四是第三方煤改气项目包。主要包括通过施工总承包模式、BOT 与 EMC 结合等模式实现第三方煤改气项目。其中施工总承包模式为用户投资,由专业节能公司负责锅炉设计、安装和施工。由企业自主进行运营与管理,包括能源的利用。BOT 与 EMC(合同能源管理)结合模式由专业节能公司负责燃气锅炉等设备的投资、安装、运营,通过价格谈判,以蒸汽流量与用户结算,运营一段时间后所有设备资产移交用户,从而实现煤改气全过程的专业化管理,达到更好的"煤改气"效果。

(四)"煤改气"成本与内部收益率分析

由于数据可得性,"煤改气"工程难以像脱硫脱硝除尘与 VOC 综合治理一样,分析全行业的内部财务收益率。另外,对于"煤改气"工程,不同区域之间原有燃煤或燃气设施建设情况不同,在改造过程区域差异

---

① 《煤改气产业分析》,http://www.lng168.com/NewsDetail_ 6257. html。

性较大。因此，本部分选取江西省某县、温州市和北京市某区域三个案例进行分析，力求给出"煤改气"行业的成本与内部收益率区间。

1. 案例1——江西省某县[①]

1.1 项目情况

××位于赣中偏西，袁河中游，北纬 27°32′02″~28°06′41″、东经 114°28′34″~114°52′41″之间，县境南北长 65 千米，东西宽 36 千米，县域面积1391.76平方千米，总人口33万余人，共4乡6镇1处2场，规模以上工业企业71家。

该项目为燃煤锅炉淘汰及煤改气改电改生物燃料项目，建设地点为江西省某县，主办单位为县工业和信息化局。主要对全县37台燃煤锅炉实施淘汰及煤改气改电改生物燃料方案，淘汰其中21台燃煤锅炉，将其他16台燃煤锅炉进行改造，锅炉供热方式由燃煤改为天然气燃料（6台）、电力（3台）、生物质燃料（7台）；项目实施后年可节能148282吨标准煤，年可减少 SO_2 排放量57.91吨/年、烟尘3503.57吨/年、氮氧化物2805.5t/a。建设期为2013年6月至2014年9月，项目总投资为2700万元。

1.2 项目实施后节能量计算

1.2.1 燃煤

改造前全年耗燃煤总量 = 改造前锅炉数量 × 锅炉平均耗煤量

$$= 37 \times 7167.6 \text{ 吨/年} = 265200 \text{ 吨/年}$$

改造后年耗燃煤总量：0吨

改造后比改造前节约燃煤量 = 技改后耗煤总量 − 技改前耗煤总量

$$= 0 - 265200 = -265200 \text{ 吨}$$

1.2.2 电力

改造前全年耗电总量 = 改造前锅炉数量 × 锅炉年平均耗电量

$$= 37 \times 62.16 \text{ 万千瓦时} = 2300 \text{ 万千瓦时}$$

改造后全年耗电总量 = 改造前锅炉数量 × 每台锅炉年平均耗电量

$$= 3 \times 2250 \text{ 万千瓦时/年} = 6750 \text{ 万千瓦时/年}$$

[①] 《燃煤锅炉淘汰及煤改气改电改生物燃料项目可行性研究报告》。

改造后比改造前节电量 ＝ 技改后耗电总量 － 技改前耗电总量
$$＝6750－2300 ＝4450（万千瓦时）$$

1.2.3 天然气

改造前全年耗天然气总量：0 万立方米

改造后全年耗天然气总量 ＝ 改造后锅炉数量 × 燃气量/时
$$× 每台全年运行时间$$
$$＝6×280×8000 ＝1344（万立方米）$$

改造后比改造前节气量 ＝ 技改后耗气总量 － 技改前耗气总量
$$＝1344－0＝1344 万立方米$$

1.2.4 生物质燃料

改造前全年耗生物质燃料总量：0 吨

改造后全年耗生物质燃料总量 ＝ 改造后锅炉数量 × 生物质燃料消耗量/时 × 每台全年运行时间
$$＝7×1.2×8000 ＝67200（吨）$$

改造后比改造前节生物质燃料量 ＝ 技改后耗生物质燃料总量
$$－ 技改前耗生物质燃料总量$$
$$＝67200－0＝67200 吨$$

表 2 － 33　　　　　　　　　项目实施前后能耗对比表

能耗种类	项目实施前能耗	项目实施后能耗	项目节能量
原煤（吨/年）	265200	0	265200
电（万千瓦时/年）	2300	6750	－4450
天然气（万立方米/年）	0	1344	－1344
生物质燃料（吨）	0	67200	－67200
合计（折标准煤吨）	201726.7	53444.74	148282

1.3 初始投资成本估算

1.3.1 初始投资成本估算依据

土建工程是根据上述文件颁布的有关定额、设备价格等资料，参照最新同类型工程概算资料，结合本地区实际情况估算。设备及安装依照有关规定并结合本项目实际情况统筹估算。工程建设其他费用包括建设单位管理费、勘查设计费、临时设施费等。根据有关规定结合本工程实际估算。预备费用按工程费用与工程建设其他费用之和的 10% 计算。

1.3.2 初始投资估算

表2-34 　　　　　　　　　初始投资估算表

投资去向	金额（万元）
工程费用	2139
工程建设其他费用	347.1
基本预备费	213.9
总资金合计	2700

1.3.3 资金来源

经测算，本项目总投资 2700 万元；项目所需资金自筹 1700 万元，其他资金 1000 万元。

1.3.4 内部收益率估算

1.3.4.1 通过节约燃料费用带来的资金净流入（年）

通过对比项目改造前后锅炉燃料成本分析项目产生的经济效益，详情见表2-35。

表2-35 　　　　　　改造后项目节约燃料费用估算　　　　　　单位：万元

能耗种类	项目实施前燃料费用	项目实施后燃料费用
原煤	13260	0
电	1725	10125
天然气	0	9318.4
生物质燃料	0	3024
合计	14985	12387.3
项目年节约资金	2597.7	

注：以煤单价500元/吨、电均价0.75元/千瓦时、生物质成型燃料均价450元/吨、天然气均价3.2元/立方米进行测算。

1.3.4.2 通过节约排污费用带来的资金净流入（年）

项目实施可大大减少企业排污量，从而降低企业排污费用，项目实施后节省排污费如表2-36所示。

表 2 - 36　　　　　　　　　改造后项目节约排污费用估算

污染物种类	改造前排放量	改造后排放量	减排量	当量值	当量单价（元/千克）	节约排污费（万元）
烟尘	3788.57	285	3503.57	2.18	0.6	96.43
二氧化硫	101.84	43.93	57.91	0.95	1.2	7.31
氮氧化物	3647.5	842	2805.5	0.95	0.6	177.19
合计				280.93		

1.3.5　该项目内部收益率计算

项目总投资 2700 万元，项目实施后年节能减排效果明显，年可节约资金 2878.63 万元。

目前银行的一年定期存款利率为 3.00%，则假设第 n 年能够全部回收初投资，则由动态投资估算法知道，第 n 年节省总费用（万元）为

$Q1 = 2878.63 \times [1 + 1.03 + 1.032 + \cdots + 1.03(n-1)]$

初投资换算成第 n 年的资本量为：$Q2 = 2700 \times 1.03n$

$Q1 = Q2$

项目 1 年内可完全回收初期投资成本，远远低于锅炉及其配套设备使用寿命，因此项目可行性较强。

内部收益率是能够使未来现金流入量现值等于未来现金流出量现值的折现率，或者说是使投资项目净现值为零的折现率。计算公式如下：

$$净现值 = \sum_{k=0}^{n} \frac{I_k}{(1+R)^k} - \sum_{k=0}^{n} \frac{O_k}{(1+R)^k} = 0$$

式中，I_k 为第 k 期的现金流入量，O_k 为第 k 期的现金流出量，R 为内部收益率。

按照燃气设备 15 年的折旧期，该项目的内部收益率为 107%（详见表 2 - 37）。

表 2 - 37　　　　　　　　　项目现金流　　　　　　　　单位：万元

时间	收益	支出	资金净流入
0	0	2700	-2700
1	2878.63	0	2878.63

时间	收益	支出	资金净流入
2	2878.63	0	2878.63
3	2878.63	0	2878.63
4	2878.63	0	2878.63
5	2878.63	0	2878.63
6	2878.63	0	2878.63
7	2878.63	0	2878.63
8	2878.63	0	2878.63
9	2878.63	0	2878.63
10	2878.63	0	2878.63
11	2878.63	0	2878.63
12	2878.63	0	2878.63
13	2878.63	0	2878.63
14	2878.63	0	2878.63
15	2878.63	0	2878.63

2. 案例2——温州"煤改气"工程

2.1 温州"煤改气"工程背景

温州市现有燃煤锅炉1285台，锅炉容量为1832.2蒸吨，年用煤量1425 801.8蒸吨，平均每台锅炉容量为1.42蒸吨[1]。由于锅炉容量大小差别很大，企业实际每台锅炉使用频率也不相同，所以，我们不可能精确测算每台锅炉的年用煤量，但可以对温州市燃煤锅炉进行宏观测算。我们用全市每年用煤量除以全市现有锅炉总容量，可测算出1台容量1蒸吨的锅炉年平均用煤量约为778.2蒸吨。

"煤改气"工程成本增加需要考虑两个方面：一是燃煤锅炉企业因改造后使用天然气作为主要能源给企业带来长期生产成本实际增加额；二是燃煤锅炉企业因实施"煤改气"工程所需设备更新等而增加的一次性成本增加额。

---

① 汤燕刚，黄迪华，郭华斌，等. 温州"煤改气"工程价格补贴可行性及相关政策研究［J］. 城市燃气，2014（6）：30－35.

2.2 固定成本和可变成本增加额

2.2.1 固定投资增加额

燃煤锅炉企业在实行"煤改气"工程过程中，企业需要一次性投入的成本包括"煤改气"工程设计费、改造费、管网敷设费用、新设备购置费等。据了解，通常情况下，1蒸吨h容量的锅炉改造设计费约为0.4万元，改造费约为6万元，当然企业实际情况不同，会有较大差别。另外，燃气管道敷设费因企业所处位置不同，敷设管网长度不同，差异很大。

2.2.2 可变成本增加额

以下我们以容量1蒸吨h的锅炉为例进行测算。

通过煤炭和天然气热值等量换算的方法，对企业改造前后的成本进行测算，从而得出企业因改造带来的长期性直接成本增加额。根据温州市燃煤锅炉2012年用煤量，1蒸吨的锅炉年平均用煤量为778.2吨，目前，市场上煤炭价格为650元/吨（含运费），一年购买燃煤直接成本为778.2×650＝50.6万元。煤的热值按20900千焦/千克，天然气的热值35948千焦/立方米（1卡＝4.184焦）。通常情况下，一般燃煤锅炉的热效率为55%～70%，而天然气锅炉热效率为85%～95%，例如，杭州某热能设备有限公司生产的燃煤锅炉热效率为65%，天然气锅炉热效率为90.2%。改造后的天然气锅炉热效率比燃煤锅炉提高了25%左右，我们取燃煤锅炉热效率65%，天然气锅炉热效率90%进行热值换算。在进行热值换算时，我们以企业实际获得的所需热值进行等量换算，1蒸吨燃煤锅炉年均用煤所产生企业所需的热值＝778.2×20900×1000×60%＝9758628000（千焦）；产生企业等量所需热值的天然气用量＝（9758628000÷35948）÷85%＝319370.7（立方米），工业企业天然气气价参考宁波市工业用气平均价格4.3元/立方米，由此可以计算出使用天然气作为能源，企业全年成本为137.3万元，每年较煤炭成本（50.6万元）增加86.7万元，为煤炭成本的2.71倍。该项成本的增加是企业长期增加的成本。具体数据见表2－38。

表 2-38 温州 1 蒸吨燃煤锅炉年用煤和用天然气作为能源的成本对比表

燃煤锅炉容量蒸吨	年平均用煤量（吨）	煤炭价格（元/吨）	全年用煤成本（万元）	等量热值换算成天然气（万）	天然气价格（元/立方米）	全年用天然气成本（万元）	企业使用天然气，成本支出增加额（万元）
1	778.2	650	50.6	31.93	4.3	137.3	86.7

注：工业企业天然气价格参考宁波市 2013 年的工业用气价格平均值（2013 年 9 月 1 日宁波市实行阶梯价格，平均值为最高价格与最低价格的平均值）。

2.3 资金流入额

燃煤锅炉企业在进行"煤改气"工程过程中，因煤炭与天然气价格差会增加企业的支出，但与此同时，企业也将在其他方面因此长期获益，主要有操作工人要比燃煤锅炉少，改制后为企业可节省并利用原堆煤场、渣场和燃煤锅炉所占用的空间、天然气炉维护少，可增加企业的生产天数。这些都是实行"煤改气"后将为企业带来直接或间接的经济利益流入。因此我们需要测算企业因此节省的支出。具体包括以下几个方面：

第一，节省人工成本。以 1 蒸吨燃煤锅炉为例，由于燃煤锅炉需要人工铲煤和煤炉送煤工作程序，所需的工作量大，至少需要 2 人，而天然气炉则要简单得多，1 人即可轻松完成整改工作，因此，企业一年可在原基础上减少人工 1 人，每年节约成本约 5 万元。

第二，因堆煤场、渣场及燃煤锅炉空间的节省，给企业带来的经济效益。燃煤锅炉企业实行"煤改气"后，企业原有堆煤场、渣场以及节省的燃煤锅炉空间可以改作他用，例如建办公楼、厂房或仓库等用途，1 蒸吨燃煤锅炉企业至少需要 200 平方米的煤场和渣场，改建办公楼、厂房或仓库每年至少可为企业节省资金 20 万元。

第三，维修少，增加企业实际投产时间和效益。燃煤锅炉每年需进行小修 1 次，每次维修周期为 20 天，两年大修 1 次，每次维修周期为 1 个月，而天然气炉几乎不用维修，即使维修一般也不会超过 5 天，所以，每年可为企业增加实际投产运行时间 15 天以上，从而扩大企业产量，为企业带来更多的经济效益。按企业生产日年平均运行 300 天，改造后可以平均运行 315 天，企业产量、效益因此同步增加（15 ÷ 300）× 100% = 5%。当然，每个企业年经济效益不同，经济效益 5% 的增加值各不相同。

通过对企业因改造带来的长期性直接或间接经济利益流入的测算，1 蒸吨燃煤锅炉，一年因改造可带来的经济利益流入至少为 5 + 20 = 25 万元。

2.4 财政补贴

根据国家节能减排有关政策，政府治理同等程度的大气污染物需安排专项资金。温州市 2012 年市区燃煤锅炉年用煤量 142580.8 吨，参照国家 2011 年《节能技术改造财政奖励资金管理办法》，政府在节能财政奖励资金上，对比改造后形成的节能量，按每吨标准煤给予 240～300 元补助；实行合同能源管理的项目，按照每吨标准煤给予 300 元的补助。实施"煤改气"改造后，天然气热转换值比煤炭热值转换效率至少提高 25%。因此可以测算出温州市每年节能量为 1425801.8 × 25% × 300 = 106935135 元，约为 10693.5 万元。同时，按该管理办法政府还需对企业购买节能技术装备，按照投资总额给予 8%～15% 的补贴。按照前面 1 蒸吨的设备投资为 6.4 万元，温州市锅炉容量为 1832.2 蒸吨，则可获得财政补贴 1758.91 万元。即以 1 蒸吨燃煤锅炉为标准，其财政补贴金额为 8.2 万元/（台·1 蒸吨），其他容量锅炉可以按该测试方法等比例计算。节能技术设备财政补贴按节能技术装备的投资总额给予 8%～15% 的补贴。对符合进行改造的燃煤锅炉企业，温州市燃气有限公司应按该企业红线内因敷设地下管网而产生的建设费用给予 10% 的减免。对以煤炭为主要能源的企业，且燃煤锅炉容量 1 蒸吨及以上的企业给予税收优惠政策，税收优惠额度原则上不超过企业因改用天然气作为能源而增加的成本额度的 30%，税收优惠期限为 5 年。对 1 蒸吨以下的燃煤锅炉企业不予实施该项政策。

2.5 内部收益率计算

综合上述测算，我们用长期性直接成本增加额减去长期性经济利益流入额，得出企业实际长期性成本的最终增加额，即 86.7 – 25 = 61.7（万元），企业成本最终增加额约为燃煤成本（50.6 万元）的 1.22 倍，企业实际支出成本为燃煤成本的 2.22 倍。

综上，该项目按照现有政府补贴无法获得盈利（详见表 2 – 39）。

表 2 – 39 项目现金流 单位：万元

时间	收益	支出	资金净流入
0	0	6.4	– 6.4
1	34	86.7	– 52.7
2	34	86.7	– 52.7
3	34	86.7	– 52.7
4	34	86.7	– 52.7
5	34	86.7	– 52.7
6	34	86.7	– 52.7
7	34	86.7	– 52.7
8	34	86.7	– 52.7
9	34	86.7	– 52.7
10	34	86.7	– 52.7
11	34	86.7	– 52.7
12	34	86.7	– 52.7
13	34	86.7	– 52.7
14	34	86.7	– 52.7
15	34	86.7	– 52.7

3. 案例3——北京某区域锅炉房"煤改气"[1]

3.1 "煤改气"政策背景与项目背景

为鼓励燃煤锅炉清洁能源改造，北京市财政局、市环保局提高了补助标准。2002 年制定的《北京市锅炉改造补助资金管理办法》规定，20蒸吨以下燃煤锅炉每蒸吨补助 5.5 万元、20 蒸吨以上的补助 10 万元，在此基础上，2014 年进一步加大了力度，将郊区县燃煤锅炉补助标准统一增加到每蒸吨 13 万元。另一方面，北京市发展和改革委员会发布《关于

---

[1] 牛玉琴. 北京某区域锅炉房煤改气技术经济分析［J］. 区域供热，2013（1）：68 – 71.

调整燃煤锅炉房清洁能源改造市政府固定资产投资政策的通知》（京发改〔2014〕1576号），扩大了燃煤锅炉清洁能源改造固定资产支持范围，对20蒸吨以上燃煤锅炉按照原规模改造工程建设投资30%比例安排补助资金。这些政策措施，有力推进了燃煤锅炉"煤改气"任务的落实。

某区域现状供热面积75万平方米，利用燃煤热水锅炉供热，设有3台14兆瓦的燃煤热水锅炉，设计供、回水温度115℃/70℃，设计压力1.25兆帕斯卡，年耗煤量为1.58万吨，折合煤耗约为22.58千克/平方米。其环保系统为麻石水膜脱硫除尘。风烟系统为鼓、引风机。化学水处理系统为钠—氢离子交换树脂水处理系统。

3.2 改造方案

在原有锅炉基础上进行改造，将原有燃煤锅炉改造为3台14兆瓦燃气锅炉，设计供、回水温度115℃/70℃；由于锅炉房年限已久，考虑更换锅炉循环水泵、补水泵、软化除氧组合水箱、除氧器、除氧水泵等设备；原有控制系统全部改为DCS控制系统。

天然气由厂区门口现状DN400次高压A燃气管线上接线，设计一根DN300中压A燃气管线至锅炉房专用调压箱，经调压后供锅炉房使用。根据工艺所确定的方案，锅炉房在满负荷时天然气消耗量约为5175标准立方米/小时。

3.3 初始投资估算

项目总投资1727.00万元，其中工程费用1321.88万元，其他费用224.72万元，建设期利息49.85万元，铺底流动资金53.21万元，详见表2-40。

表2-40　　　　　　　　　　投资估算表　　　　　　　　单位：万元

序号	工程或费用名称	建筑工程费	设备购置费	安装工程费	其他费用	合计
1	工程费	285	721.47	315.41		1321.88
1.1	锅炉房	225	623.47	174.57		1023.04
(1)	锅炉房热力系统部分		490.35	137.30		627.65
(2)	锅炉房电气系统部分		74.82	20.95		95.77
(3)	锅炉房自控系统部分		58.30	16.32		74.62

续表

序号	工程或费用名称	建筑工程费	设备购置费	安装工程费	其他费用	合计
（4）	建筑部分	225				225
1.2	燃气计量及调压箱部分		53	14.84		67.84
1.3	区内燃气管线部分	60	45	126		231
2	其他费用				224.72	224.72
3	预备费				77.33	77.33
4	建设投资合计	285	721.47	315.41	302.05	1623.93
5	建设期利息				49.85	49.85
6	固定资产投资	285	721.47	315.41	351.90	1673.79
7	铺底流动资金				53.21	53.21
8	项目规模总投资	285	721.47	315.41	405.11	1727

根据以上方案，本项目的单位投资折合为 41 万元/兆瓦。一般燃气锅炉房的单位投资为 45 万～55 万元/兆瓦。由于本锅炉房为煤改气改造项目，充分利用了原有锅炉房的部分设施及建设，故项目的单位投资低于正常建设的锅炉房。

3.4 内部收益率估算

3.4.1 基础数据

本锅炉房只有居民用热，热指标取 42 瓦/平方米，即单位面积耗热量为 0.34 吉焦；天然气热值取 35.5 兆焦/立方米，锅炉热效率 92%，即 1 吉焦热量耗天然气 30.45 标准立方米；居民用燃气锅炉房补贴 5.04 元/平方米。

3.4.2 收入测算

供热面积 75 万平方米，年耗热量 25.5 万吉焦，按照热计量收费模式计取收入，即在 12 元/平方米基价的基础上，热量收费为 44.45 元/吉焦，项目年收入 2033.48 万元；年补贴收入 378 万元。

3.4.3 成本测算

天然气耗量：年耗气量 776.48 万标准立方米，以现行购气价格 2.28 元/标准立方米计算；耗电、耗水费用：年耗电量 89.25 万千瓦时，购电价格 0.78 元/千瓦时；年耗水量 1.66 万吨，购水价格 5.6 元/吨；工资及福利：人员编制为 6 个技术人员，年工资 4 万元；管理人员 4 人，年工资 3.5 万元。年维修费：按照固定资产的 0.8% 计取；其他管理费：以年收入的 0.5% 计取；折旧与摊销：建筑折旧年限 30 年，设备及安装折旧 20 年，直线折旧法估算，残值率 5%；其他费用摊销年限为 8 年。

综上计算，年经营成本 1907 万元，折合 74.64 元/吉焦；包含财务费用，年均总成本 2020.8 万元，折合 79.25 元/吉焦，其中，年可变成本 1849.29 万元，折合 72.52 元/吉焦，年均固定成本 171.5 万元，折合 6.73 元/吉焦。

3.4.4　经济数据

年平均利润总额 390.69 万元；年平均净利润 293.02 万元；年平均息税前利润 429.23 万元。

3.4.5　财务评价指标及结论

供热项目基准收益率取 9%，本项目财务净现值 2638.14 万元，财务内部收益率 28.42%，具有很好的财务收益。投资回收期税前为 4.58 年，税后为 5.51 年。盈亏平衡点为 44.93%，即项目只要达到设计生产能力的 44.93% 即可保本，具有很强的抗风险能力。

4. 结论

（1）三个案例中的"煤改气"工程内部收益率差异较大，其中，江西省某县的"煤改气"工程收益最高，达到 107%，主要原因是该工程同时实施了"煤改气""煤改电"和"煤改生物燃料"，改造后综合运用了三种清洁能源：天然气、电力和生物燃料，从而不仅抵消了天然气与煤燃料差价带来的损失，更节约燃料成本，获得较大盈利空间。

（2）温州市"煤改气"工程收益难以补贴支出，主要原因在于该工程改造后的天然气成本远远高于原有的燃煤成本，抵消了锅炉改造所带来的红利。仔细分析该项目不难发现，温州市的天然气价格为 4.3 元/立方米，比江西省的 3.2 元/立方米高出 1.1 元/立方米，用气成本较高。可见，不同地区用气成本不同，实施"煤改气"工程的可行性也不同。

（3）北京市某区域供热项目的"煤改气"工程的财务内部收益率为 28.42%，4~5 年即可收回投资收益，远远短于一般燃气设备的使用寿命，具有良好的财务收益。虽然该项目的用气成本最低（2.28 元/立方米），但是由于改造后单一依赖天然气能源供应，造成成本上升，压缩了部分盈利空间。即便如此，从该案例可以看出，在北京市现有的气价、供热价格和财政补贴政策下，"煤改气"工程仍然可以带来较为丰厚的内部收益。

六、合同能源管理投融资分析

（一）合同能源管理与大气污染治理

《合同能源管理技术通则》（GB/T24915—2010）中对合同能源管理（Energy Performance Contracting，EPC）定义如下：节能服务公司（ES-Co）与用能单位以契约形式约定节能项目的节能目标，节能服务公司为实现节能目标向用能单位提供必要的服务，用能单位以节能效益支付节能服务公司的投入及其合理利润的商业运作模式。

对节能服务公司来说，其收益完全来源于能源使用效率的提高；对于用能单位来说，合同能源管理是一种以未来减少的能源费用来支付节能项目全部投资的节能投资方式。双方形成共赢局面，促进了节能降耗，并在此过程中减少了大气污染物的排放，主要表现在以下两个方面：

（1）减少燃料消耗量。采取能源合同管理，能在相同的用能规模下，充分挖掘节能潜力，在中国目前用能效率普遍较低的情况下，有的项目可以减少三分之二的燃料消耗，同时减少"三废"的排除量，这必然会减少对大气的污染。

（2）有利于采用优质燃料。合同能源管理项目以节能量作为获取利润的依据，这就必然促使其充分利用优质燃料，如清洁煤等。同时，项目前期的融资也为其提供了使用优质燃料的资金保障。

（二）节能服务公司的商业模式与投融资模式

节能服务公司为用能单位提供一条龙服务，包括能源效率分析、节能项目设计、项目投融资、原材料和设备采购、安装和施工、节能量检测、人员培训以及运行管理，节能服务公司销售的产品是节能量（如图2-14所示）。

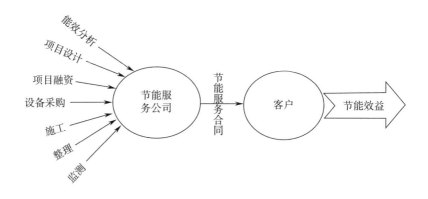

图 2-14 节能服务公司的业务范围

节能服务公司与金融关系密切。首先，它需要从银行等金融机构获得贷款，以支持其项目的设计、设备供应与运营等；其次，它还需要从担保公司获得担保，并与保险公司签订保险合同。目前市场上的节能服务公司主要采用以下三种商业模式，并对应不同的项目投资模式。

（1）节能效益分享型。该模式由节能服务公司提供项目资金和全过程服务，合同期内节能服务公司与客户按照合同约定的比例分享节能效益，合同期满后节能效益和节能项目所有权归客户所有。

目前节能效益分享型项目仍是主流，主要集中在工业领域。在时间上，节能效益分享型项目的分享期限有延长的趋势，平均超过 4.5 年，最长超过 10 年。

（2）节能量保证型。该模式由节能服务公司或者客户提供项目资金。节能服务公司提供项目的全过程服务并保证节能效果，合同会规定节能指标及检测和确认节能量的方法。合同实施完毕，客户一次或分次向节能服务公司支付服务费用。如果在合同期项目没有达到承诺的节能量或节能效益，节能服务公司按合同约定向客户补偿未达到的节能效益。

节能量保证型 EPC 由节能服务公司先期提供全部项目投资，当节能

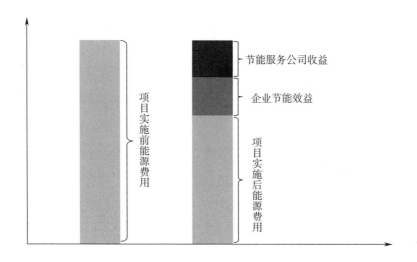

图中文字：
- 节能服务公司收益
- 企业节能效益
- 项目实施前能源费用
- 项目实施后能源费用

图 2 – 15　效益分享型合同能源管理

项目投入使用并满足合同约定的节能率时，客户按合同约定一次性向节能服务公司支付效益款。

（3）能源费用托管型。该模式是由客户委托节能服务公司进行能源系统的运行管理和节能改造，并按照合同约定支付能源托管费用；而节能服务公司通过提高能源效率降低能源费用，并按照合同约定拥有全部或部分节省的能源费用。在该模式中，节能服务公司的经济效益来自能源费用的节约，用能单位的经济效益来自能源费用（承包额）的减少。项目合同结束后，节能服务公司改造的节能设备无偿移交给用户使用。

能源费用托管型 EPC 是由用能单位按照合同约定按期支付能源系统托管费用，节能服务公司自负盈亏负责能源系统的运营。

能源费用托管型项目主要出现在具有一定规模的医院、宾馆饭店和商场。其托管期普遍较长，平均超过 10 年，最长为 15 年。

随着国内合同能源管理公司运营管理的不断成熟，目前开始出现节能效益分享型与节能量保证型相结合、节能效益分享型与能源费用托管型相结合的复合型商业模式。

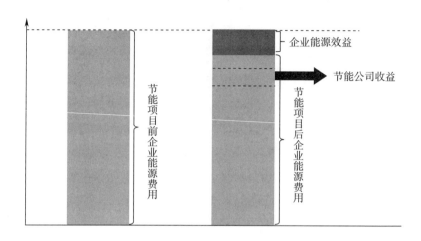

图 2 - 16　能源费用托管型合同能源管理

（三）中国合同能源管理行业发展现状

1. 投资规模

从 2003 年到 2013 年，我国合同能源管理行业的复合增长率高达
50.45%，说明该行业的投资规模不断扩大，发展迅速。[①]

2013 年，中国合同能源管理投资增长到 742.32 亿元，增幅为
33.12%，相应实现的节能量达到 2559.72 万吨标准煤，减排二氧化碳
6399.31 万吨。

同时，EMCo 公司从最初的 3 家（北京 EMCo、辽宁 EMCo 和山东
EMCo），发展到 2013 年底的 3000 家，同比上年增长 28.26%。

表 2 - 41　　　　2006—2013 年中国合同能源管理行业规模

年份	2006	2007	2008	2009	2010	2011	2012	2013
企业数量（家）	133	229	386	492	782	1472	2339	3000
投资规模（亿元）	10.92	65.5	116.7	195.32	287.51	412.43	557.65	742.32

---

① 《国家加大节能减排力度 合同能源管理（EMC）行业前景可期》。

2. 投资收益

根据中机院①对节能服务企业收益情况的计算，建筑节能服务行业的平均净利润率是29.86%。部分投资项目收益比及回收期如表2-42所示。

表2-42 部分投资项目收益比及回收期

	投资	收益	投资回收年限
提高运行管理水平	1	10~20	0.5~1.2月
更换风机、水泵	1	0.8~1	1~1.2年
增加自动控制系统	1	0.3~0.5	2~3年
系统形式的全面管理	1	0.2~0.4	3~5年

3. 投融资特征

（1）规模小，市场集中度低。中国的节能服务公司虽然数量多，但规模小，以民营企业为主。

（2）轻资产，融资难。据中国环境能源资本交易中心统计，目前节能服务公司实施节能服务公司项目遇到的难题中，69.5%是融资困难的问题。我国节能服务公司中有70%左右都是中小型企业，整体规模较小，属于轻资产企业，自身担保资源有限。另外，合同能源管理项目投资形成的资产，存在于客户的企业中，而且都依附于企业生产的主流程中，缺乏独立性；另一方面，节能设备往往具有较高的资产专用性，可变现能力较弱。这些都使银行不愿将此视为可接受的抵押，成为目前我国节能服务公司融资难的根本原因。据调查，2008—2011年，节能服务公司实施合同能源管理项目的资金来源大部分是企业自有资金，占整个资金来源的68.5%。其次分别是对外借款、股东集资、银行贷款、第三方投资等。②

4. 案例分析

4.1 案例情况描述

L学院为一所属重点高等院校，其节能项目是绿色照明能效改造项

---

① http：//www.reportway.org/diaochayanjiu/Real - Estate/2802201137.html。

② 《基于合同能源管理的融资租赁模式研究》。

目，要求在保证照明质量的条件下，将原有的老式白炽灯和日光灯换为新型节能灯，降低照明用电量。校内原有照明为老式白炽灯和日光灯，耗电量大，灯具寿命短，整体费用很高。[①]

4.2　节能量的计算

基准年用电量可以通过基准年负荷812千瓦乘以基准年负荷持续时间数据进行计算，计算结果如表2 – 43所示。

表 2 – 43　　　　　　　　　　　基准年用电量

基准年照明负荷百分比值	千瓦	每年小时数	千瓦时
9%	73	600	43800
61%	495.3	2150	1064895
15%	121.8	4470	544446
6%	48.9	6100	298290
9%	73	8760	639480
合计（100%）	812		2590911

改造后用电量可以用462.6千瓦（改造后的最大负荷）乘以约定的改造后负荷数据进行计算，结果如表2 – 44所示。

表 2 – 44　　　　　　　　　　　改造后用电量

基准年照明负荷百分比值	千瓦	每年小时数	千瓦时
9%	41.6	600	24980
61%	495282.23	2650	74779395
15%	121869.4	4470	310173
6%	48927.8	6100	169312
9%	7341.6	8760	364714
合计（100%）	812462.6		1616972

4.3　节能量的计算

节能措施实施后的确定节能量如表2 – 45所示。

---

① 赵丹. ESCo节能项目的经济效益评价及分享机制研究［D］. 河北：华北电力大学（硕士学位论文），2009.

表 2 - 45 节能量的计算

灯具总容量（千瓦）	基准年 - 改造后 + 调整量 = 节能量
电量	2590911 - 1616972 + 247650 = 1221589
最大需量	8932 - 5088 + 0 = 3844 千瓦/月

4.4 项目现金流分析

项目投资情况如下：合同金额为 73.72 万元；资金来源是有节能服务公司出资；合同类型为节电效益分享型，节能服务公司从分享节能效益中收回投资。通过计算结果如下：项目投资回收期为 1.11 年，内部收益率为 28%，净现值在贴现率为 10% 和 15% 时分别为 87.9 万元和 71.61 万元。

表 2 - 46 现金流量表 单位：万元

年度	0	1	2	3
项目现金流	- 73.72	66.23	66.23	66.23
客户现金流	0	6.26	52.48	66.23

通过计算，求得 L 学院和节能服务公司的分享比例分别为 $K_1 = 37.116\%$、$K_2 = 62.884\%$，分享效益分别为 $U_1 = 24.5$ 万元、$U_2 = 41.5$ 万元。

第三章　支持大气污染治理的
财政和金融政策

　　本章重点梳理我国支持大气污染治理的财政和金融政策，研究当前大气污染治理的财政金融手段及其特点，着重从大气污染治理相关专项资金、大气污染治理相关补贴、排污权有偿使用与交易、排污收费与环境税、环保企业规模化经营和民营企业发展六大方面展开分析，得出以下几个观点。

　　第一，通过专项资金和财政补贴两种方式支持大气污染治理。一方面，我国积极发挥大气污染治理专项资金的有效政策标杆作用，自2013年开始已经形成了大气污染治理专项资金，财政对其支持力度呈逐年增加趋势，专项资金充分发挥了财政专项资金的政策导向作用，对于改善空气质量起到了积极的作用，但也存在预算执行进度较慢、资金安排保障重点任务不够、区域协同治理不足等问题。另一方面，针对当前化解过剩产能的压力，我国在对空气质量影响较大的钢铁等行业设立了去产能专项资金。通过专项奖补的方式，利用财政手段实施差异化的奖惩机制，加快推进钢铁行业转型升级。

　　第二，通过开展大气污染治理相关补贴支持大气污染治理。积极开展燃煤电厂相关环保电价补贴。火力发电（尤指燃煤电厂）污染物排放量大，对空气质量产生较大的影响，是大气污染防治的重点，我国通过对燃煤电厂实施脱硫、脱硝、除尘以及超低排放环保电价补贴，加快推进企业技术和装备改造升级，推动企业的绿色化生产。同时，我国出台了一系列推进新能源汽车应用的政策，通过财政补贴的方式，着力实现弥补成本差价和促进技术创新上的平衡。

第三，通过排污权有偿使用和交易政策推动大气污染治理。我国的排污权交易经历了几十年的发展历程，总体来看有五大特点与问题。一是试点地区涌现了大量因地制宜的创新政策，形成与国家层面排污权相关政策对接的政策体系，严格开展污染源的监督管理，提升环境治理的整体水平，实现政策联动、执法联动和区域联动；二是排污权有偿使用与交易政策对污染源精细化管理的要求，倒逼试点地区加强管理能力建设，建立管理机构和平台，提升区域和流域的环境精细化管理水平；三是试点地区结合本地实际开展排污权有偿使用与交易，试点区域、试点污染物具有一定的地方特点，部分地区交易的污染物指标从二氧化硫、氮氧化物向烟尘、工业粉尘延伸，试点范围也在逐步扩大；四是排污权有偿使用费征收、排污权交易费用的获得，进一步丰富和拓宽了生态环保资金的筹集渠道，为解决区域性、流域性的重点环境问题提供了一定的资金支持，一定程度上缓解了生态治理筹资难问题；五是试点地区的法律法规体系参差不齐，尚未形成统一的排污权管理与交易体系，有偿使用和交易试点的边界、条件不清晰，各地利用金融市场化手段化解环境问题的实效差异较大。

第四，利用排污收费和环境税相关政策推进大气污染治理。排污收费制度是我国最早制定并实施的三项环境政策之一，依据"污染者付费"原则对排污主体征收一定的治理费用，排污收费制度经历了几十年的演变发展阶段，从实践上看对企业开展环境污染治理起到了积极的作用。但结合现阶段我国经济发展阶段、产业结构等特征来看，我国的排污收费制度存在征收项目不全、征收额度不足、征收标准偏低等问题，亟待与环境保护税相衔接、与企业生产成本和生产效益相适应。从税收的角度来看，环境税在我国已经有相当一段时间，但相关的法律法规并没有真正建立起来，环境保护税正在审议之中，相关的配套制度需要加快建立。

第五，通过推动企业规模化经营促进大气污染治理。企业的规模化经营有助于降低企业的生产成本、提高企业的内部收益率，环保类企业规模化经营最典型的政策为环保"领跑者"制度，通过表彰先进、政策鼓励、提升标准、推动环境管理模式从"底线约束"向"底线约束"与"先进带动"并重转变，以规模化经营整体提升企业的污染综合治理能力，推动环保企业向更高的绿色化水平转变。

第六，实施推动民营企业发展的财政金融政策。我国在推动民营企业发展方面研究出台了一系列财政金融政策，引导和鼓励各类金融机构加大对民营企业的金融服务力度，初步形成了以财务管理、绩效考核、业务规范、资金支持等为主要内容的财政金融支持民营企业发展政策体系。一是引导金融机构加大对民营企业贷款投放力度，对符合条件的民营企业贷款进行重组和减免，放宽民营企业呆账核销条件，不断完善金融支持民营企业发展绩效考核体系。二是通过加强融资性担保行业制度建设，指导地方财政加大对融资性担保业务发展的支持力度等措施和手段，积极支持融资性担保体系建设。三是为民营企业的发展提供税收优惠支持政策，利用财政专项资金支持民营企业的科技创新活动，实施新三板支持政策，提高民营企业的资本化水平。四是开展县域金融机构涉农贷款增量奖励试点，实行农村金融机构定向费用补贴政策，在部分省市开展小额贷款公司涉农贷款增量奖励试点等方式，优化农村中小企业融资环境。但我国的民营企业融资渠道狭窄、融资成本较高，需要因地制宜出台支持融资性担保机构发展的政策措施，提高政策的正向激励和导向作用，更好地发挥财税政策撬动社会资金投向民营企业的杠杆作用，让更多涉农类、环保类民营企业获得融资优惠支持。

一、设立大气污染治理相关的专项资金

（一）大气污染治理专项资金

1. 专项资金是大气污染治理的有效政策杠杆

我国自 2013 年以来整合了各项大气污染治理资金，形成了大气污染治理专项资金，财政对专项资金的支持力度呈逐年增加趋势。总体上来看，大气污染治理专项资金充分发挥了财政专项资金的政策导向作用，对于改善空气质量起到了积极的作用，但也存在预算执行进度较慢、资金安排保障重点任务不够、区域协同治理不足等问题。

2013 年 9 月 10 日，国务院印发《大气污染防治行动计划》（国发〔2013〕37 号），提出：在环境执法到位、价格机制理顺的基础上，中央财政统筹整合主要污染物减排等专项，设立大气污染防治专项资金，对重点区域按治理成效实施"以奖代补"，中央建设投资也要加大对重点区域大气污染防治的支持力度。2013 年，中央财政安排 50 亿元大气污染治理专项资金；2014 年，财政安排资金 98 亿元，重点支持京津冀、长三角和珠三角等重点区域落实大气污染防治计划；2015 年，财政安排 106 亿元大气污染治理专项资金。大气污染治理专项资金呈逐年增加趋势，财政专项资金的政策导向作用明显。

大气污染治理专项资金执行过程中也存在预算执行进度缓慢、资金保障重点任务不清以及区域协同治理不足等问题。2015 年 8 月 18 日，财政部、环境保护部联合印发《关于加强大气污染防治专项资金管理提高使用绩效的通知》，对大气污染治理专项资金的规范化管理提出了明确的要求。第一，明确专项资金预算执行要求。中央财政将专项资金切块下达到相关省份，地方负责细化落实到具体项目。各级财政、环保部门要按季度报告专项资金预算执行情况，建立预算执行通报制度。对重点项目资金实行动态跟踪。第二，强化大气治理重点任务资金政策保障。要求各地按照轻重缓急安排专项资金，优先保障国家确定的重点治理任务。更加注重顶层设计，加强省内各地区的协作对接，形成区域联防联控。第三，加强专项资金管理使用的指导和考核。地方要不断探索完善资金管理使用方式，划清政府与市场的边界，区分财政支持的层次性，采用先建后补、以奖代补、财政贴息等方式，放大资金使用效果。对专项资金使用开展绩效考核，资金清算与考核结果挂钩。

2. 相关部门进一步明确大气污染治理资金的管理办法

2016 年 7 月 20 日，财政部、环境保护部印发《大气污染治理专项资金管理办法》，进一步规范和加强大气污染治理专项资金管理，提高财政资金使用效益。第一，明确大气污染治理专项资金的使用原则。一是突出重点。专项资金主要支持大气污染防治任务、社会关注度高的地区。二是注重实效。专项资金安排将参考各地大气环境质量改善状况、专项执行情况，奖优惩劣。三是强化监管。对专项资金实行全过程监管，保障专项资金使用管理的安全性与规范性。第二，规定大气污染治理专项资金的清算办法。根据有关省份颗粒物年均浓度下降率等情况，财政部会同环境保护部对上年预拨各省的资金进行清算，对未完成目标的省份扣减资金，对完成大气治理任务出色的省份给予奖励。规定对完成颗粒物年均浓度下降率任务 80%～100% 的扣减该年预算 10%，完成 80%（含）以下的扣减该年预算 20%。对京津冀、京津冀周边、长三角细颗粒物下降率排名第一的省份给予定额奖励。

（二）钢铁行业去产能专项资金

钢铁行业是我国的重要基础性行业，但由于地方政府投资冲动、企业投资预期扭曲、有效竞争不足等因素的影响，长期以来积累了大量的过剩产能，由于其高耗能、高污染的特点，对空气质量产生了极大的负面影响，积极稳妥化解钢铁行业过剩产能，既是供给侧结构性改革的关键任务，也是改善空气质量的重要环节。现阶段，我国正通过设立专项奖补资金等方式，利用财政手段实施差异化的奖惩机制，加快推进钢铁行业转型升级步伐。

1. 我国钢铁行业集中度低、过剩产能和污染问题突出

中国钢铁产业集中度长期处于低水平状态，本研究选取 2001—2012 年我国的钢铁企业集中度进行分析，如表 3－1 所示。由表 3－1 可以看出，2001—2012 年我国的钢铁企业集中度一直维持在 15%～22% 之间，远低于国际水平（见表 3－2）。2000 年，我国生产钢铁企业数量仅为 2997 家，而到 2010 年钢铁生产企业数量达到 12143 家，年均增幅达到 36%。钢铁企业数量迅速增长是导致我国钢铁产业集中度无法提高的关键因素之一，这些新增的钢铁企业多数是规模小、专业化生产水平低的

小型钢铁企业，存在严重的无序竞争问题，一定程度上加剧了产能过剩。另一方面，我国钢铁行业的污染问题也十分突出，总体上来看，钢铁行业的废气具有排放量大、污染因子多、污染面广、烟气阵发性强、无组织排放等特点。钢铁行业的生产流程较长，生产过程中会产生 TSP、PM10、PM2.5 等十多种污染物。

表 3-1　　　　　2001—2012 年我国钢铁产业集中度情况　　　　单位：万吨

年份	宝钢	鞍钢	河钢	首钢	武钢	沙钢	总产量	CR4（%）
2001	1913.5	879.2	392.01	824.8	708.5	253.49	15702	28.53
2002	1948.4	1006.7	506.53	817.1	755.1	359.91	19250	24.83
2003	1986.8	1017.7	608.12	816.8	843.5	502.17	24108	20.98
2004	2141.2	1133.33	765.83	847.58	930.57	755.37	29723	17.9
2005	2272.58	1190.16	1607.81	1044.12	1304.45	1045.95	39692	16.5
2006	2253.18	2255.76	1905.66	1054.62	1376.08	1462.8	46685	16.68
2007	2857.79	2358.86	2275.11	1540.6	2018.61	2289.37	56607	17.27
2008	3544.30	2343.93	3328.39	1019.28	2773.39	2330.46	61379	19.53
2009	3886.51	2012.66	4023.94	1947.81	3034.49	2638.58	69340	18.68
2010	4449.51	4028.27	5286.33	3121.79	3654.6	3012.04	80201	21.71
2011	4330.34	4620.25	7170.24	3000.19	3770.19	3190.4	68239	29.14
2012	4269.6	4531.6	6922.24	3642.21	3770.19	3230.9	95134	20.49

资料来源：何维达，潘峥嵘．产能过剩的困境摆脱：解析中国钢铁行业［J］．广东社会科学，2015（1）：26-33．

表 3-2　　　2004 年、2007 年、2010 年主要国家钢铁工业的集中度

国家	巴西	韩国	日本	印度	美国	俄罗斯	中国
2004 年 CR4（%）	99.0	88.3	73.2	67.7	61.1	69.2	15.7
2007 年 CR4（%）	90.73	92.4	74.77	69.3	74.9	70.4	17.27
2010 年 CR4（%）	91.34	94.1	77.6	70.5	76.03	75.6	21.72

资料来源：何维达，潘峥嵘．产能过剩的困境摆脱：解析中国钢铁行业［J］．广东社会科学，2015（1）：26-33．

2. 设立专项奖补资金化解钢铁行业过剩产能

2016 年 5 月 10 日，财政部印发《工业企业结构调整专项奖补资金管理办法》（财建〔2016〕253 号），积极推进钢铁行业化解过剩产能。第一，明确了两大层面的专项奖补资金。一类是中央财政通过转移支付将专项奖补资金拨付给各省（自治区、直辖市），通过国有资本经营预算将专项奖补资金拨付各中央企业集团公司；另一类则是支持地方政府的专项奖补资金。第二，确定专项奖补资金标准。专项奖补资金标准按预算总规模与化解过剩产能总目标计算确定，钢铁行业的专项奖补资金按行业安置职工人数等比例确定。其中，地方年度专项资金等于当年全国化解过剩产能任务量与国务院确定的地方目标任务量的比值再乘以国务院确定的地方资金总规模；中央企业年度资金规模等于当年中央企业化解过剩产能任务量与国务院确定的中央企业目标任务量的比值再乘以国务院确定的中央企业资金总规模。第三，配套专项奖补的激励政策。为鼓励地方和中央企业尽早退出产能，按照"早退多奖"的原则，在计算年度化解过剩产能任务量时，2016—2020 年分别按照实际产能的 110%、100%、90%、80%、70% 测算。同时，专项奖补资金分为基础奖补资金和梯级奖补资金两部分，其中，基础奖补资金占当年资金规模的 80%，梯级奖补资金占当年资金规模的 20%。第四，制定了两类专项奖补资金。专项奖补资金分为基础奖补资金和梯级奖补资金两部分，基础奖补资金占当年资金规模的 80%，梯级奖补资金占当年资金规模的 20%。一类是基础奖补资金，按照因素法分配，其中"化解产能任务量"权重为 50%，"需安置职工人数"权重为 30%，"困难程度"权重为 20%。另一类是梯级奖补资金，该资金与各省（自治区、直辖市）、中央企业超额完成化解过剩产能任务完成情况挂钩，对超额完成的情况给予一定的奖励系数。其中，对完成超过目标任务量 0~5%（不含）的省（自治区、直辖市）、中央企业，系数为超额完成比例；对完成超过目标任务量 5%~10% 的省（自治区、直辖市）、中央企业，系数为超额完成比例的 1.5 倍数，最高不超过 30%。

二、开展大气污染治理相关补贴

(一) 燃煤电厂相关环保电价补贴

火力发电（尤指燃煤电厂）污染物排放量大，对空气质量产生较大的影响，一直是大气污染防治的重点行业，其污染物排放控制要求不断加严，逐步实现燃煤电厂生产的"超低排放"①。通过对燃煤电厂实施脱硫、脱硝、除尘以及超低排放环保电价补贴，有助于加快推进企业技术和装备改造升级，推动企业的绿色化生产，从源头上减少大气污染物排放。

1. 迅速扩张的燃煤机组和日趋增强的减排压力

近年来，电力行业发展迅速，2007—2013 年间，全国发电装机容量增加 3.14 亿千瓦，增长率为 56.5%。其中，内蒙古、新疆、江苏、山西、广东、安徽、河南、山东等地的装机容量增加较快，增长率超过 100%，各省 2007—2013 年燃煤机组装机容量和发电增长情况如图 3-1 所示。随着燃煤机组容量的不断扩张，火电企业的污染物排放量也持续增长。2013 年，全国 3102 家火电企业二氧化硫、氮氧化物和烟粉尘排放量分别达到 782.7 万吨、964.6 万吨和 218.7 万吨，其中，独立的 1853 家火电厂排放二氧化硫 634.1 万吨、氮氧化物 861.8 万吨，烟粉尘 183.9 万吨。

2. 不断加严的燃煤电厂污染物控制要求

2012 年，《火电厂大气污染物排放标准》（GB 13223—2011）实施，被誉为"史上最严"的火电排放标准；同年，《重点区域大气污染防治"十二五"规划》发布，对重点控制区执行重点行业污染物排放特别限

---

① 超低排放是指燃煤发电机组大气污染物排放浓度基本符合燃气机组排放限值要求，即在标准含氧量 6% 条件下，烟尘、二氧化硫、氮氧化物排放浓度分别不高于 10 毫克/标准立方米、35 毫克/标准立方米、50 毫克/标准立方米。

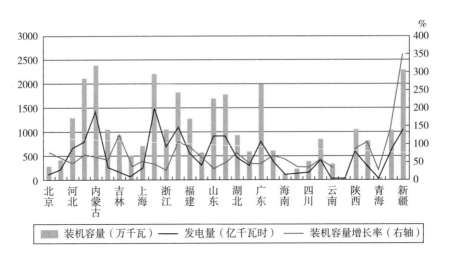

资料来源：历年《中国环境年鉴》。

图 3 – 1　各地区 2007—2013 年燃煤机组装机容量和发电增长情况

值，重点控制区燃煤电厂烟尘、二氧化硫、氮氧化物排放标准分别执行 5
毫克/立方米、50 毫克/立方米、100 毫克/立方米。2014 年 7 月 1 日，现
役燃煤电厂开始执行特别排放限值；同年 4 月，环境保护部要求京津冀
地区所有燃煤电厂在 2014 年底前完成特别排放限值改造；同年 9 月，
国家发改委、环境保护部、国家能源局印发《煤电节能减排升级与改
造行动计划（2014—2020 年)》，要求东部地区燃煤电厂达到燃机排放
水平，即烟尘、二氧化硫、氮氧化物排放浓度分别不高于 10 毫克/立方
米、35 毫克/立方米、50 毫克/立方米作为超低排放的参考标准。重点
区域涉及京津冀、长三角、珠三角等“三区十群” 19 个省（自治区、
直辖市） 47 个地级及以上城市，包括火电、钢铁、石化、水泥、有色、
化工六大行业以及燃煤锅炉项目执行大气污染物特别排放限值。其中，
火电行业现有燃煤机组自 2014 年 7 月 1 日起执行烟尘特别排放限值；
现有钢铁行业烧结（球团）设备机头自 2015 年 1 月 1 日起执行颗粒物
特别排放限值；石化行业、燃煤锅炉项目待相应的排放标准修订完善
并明确了特别排放限值，按照标准规定的现有企业过渡期满后，分别
执行挥发性有机物、烟尘特别排放限值，执行时间与新修订排放标准

的现有企业同步。

3. 持续加大的脱硫脱硝除尘电价补贴政策支持力度

2006 年以来，为了鼓励燃煤电厂安装和运行脱硫、脱硝、除尘等环保设施，国家发展改革委先后出台了脱硫电价、脱硝电价和除尘电价等一系列环保电价政策。第一类政策是对脱硫、脱销和除尘分别给予环保电价补贴。其中，国家发改委对脱硫电价进行了若干次调整，截至目前，内蒙古东部、吉林、黑龙江开展 1.3 分/千瓦时的加价政策，重庆、广东开展 2 分/千瓦时的加价政策，广西开展 1.8 分/千瓦时的加价政策，云南开展 2.16 分/千瓦时的加价政策，贵州开展 1.7 分/千瓦时的加价政策，其余大部分省市开展 1.5 分/千瓦时的加价政策；全国脱硝统一实施 1 分/千瓦时的加价政策；全国除尘统一实施 0.2 分/千瓦时的加价政策。第二类政策是实施包含环保电价的燃煤发电机组标杆上网电价。2014 年 3 月 28 日，国家发展改革委、环境保护部印发《燃煤发电机组环保电价及环保设施运行监管办法》，提出：新建燃煤发电机组同步建设环保设施的，执行包括环保电价的燃煤发电机组标杆上网电价，如表 3 - 3 所示。

表 3 - 3　2015 年各省（自治区、直辖市）调整后的燃煤发电标杆上网电价情况

单位：元/千瓦时（含税）

省级电网	调整后的燃煤发电标杆上网电价
北京	0.3515
天津	0.3514
冀北	0.3634
冀南	0.3497
山西	0.3205
山东	0.3729
蒙西	0.2772
辽宁	0.3685
吉林	0.3717
黑龙江	0.3723

续表

省级电网	调整后的燃煤发电标杆上网电价
蒙东	0.3035
上海	0.4048
江苏	0.378
浙江	0.4153
安徽	0.3693
福建	0.3737
湖北	0.3981
湖南	0.4471
河南	0.3551
四川	0.4012
重庆	0.3796
江西	0.3993
陕西	0.3346
甘肃	0.2978
青海	0.3247
宁夏	0.2595
广东	0.4505
广西	0.414
云南	0.3358
贵州	0.3363
海南	0.4198

资料来源：国家发展和改革委员会《关于降低燃煤发电上网电价和一般工商业用电价格的通知》（发改价格〔2015〕3105 号）。

4. 不断探索的燃煤电厂超低排放电价补贴政策

2015 年 12 月 2 日，国家发展改革委、环境保护部、国家能源局发布《关于实行燃煤电厂超低排放电价支持政策有关问题的通知》（发改价格〔2015〕2835 号），该通知提出：对 2016 年 1 月 1 日以前已经并网运行的现役机组，对其统购上网电量加价每千瓦时 1 分钱（含税）；对 2016 年 1

月 1 日之后并网运行的新建机组，对其统购上网电量加价每千瓦时 0.5 分钱（含税）。该标准执行到 2017 年底，2018 年以后逐步统一和降低标准，地方制定更加严格超低排放标准的，鼓励地方出台相关支持奖励政策措施。超低排放电价支持政策实行事后兑付、季度结算，并与超低排放情况挂钩。对符合超低限值的时间比率达到或高于 99% 的机组，该季度加价电量按其上网电量的 100% 执行；对符合超低限值的时间比率低于 99% 但达到或超过 80% 的机组，该季度加价电量按其上网电量乘以符合超低限值的时间比率扣减 10% 的比例计算；对符合超低限值的时间比率低于 80% 的机组，该季度不享受电价加价政策。其中，烟尘、二氧化硫、氮氧化物排放中有一项不符合超低排放标准的，即视为该时段不符合超低排放标准。截至 2016 年中叶，全国已建和在建的超低排放燃煤机组装机容量约为 8300 万千瓦时，约占燃煤机组总装机容量的 9.8%，各机组的分布情况如图 3 – 2 所示。从地域分布来看，超低排放在长三角分布最多，其次是京津冀地区，分布情况如图 3 – 3 所示。

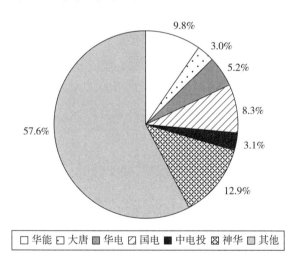

资料来源：中国电力相关统计。

图 3 – 2　已实现超低排放和正在改造的机组分布情况

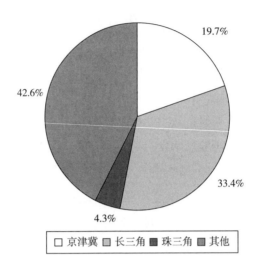

19.7%

42.6%

33.4%

4.3%

| □ 京津冀 ▨ 长三角 ▨ 珠三角 ▨ 其他 |

资料来源：中国电力相关统计。

图3-3　已实现超低排放和正在改造的机组的地区分布情况

（二）节能与新能源汽车补贴

我国已经出台了一系列推进新能源汽车应用的政策，特别是运用财政补贴的手段，着力实现弥补成本差价和促进技术创新上的平衡，对新能源汽车市场的开辟、机动车尾气排放的控制以及减少大气污染物排放起到了积极的作用。目前，新能源汽车成本随着规模效应的变化已逐步下降，根据产业发展、推广规模、成本变化等因素进一步完善补贴标准已十分重要。

1. 新能源汽车相关支持政策陆续出台

发展新能源汽车产业已经成为世界各国加快汽车产业结构升级和应对大气污染治理的重要举措。我国高度重视新能源汽车的发展，2012年6月国务院发布的《节能与新能源汽车产业发展规划（2012—2020年）》中，提出了加快培育和发展节能汽车与新能源汽车。表3-4为我国新能源汽车补贴相关政策文件。

表 3 - 4 我国新能源汽车补贴相关政策文件

时间	政策
2009 年 1 月	《关于开展节能与新能源汽车示范推广试点工作的通知》
2010 年 6 月	《关于开展私人购买新能源汽车补贴试点的通知》
2011 年 10 月	《关于进一步做好节能与新能源汽车示范推广试点工作的通知》
2013 年 9 月	《关于继续开展新能源汽车推广应用工作的通知》
2014 年 12 月	《关于进一步做好新能源汽车推广应用工作的通知》
2014 年 7 月	《国务院办公厅关于加快新能源汽车推广应用的指导意见》
2015 年 7 月	《新建纯电动乘用车企业管理规定》

资料来源：根据网上资料整理。

2. 我国已制定了新能源汽车的财政补贴标准并不断调整

2015 年 4 月，财政部、科技部、工业和信息化、国家发展改革委联合印发《关于 2016—2020 年新能源汽车推广应用财政支持政策的通知》（以下简称《通知》），该政策对补助对象、产品和标准作出了明确的要求。《通知》规定补助的对象是消费者，新能源汽车生产企业在销售新能源汽车产品时按照扣减补助后的价格与消费者进行结算，中央财政按程序将企业垫付的补助资金再拨付给企业。《通知》还规定，补助产品为纳入"新能源汽车推广应用工程推荐车型目录"的纯电动汽车、插电式混合动力汽车和燃料电池汽车。同时，规定补助标准主要依据节能减排效果，并综合考虑生产成本、规模效应、技术进步等因素，表 3 - 5 至表 3 - 7 为 2016 年新能源汽车推广应用补助标准。同时，财政部相关负责人透露新能源汽车财政政策在近期将有所调整，在《通知》的基础上，不断提高进入推荐车型目录的企业和产品的门槛，使技术先进、市场认可度高的产品能够获得财政补贴。

表 3 - 5 纯电动乘用车、插电式混合动力（含增程式）乘用车推广应用补助标准

单位：万元/辆

车辆类型	纯电动续驶里程 R（工况法，公里）			
	100 ≤ R < 150	150 ≤ R < 250	R ≥ 250	R ≥ 50
纯电动乘用车	2.5	4.5	5.5	—
插电式混合动力乘用车（含增程式）	—	—	—	3

表 3－6　　　　纯电动、插电式混合动力等客车推广应用补助标准

单位：万元/辆

车辆类型	单位载质量能量消耗量（E_{kg}，Wh/km·kg）	标准车（10 米＜车长≤12 米）					
		纯电动续驶里程 R（等速法，公里）					
		6≤R<20	20≤R<50	50≤R<100	100≤R<150	150≤R<250	R≥250
纯电动客车	$E_{kg}<0.25$	22	26	30	35	42	50
	$0.25≤E_{kg}<0.35$	20	24	28	32	38	46
	$0.35≤E_{kg}<0.5$	18	22	24	28	34	42
	$0.5≤E_{kg}<0.6$	16	18	20	25	30	36
	$0.6≤E_{kg}<0.7$	12	14	16	20	24	30
插电式混合动力客车（含增程式）	—	—	20	23	25		

注：（1）上述补助标准以 10~12 米客车为标准车给予补助，其他长度纯电动客车补助标准按照上表单位载质量能量消耗量和纯电动续驶里程划分，插电式混合动力客车（含增程式）补助标准按照上表纯电动续驶里程划分。其中，6 米及以下客车按照标准车 0.2 倍给予补助；6 米＜车长≤8 米客车按照标准车 0.5 倍给予补助；8 米＜车长≤10 米客车按照标准车 0.8 倍给予补助；12 米以上、双层客车按照标准车 1.2 倍给予补助。

（2）纯电动、插电式混合动力（含增程式）等专用车、货车推广应用补助标准：按电池容量每千瓦时补助 1800 元，并将根据产品类别、性能指标等进一步细化补贴标准。

表 3－7　　　　　　燃料电池企业推广应用补助标准　　单位：万元/辆

车辆类型	补助标准
燃料电池乘用车	20
燃料电池轻型客车、货车	30
燃料电池大中型客车、中重型货车	50

资料来源：表 3－5 至表 3－7 数据来源于财政部、科技部、工业和信息化部、国家发展改革委联合印发的《关于 2016—2020 年新能源汽车推广应用财政支持政策的通知》。

三、排污权有偿使用与交易政策

（一）我国排污权交易政策发展历程

1. 排污权交易试点阶段

排污交易在我国完全是一项外来引进的环境经济手段。相关前期工作可追溯到 1988 年开始的排污许可证制度试点；1993 年国家环保局开始探索大气排污权交易政策的实施，并以太原、包头等多个城市作为试点；1999 年，中美两国环保局签署协议，以江苏南通和辽宁本溪两地作为最早的试点基地，在中国开展"运用市场机制减少二氧化硫排放研究"的合作项目；2001 年我国第一例二氧化硫排污权交易发生在南通，天生港发电公司与南通另一家大型化工公司进行二氧化硫排污权交易；2002 年7 月，国家环保总局召开山东、山西、江苏等"二氧化硫排放交易"七省市试点会议，进一步研究部署进行排污权交易试点工作的具体步骤和实施方案；2004 年，第一例水污染物排放权交易发生于南通，泰尔特公司将排污指标剩余量出售给亚点毛巾厂；从 2007 年起，环境保护部先后选择江苏、浙江、天津、湖北、湖南等省市作为排污权交易试点省市，探索主要污染物排污权有偿使用和交易经验。目前，已实施排污交易试点地区主要有：东部的江苏省、浙江省、山东省等地均实施了排污交易试点工作；中部的湖北省、河南省、湖南省开展了排污交易试点，西部的重庆市、西南的云南省、西北的陕西省、北部的山西省和河北省、东北地区的黑龙江等开展了排污交易试点。

2. 国家层面的排污权交易相关法规、政策和规划

2014 年 8 月 25 日，国务院办公厅发布《关于进一步推进排污权有偿使用和交易试点工作的指导意见》（国办发〔2014〕38 号），成为开展试点工作的纲领性文件，成为排污权有偿使用和交易政策在全国推广的重要指导。2015 年，中共中央、国务院印发《生态文明体制改革总体方案》，指出：在企业排污总量控制制度基础上，尽快完善初始排污核定，

扩大涵盖的污染物覆盖面。在现行以行政区位单位层层分解机制基础上，根据行业先进排污水平，逐步强化以企业为单元进行总量控制，通过排污权交易获得减排收益的机制。在重点流域和大气污染重点区域，合理推进跨行政区排污交易排污权交易。2015 年，国务院印发《水污染防治行动计划》，提出"深化排污权有偿使用和交易试点"。2016 年 1 月开始实施的《大气污染防治法》修订案规定：国家逐步推行重点大气污染物排污权交易，至此排污权交易政策正式纳入法律法规文件之中。2016 年 3 月，《中华人民共和国国民经济和社会发展第十三个五年规划纲要》发布，明确提出：建立健全排污权有偿使用和交易制度。2015 年 7 月，财政部、国家发展改革委、环境保护部联合下发《排污权出让收入管理暂行办法》。

（二）试点地区排污权交易的特点与问题

1. 试点地区涌现了大量因地制宜的创新政策，形成与国家层面排污权相关政策对接的政策体系，严格开展污染源的监督管理，提升环境治理的整体水平，实现政策联动、执法联动和区域联动。

排污权交易试点省份在开展试点实践工作的过程中，均发布了一系列政策文件，对排污权分配、交易指标确定、排污权收储、基准价格、交易管理体系、监管及处罚措施等制定了相应的规定，各试点发布的文件如表 3 - 8 所示。从法律支持上看，试点省份排污权有偿使用和交易制度获省人大立法的支持，如陕西省在《陕西省大气污染防治条例》中纳入了排污权交易制度；河南省在《河南省减少污染物排放条例》中规定"实行排污权有偿使用和交易制度"。从政策发布单位看，仅有少数试点省份排污权有偿使用和交易政策是由省政府发布的，其他政策则以相关部门单独或联合发布为主。其中，省政府主要以发布管理办法为主，如《主要污染物排放权管理办法》《主要污染物排污权有偿使用和交易试点实施方案》《主要污染物排污权有偿使用和交易管理办法》及其细则等。排污权有偿使用和交易监督跟踪类政策多数由财政、工信、价格、环保、人民银行多部门发布。涉及排污权资金管理类政策主要由财政、工信、价格、环保等部门参与。部分试点省份推行排污权抵押贷款，相应的管理办法由环保、人民银行等部门制定。

表3-8   各试点省市发布的政策文件一览（截至2016年8月）

试点	文件名	发布单位	实施情况
湖北	《湖北省主要污染物排污权电子竞价交易规则（试行)》	省环保厅	2014年实施
	《湖北省排污权有偿使用和交易试点工作实施方案（2014—2020年)》	省环保厅	2014年9月4日发布
	《湖北省主要污染物排污权交易办法实施细则》	省环保厅	2014年9月4日实施
	《湖北省主要污染物排污权交易办法》	省政府	2012年8月21日实施
	《关于排污权交易基价及有关问题的通知》	省物价局、省财政厅	2011年10月18日发布
	《湖北省主要污染物排污权交易规则（试行)》	省环保局	2009年3月1日实施
	《湖北省主要污染物排污权出让金收支管理办法》	省财政厅、省环保厅、省物价局	2009年1月1日实施
江苏	《江苏省太湖流域主要水污染物排污权有偿使用和交易试点方案细则》	省环保厅、省财政厅、省物价局	2008年11月20日实施
	《江苏省太湖流域主要水污染物排放指标有偿使用收费管理办法（试行)》	省物价局、省财政厅、省环保厅	2008年1月9日实施
	《关于下发太湖流域排放指标有偿使用收费标准的通知》	省物价局、省财政厅	2008年1月9日实施
	《关于太湖流域氨氮、TP排放指标有偿使用收费标准的通知》	省物价局、省财政厅、省环保厅	农业重点污染源2012年1月1日实施，其余2011年7月1日实施
	《江苏省太湖流域主要水污染物排污权交易管理暂行办法》	省环保厅、省财政厅、省物价局	2010年10月1日实施
	《江苏省太湖流域主要水污染物排污权有偿使用和交易试点排放指标申购核定暂行办法》	省环保厅	2009年2月27日实施

试点	文件名	发布单位	实施情况
	《江苏省太湖流域主要水污染物排污权有偿使用和交易试点单位排污量核定暂行办法》	省环保厅	2009 年 4 月 14 日实施
	《江苏省太湖流域主要水污染物排污权有偿使用和交易试点单位水污染源在线监测系统比对监测工作方案》	省环保厅	2009 年 7 月 10 日发布
内蒙古	《内蒙古自治区主要污染物排污权有偿使用和交易试点实施方案》	自治区政府	2011 年 1 月 30 日实施
	《内蒙古自治区主要污染物排污权有偿使用和交易管理办法（试行）》	自治区政府	2011 年 4 月 20 日实施
	《关于重新核定主要污染物排污权有偿使用暂行收费标准和交易价格的函》	自治区发改委、自治区财政厅	2012 年 3 月 1 日实施，试行二年
	《内蒙古自治区主要污染物排污权有偿使用和交易资金管理暂行办法》	无公开件	
	《排污权储备管理规则》	无公开件	
	《交易管理规则》	无公开件	
	《电子竞价规则》	无公开件	
浙江	《关于开展排污权有偿使用和交易试点工作的指导意见》	省政府	2009 年 7 月 20 日发布
	《浙江省排污权有偿使用和交易试点工作暂行办法》	省政府	2010 年 10 月 9 日实施
	《浙江省排污权有偿使用和交易试点工作暂行办法实施细则》	省环保厅	2011 年 5 月 13 日实施
	《浙江省初始排污权有偿使用费征收标准管理办法（试行）》	省物价局、省环保厅	2011 年 7 月 1 日实施
	《浙江省排污权有偿使用收入和排污权储备资金管理暂行办法》	省财政厅、省环保厅	2010 年 12 月 30 日实施
	《浙江省排污权抵押贷款暂行规定》	省环保厅、人民银行杭州中心支行	2010 年实施
	《浙江省环境保护厅排污权交易内部审查程序规定（试行）》	省环保厅	2011 年实施

续表

试点	文件名	发布单位	实施情况
	《浙江省环境保护厅排污权交易报批程序规定（试行)》	省环保厅	2011 年实施
	《浙江省排污权交易中心排污权有偿使用和交易程序规定（试行)》	省环保厅	已实施
	《浙江省排污权储备和出让管理暂行办法》	省环保厅、省财政厅、省物价局	2013 年 9 月 30 日实施
	《浙江省主要污染物初始排污权核定和分配技术规范（试行)》	省环保厅	2013 年 8 月 7 日实施
重庆	《重庆市主要污染物排放权交易管理暂行办法》	市政府	2010 年 8 月 25 日实施
	《重庆市主要污染物排放权储备管理办法（试行)》	市环保局	2010 年 10 月 22 日实施
	《重庆市主要污染物排放权交易审核办法（试行)》	市环保局	2010 年 10 月 22 日实施
	《重庆市主要污染物排放权交易规则及程序规定》	市环保局	2010 年 10 月 22 日实施
	《关于制定主要污染物排放权基准价格的通知》	市环保局、市物价局	2010 年 11 月 1 日实施
	《关于切实加强主要污染物排放权交易工作的通知》	市环保局	2010 年 11 月 23 日发布
	《关于印发主城区二氧化硫排放权有偿使用试点方案的通知》	市政府办公厅	2011 年 12 月 27 日发布
	《关于认真贯彻实施重庆市主城区二氧化硫排放权有偿使用试点方案的通知》	市环保局、市财政局	2012 年 4 月 1 日发布
	《关于制定主城区二氧化硫有偿使用价格的通知》	市物价局、市环保局	2012 年 7 月 16 日发布
	《关于制定氨氮和氮氧化物排放权基准价的通知》	市物价局、市环保局	2012 年 12 月 7 日发布
	《关于将氨氮和氮氧化物纳入排放权交易及相关事宜的通知》	市环保局	2012 年 12 月 31 日发布
	《重庆市排污权抵押贷款管理暂行办法》	人民银行重庆营管部、市环保局	2014 年 8 月 26 日发布
	《重庆市进一步推进排污权（污水、废气、垃圾）有偿使用和交易工作实施方案》	市政府	2015 年 1 月 5 日实施

试点	文件名	发布单位	实施情况
陕西	《陕西省主要污染物排污权有偿使用和交易试点实施方案》	省政府	2012 年 2 月 21 日发布
	《陕西省化学需氧量和氨氮排污权有偿使用及交易试点方案（试行）》	省环保厅	2012 年 5 月 10 日实施
	《陕西省化学需氧量和氨氮排污权储备管理办法（试行）》	省环保厅	2012 年 5 月 10 日实施
山西	《关于可出让排污权审核认定及政府储备排污权分级管理的通知》	省环保厅、省财政厅	2014 年 1 月 1 日实施
	《关于主要污染物排污权交易基准价及有关事项的通知》	省环保厅、省财政厅、省物价局	2013 年 12 月 11 日实施
	《关于安装部署"山西省排污权交易平台"开展排污权交易业务受理工作的通知》	省环保厅	2013 年 9 月 2 日发布
	《关于在全省开展排污权交易工作有关事宜的通知》	省环保厅	2012 年 1 月 11 日发布
	《山西省排污权抵押贷款暂行规定》	人民银行太原中心支行、省环保厅	2011 年 12 月 7 日实施
	《山西省主要污染物排污权交易资金收支管理暂行办法》	省环保厅、省财政厅	2011 年 12 月 1 日实施
	《关于印发山西省主要污染物排污权交易实施细则（试行）的通知》	省环保厅、省财政厅	2011 年 8 月 30 日实施
	《山西省排污权交易电子竞价规则（试行)》	省环保厅	2011 年 8 月 11 日实施
	《山西省人民政府关于在全省开展排污权有偿使用和交易工作的指导意见》	省政府	2009 年 12 月 10 日发布
天津	《关于天津排放权交易市场发展总体方案》	市发改委	2011 年 6 月 18 日

试点	文件名	发布单位	实施情况
湖南	《湖南省排污权有偿使用和交易资金使用规定（试行)》	省环保厅	2014 年 9 月 1 日发布
	《湖南省主要污染物排污权有偿使用和交易实施细则》	省环保厅	2014 年 7 月 22 日发布
	《湖南省主要污染物排污权有偿使用收入征收使用管理办法》	省环保厅、省财政厅、省物价局	2014 年 7 月 8 日发布
	《湖南省主要污染物排污权有偿使用和交易管理办法》	省政府	2014 年 1 月 20 日发布
	《湖南省主要污染物排污权初始分配核定技术方案》	省环保厅	2013 年实施
	《关于开展排污权有偿使用和交易试点工作的通知》	省环保厅	2011 年 6 月 29 日发布
	《湖南省主要污染物排污权有偿使用和交易管理暂行办法》	省政府	2010 年 7 月 14 日发布
河南	《河南省主要污染物排污权有偿使用和交易管理暂行办法》	省政府	2014 年 10 月 1 日实施
河北	《河北省排污权抵押贷款管理办法》	人民银行石家庄中心支行、省环保厅	2014 年 4 月 14 日发布
	《河北省排污权核定和分配技术方案》	省环保厅	2015 年 8 月 17 日发布
	《河北省主要污染物排放权交易管理办法》	省政府	2011 年 5 月 1 日实施
	《河北省主要污染物排放权出让金收缴使用管理办法》	省财政厅	2011 年实施

资料来源：根据有关资料和相关网站信息整理。

2. 排污权有偿使用与交易政策对污染源精细化管理的要求，倒逼试点地区加强管理能力建设，建立管理机构和平台，提升区域和流域的环境精细化管理水平。

第一，成立专门的排污权管理机构。试点省份环保部门都强化了排污权管理机构，有的地方由总量控制处主管，有的地方则成立了专门的交易中心来主管。河北省由环保厅所属处级事业单位污染物排放权交易服务中心负责；河南省由总量处负责；内蒙古自治区由环保厅所属处级事业单位排污权交易管理中心负责；山西省由山西省排污权交易中心负责；江苏省由环保厅排污权交易管理中心负责；陕西省由环保厅总量处下设排污权储备管理中心负责；重庆市由主要污染物排放权交易管理中心负责。

第二，成立专门的排污权交易机构。河北省成立了隶属于省环保厅的河北省污染物排放权交易服务中心、廊坊市成立排污权交易机构，石家庄、沧州、衡水、邢台在市属环科院增挂排污权交易中心牌子，保定市在环境工程评估中心挂牌，唐山、邯郸交易机构为企业，承德市由环保科技发展中心负责，在河北环境能源交易所进行了多次交易。河南省排污权交易委托公共交易机构实施，在焦作市公共资源交易中心进行了常态化交易。湖北省建立了湖北省环境资源交易中心。湖南省建立了省级排污权交易中心和长沙、株洲、湘潭、衡阳、郴州、娄底、岳阳共8个交易中心。内蒙古自治区成立了内蒙古自治区排污权交易管理中心。山西省建立了山西省排污权交易中心，并在各地设立了业务受理窗口。江苏省除太湖流域试点外，省级建立了排污权有偿使用和交易平台，并在苏州环境能源交易中心和泰州公共资源交易中心进行了多次交易活动。陕西省建立了陕西环境权交易所。重庆市之前由重庆市联合产权交易所承担具体交易活动，现由重庆资源与环境交易所承担。

表3-9 各试点管理与交易机构

试点	管理机构	省级交易机构	下属交易机构
湖北	2015年省环科院成立湖北省排污权储备办公室	湖北环境资源交易中心有限公司	
江苏		太湖流域排污权有偿使用和交易平台	苏州环境能源交易中心、泰州公共资源交易中心
内蒙古	排污权交易管理中心		
浙江	省排污权交易中心	省排污权交易平台	9个地市交易平台
重庆	重庆市排污权交易管理中心	重庆资源与环境交易所	

试点	管理机构	省级交易机构	下属交易机构
陕西	排污权储备管理中心	陕西环境权交易所	
山西	排污权交易中心	省排污权交易中心	各地业务受理窗口
天津	2008 年成立天津排放权交易所		
湖南		省级排污权交易中心	11 个排污权交易/管理机构
河南	总量处		焦作市公共资源交易中心
河北	污染物排放权交易服务中心	河北环境能源交易所；污染物排放权交易服务中心	部分为环科院、部分为环境工程评估中心、部分为环保科技发展中心、部分为企业

资料来源：根据有关资料整理。

3. 试点地区结合本地实际开展排污权有偿使用与交易，试点区域、试点污染物具有一定的地方特点，部分地区交易的污染物指标从二氧化硫、氮氧化物向烟尘、工业粉尘延伸，试点范围也在逐步扩大。

天津市仅在钢铁、火电、纺织、造纸等 6 个行业 79 家国控重点源开展试点。河北省以电力行业为试点行业，重点开展二氧化硫的排污权交易；沿海隆起带（秦皇岛、唐山、沧州等）作为试点区域，重点开展化学需氧量和二氧化硫的排污权交易。山西省在火电行业二氧化硫排污权交易的基础上，将范围拓展至实施主要污染物排放总量考核的六项污染物（化学需氧量、氨氮、二氧化硫、氮氧化物、烟尘和工业粉尘），将行业范围由电力拓展到实施主要污染物控制的全部行业。内蒙古自治区试点范围为国家、自治区和盟市审批的建设项目，污染因子包括四类主要污染物（二氧化硫、氮氧化物、化学需氧量和氨氮）。江苏省排污权交易的污染因子包括水污染物化学需氧量、氨氮、总磷，大气污染物二氧化硫、氮氧化物，试点范围覆盖全省。其中，化学需氧量试点对象为年排放化学需氧量 10 吨以上的工业企业、接纳污水中工业废水量大于 80%（含）的污水处理厂等。氨氮、总磷试点对象为纺织印染、化学工业、造纸、食品、电镀、电子、污水处理等行业以及农业污染源。二氧化硫试点对象为电力行业、钢铁、石化、玻璃行业。浙江省实现省域、工业行业全覆盖。河南省确定洛阳、平顶山（侧重化学需氧量）、焦作、三门峡市（侧重二氧化硫）为排污权交易试点，并在辖区内选择 1~2 个产业集聚区进行排污权交易试点。湖北省开展化学需氧量、二氧化硫、氨氮和氮氧化物四项污染物的交易，交易范围扩展至市以上环保部门负责审批新增主要污染物年度排放许可量的排污单位。湖南省在全省全面实施试点，覆盖各工业企业和七项污染因子（二氧化硫、氮氧化物、化学需氧量、氨氮、铅、镉、砷）。重庆市排污权交易实施对象包括现有工业在内的所有工业企业，涵盖的污染因子为化学需氧量、氨氮、二氧化硫、氮氧化物以及一般工业固体废物。陕西省试点范围是陕西省境内新、改、扩项目，污染因子为二氧化硫、氮氧化物、化学需氧量和氨氮。

4. 排污权有偿使用费征收、排污权交易费用的获得，进一步丰富和拓宽了生态环保资金的筹集渠道，为解决区域性、流域性的重点环境问题提供了一定的资金支持，一定程度上缓解了生态治理筹资难问题。

河北省通过有偿方式获得排污权的企业有 2903 家，征收额度 3.01 亿元。山西省对已经合法审批的现有企业，暂采取无偿使用方式，新改扩建项目新增排污权全部按有偿方式取得。内蒙古自治区应征收企业 539 家，已交费企业 539 家，征收额度 2.062 亿元。江苏省共征收排污权有偿使用费 8279 笔，征收额度 2.97 亿元。浙江省征收有偿使用费 17862 笔，征收额度 37.88 亿元。河南省洛阳市、焦作市和三门峡成交笔数分别为 1604 笔、172 笔和 48 笔，征收额度分别为 4777.5 万元、6093 万元和 3999 万元。湖北省尚未开展排污权使用费征缴工作。湖南省应征收企业 8853 家，已交费企业 6283 家，已征收额度为 2.35 亿元。重庆市征收排污权有偿使用费企业数量 1747 家，已征收额度为 15806 万元。天津市无开展实例。各试点地区排污权交易笔数和金额如图 3-4 和图 3-5 所示。

5. 试点地区的法律法规体系参差不齐，尚未形成统一的排污权管理与交易体系，有偿使用和交易试点的边界、条件不清晰，各地利用金融市场化手段解决环境问题的实效差异较大。

总体来看，各试点地区的排污权交易主要存在以下几方面问题：第一，法律法规体系参差不齐，尚未形成统一的体系。浙江、重庆、湖南、

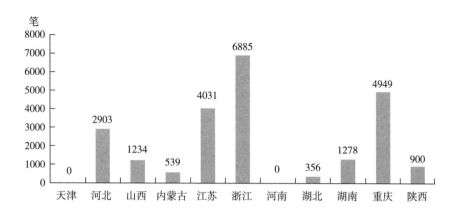

注：数据截至 2015 年底。

图 3-4 全国排污权交易试点地区交易笔数情况

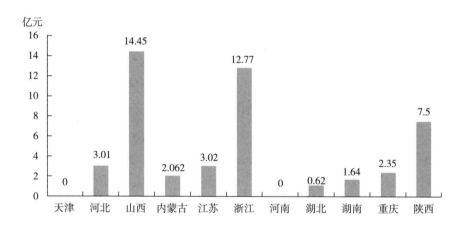

注：数据截至 2015 年底。

图 3-5 全国排污权交易试点地区交易金额情况

山西、内蒙古等地区发布了较为齐全的政策文件，数量在 7~15 项不等，而天津、河南、陕西等地，发布的政策文件数量较少，并仅仅做了一些笼统规定，缺乏精细化的技术规范。第二，排污权有偿使用与交易试点的边界、条件不清晰。一是政策适用的污染物种类不统一，山西、内蒙古、重庆、陕西、浙江等大部分地区针对四项主要污染物（二氧化硫、氮氧化物、化学需氧量、氨氮），河南仅三门峡地区针对二氧化硫，平顶山地区针对化学需氧量。湖南省覆盖七项污染因子，将铅、镉、砷三种重金属污染因子纳入，重庆将一般工业固体废物纳入其中，山西将烟尘、工业粉尘纳入。二是政策适用范围不统一，浙江、山西、内蒙古、湖南等在全地区推广，陕西对省内新改扩建项目开展试点，河南仅在部分地区开展试点，天津仅对钢铁、火电、纺织、造纸等 6 个行业 79 家企业开展试点。三是交易价格确定的边界不明确。各地的初始排污权定价不统一，存在一定障碍。四是初始排污权分配和出让定价方法差异大。浙江、江苏等结合实际排放情况、总量控制指标、环评批复等开展初始排污权分配，重庆、河南等多采用定额标准或行业绩效方式确权。各地排污权基准价格差异大，如化学需氧量的基准价格，江苏为 4500 元/吨，浙江均价为 4000 元/吨，天津为 500 元/吨，湖南为 230 元/吨，内蒙古为 1000 元/吨，重庆为 1360 元/吨，河南为 2250 元/吨，湖北为 8790 元/吨，河北为 5000 元/吨，山西为 29000 元/吨。五是制度的实效性区域差异大。浙江、江苏、重庆、河南等地，试点工作的推进正成为推动环境管理向精细化方向转型的动力。河北省的雾霾问题突出，实施效果不明显。

四、排污收费与环境税相关政策

（一）排污费制度实施情况与存在的问题

1. 排污收费制度是我国最早制定并实施的三项环境政策之一，依据"污染者付费"原则对排污主体征收一定的治理费用，排污收费制度经历了几十年的演变发展阶段，从实践上来看对企业开展环境污染治理起到了积极作用。

1978 年，中共中央批转国务院环境保护领导小组《环境保护工作汇报要点》，第一次正式提出实施排污收费制度。1979 年 9 月颁布的《中华人民共和国环境保护法（试行）》中，排污收费制度得以明确规定，为排污收费制度的建立提供了法律依据。1982 年，国务院批准并发布《征收排污费暂行办法》，标志着排污收费制度在中国正式建立。1992 年，国家环境保护局、物价局、财政部和国务院经贸办联合发布《关于开展征收工业燃煤二氧化硫排污费试点工作的通知》。2003 年，国务院颁布《排污费征收标准管理办法》，规定了排污费的具体征收标准。2007 年以来，江苏、安徽、河北、北京等 16 个省市先后调整了部分污染物排污费征收标准，增幅为 50% ~ 100%。2014 年，国家发展改革委、财政部、环境保护部联合下发《关于调整排污费征收标准等有关问题的通知》（发改价格〔2014〕2008 号），要求在 2015 年 6 月底前，各省（自治区、直辖市）价格、财政和环保部门要将废气中的二氧化硫和氮氧化物排污费征收标准调整至不低于每污染当量 1.2 元，将污水中的化学需氧量、氨氮和五项主要重金属（铅、汞、铬、镉、类金属砷）污染物排污费征收标准调整至不低于每污染当量 1.4 元。在每一污水排放口，对五项主要重金属污染物均须征收排污费，其他污染物按照污染当量数从多到少排序，对最多不超过三项污染物征收排污费。

2. 结合现阶段我国经济发展阶段、产业结构等特征，排污收费制度存在征收项目不全、征收额度不足、征收标准偏低等问题，亟待与环境保护税相衔接、与企业生产成本和生产效益相适应。

第一，排污费征收项目不全。当前，我国排污费征收对象仅限于部分污染项目，包括废水、废气、固体污染物、噪声四大类 113 项，而对排放废气、噪声等不超标的单位和个人未作出收费规定；对污染物排放中占相当比例的第三产业以及公共福利事业单位向环境排污，也未全面作出收费规定，对汽车、摩托车、飞机、船舶等流动污染源暂不征收废气、噪声等污染费，农药、化肥等与环境密切相关的产品收费制度标准尚未建立。

第二，排污费不能全额征收。由于各种原因，现阶段排污费的收取远远达不到既定额度和标准，缴费数量不足、拖延缴费，甚至不缴的情况时有发生。排污费不能全额收取主要有两个方面原因：一是污染源排放的监测不力，二是协商收费与人情收费的现象仍然存在，通过行政干预，列出许多"重点保护项目"，阻碍环保部门足额征收排污费。

第三，排污收费的标准偏低。当前，法律规定的国内排污费标准偏低，污染物的治理成本费用大大超过所收取的排污费，低标准的价格没有真正反映资源的稀缺性。相关部门推算，当前的收费标准仅仅是治理的 50% 左右，甚至在个别项目上不足 10%。例如，目前国内二氧化硫排放量收费标准为 0.63 元/千克，而火电厂烟气脱硫平均治理成本达到了 4~6 元/千克，治理成本是收费的 6~10 倍。这样的收费标准直接导致以利益最大化为目的的企业放弃治理，转而去缴纳更划算的超标排污费，从而造成企业违法成本低于守法成本。

（二）环境保护税的相关政策

环境保护税是我国环境政策创新的一个选项，通过税收改变污染者的生产成本，实现保护环境的目的。尽管环境税的研究和推进在我国已经有相当一段时间，但相关的法律法规并没有真正的建立起来，《环境保护税法》正在审议之中，相关的配套制度需要加快制定。

2016 年 12 月 25 日第十二届全国人民代表大会常务委员会第二十五次会议通过了《中华人民共和国环境保护税法》主要包含以下几个方面内容：第一，明确应税污染物类型。主要包括大气污染物、水污染物、固体废物、建筑施工噪声以及其他污染物，城镇污水处理厂、城镇生活垃圾处理厂排放应税污染物的，不征收环境保护税。第二，明确计税依据。应税大气污染物按照污染物排放折合的污染当量数确定，应税大气污染物的污染当量数以该污染物的排放量（千克）除以该污染物的当量值（千克）计算，每一排放口的应税大气污染物，按照污染当量数从大到小排序，对前三项污染物征收环境保护税。第三，明确应纳税额。应税大气污染物的应纳税额为污染当量数乘以具体适用税额。第四，规定税收优惠。对农业生产（不包括规模化养殖）排放的应税污染物，机动车、铁路机车、非道路移动机械、船舶和航空器等流动污染源排放的应税污染物，城镇污水处理厂、城镇生活垃圾处理场向环境排放污染物不超过国家规定排放标准的情况免征环境保护税。

五、推动环保企业规模化经营政策

企业的规模化经营有助于降低企业的生产成本、提高企业的内部收益率，环保类企业规模化经营最典型的政策为环保"领跑者"制度。建立环保"领跑者"制度，通过表彰先进、政策鼓励、提升标准、推动环境管理模式从"底线约束"向"底线约束"与"先进带动"并重转变，以规模化经营整体提升企业的污染综合治理能力，推动环保企业向更高的绿色化水平转变。

2015年6月25日，财政部、国家发展改革委、工业和信息化部、环境保护部联合印发《环保"领跑者"制度实施方案》（财建〔2015〕501号）。概括起来，环保"领跑者"制度主要包括以下内容。

第一，明确了环保"领跑者"的基本要求。综合考虑产品本身的环境影响、市场规模、环保潜力、技术发展趋势以及相关环保标准规范、环保检测能力等情况，面向大气等污染物削减，选择使用量大、减排潜力大、相关产品及环境标准完善、环境友好替代技术成熟的产品实施环保"领跑者"制度，并逐渐扩展至其他产品。

第二，明确了环保"领跑者"遴选和发布工作。委托第三方机构开展，每年遴选和发布一次。根据《大气污染防治行动计划》等确定的部门分工，有关部门根据实际情况，研究提出拟开展环保"领跑者"产品名录，并将相关具体要求在公众媒体上公开。相关企业在规定期限内自愿申报，按照专家评审、社会公示等方式确定环保"领跑者"名单。环保"领跑者"标志委托第三方机构征集、设计，按程序审定后向社会公布。入围产品的生产企业可在产品明显位置或包装上使用环保"领跑者"标志，在品牌宣传、产品营销中使用环保"领跑者"标志。严禁伪造、冒用环保"领跑者"标志，以及利用环保"领跑者"标志做虚假宣传、误导消费者。

第三，明确了环保"领跑者"的保障机制。一是建立动态更新机制。建立并完善环保"领跑者"指标以及现有环保标准的动态更新机制。根据行业环保状况、清洁生产技术发展、市场环保水平变化等情况，建立环保"领跑者"指标的动态更新机制，不断提高环保"领跑者"指标要求。将环保"领跑者"指标与现有的环境标志产品技术要求、清洁生产评价指标体系以及相关产品质量标准相衔接，带动现有环保标准适时提升。二是加强管理。定期发布环保"领跑者"产品名录及环保"领跑者"名单，树立环保标杆。加强对第三方机构的监督管理，确保环保"领跑者"认定过程客观公正。环保"领跑者"称号实行动态化更新管理。开展跟踪调查，对出现产品质量不合格或违法排污等不符合环保"领跑者"条件的，撤销称号，并予以曝光。三是完善激励政策。财政部会同有关部门制定激励政策，给予环保"领跑者"名誉奖励和适当政策支持。鼓励环保"领跑者"的技术研发、宣传和推广，为环保"领跑者"创造更好的市场空间。四是加强宣传推广。通过公开发文、政府网站、大众传媒等方式向全社会宣传实施环保"领跑者"制度的目的与意义，扩大制度影响力。利用电视、网络、图书、期刊和报纸等大众传媒，以及召开新闻发布会、表彰会、推介会等形式宣传环保"领跑者"，树立标杆，弘扬典型，表彰先进，为制度实施营造良好的社会氛围、舆论氛围。

六、推动民营企业发展的财政金融政策

我国在推动民营企业发展方面研究出台了一系列财政金融政策，引导和鼓励各类金融机构加大对民营企业的金融服务力度，初步形成了以财务管理、绩效考核、业务规范、资金支持等为主要内容的财政金融支持民营企业发展政策体系。但我国的民营企业融资渠道狭窄、融资成本较高，需要因地制宜出台支持融资性担保机构发展的政策措施，提高政策的正向激励和导向作用，更好地发挥财税政策撬动社会资金投向民营企业的杠杆作用，让更多涉农类、环保类民营企业获得融资优惠支持。

1. 引导金融机构加大对民营企业贷款投放力度，对符合条件的民营企业贷款进行重组和减免，放宽民营企业呆账核销条件，不断完善金融

支持民营企业发展绩效考核体系。

一是加强对民营企业的再贷款支持力度。2014 年 3 月 21 日，中国人民银行发布《关于开办支小再贷款支持扩大小微企业信贷投放的通知》（银发〔2014〕90 号），正式在信贷政策支持再贷款类别下创设支小再贷款，专门用于支持金融机构扩大小微企业信贷投放。《通知》明确：支小再贷款发放对象是小型城市商业银行、农村商业银行、农村合作银行和村镇银行等四类地方性法人金融机构。通过信贷政策支持再贷款和引导金融机构加大对"三农"、"小微"企业的信贷投放，盘活存量，优化增量，切实促进解决小微企业"融资难、融资贵"问题。

二是授权金融机构对符合一定条件的民营企业贷款进行重组和减免。2009 年，根据《国务院办公厅关于当前金融促进经济发展的若干意见》（国办发〔2008〕126 号）规定，研究出台了《关于中小企业涉农不良贷款重组和减免有关问题的通知》（财金〔2009〕13 号），对于中小企业贷款借款人发生财务困难、无力及时足额偿还贷款本息的，在确保重组和减免后能如期偿还剩余债务的条件下，允许金融机构对债务进行展期或延期、减免表外利息后，进一步减免本金和表内利息。

三是放宽民营企业呆账核销条件。2009 年，根据国办发〔2008〕126 号文规定，研究出台了《财政部关于中小企业和涉农贷款呆账核销有关问题的通知》（财金〔2009〕12 号），放宽金融机构对中小企业贷款的呆账核销条件，允许金融机构对符合一定条件且确实无法收回的中小企业贷款，可按照账销案存的原则自主进行核销。2010 年 3 月，将金融机构对中小企业贷款呆账核销条件这一政策作为中长期制度纳入《金融企业呆账核销管理办法》，允许金融机构对单笔 500 万元以下的中小企业不良贷款，经追索 1 年以上，可以自主核销。

四是完善金融支持民营企业发展绩效考核体系。2009 年，为鼓励引导金融机构发放中小企业贷款，在《金融类国有及国有控股企业绩效评价实施细则》（财金〔2009〕169 号）中，明确提出了中小企业贷款加分政策，金融企业提供的中小企业贷款占比超过 20% 的加 1 分，超过 25% 的加 1.5 分，超过 30% 的加 2 分，超过 35% 的加 2.5 分，超过 40% 加 3

分。2011 年 5 月，在修订的《金融企业绩效评价办法》（财金〔2011〕50 号）中，仍然保留了上述中小企业贷款加分政策，鼓励金融机构支持中小企业发展。

2. 通过加强融资性担保行业制度建设，指导地方财政加大对融资性担保业务发展的支持力度等措施和手段，积极支持融资性担保体系建设。

一是加强融资性担保行业制度建设。2009 年，国务院建立了融资性担保业务监管部际联席会议（以下简称联席会议），负责研究制定促进融资性担保业务发展、缓解中小企业贷款难担保难的政策措施。财政部作为联席会议成员单位之一，以规范发展为主线，积极参与联席会议各项工作，会同有关部门制定了《融资性担保公司管理暂行办法》（银监会等七部委令 2010 年第 3 号）和八项配套制度，以及《关于促进融资性担保行业规范发展的意见》（国办发〔2011〕30 号）等一系列政策文件，为融资性担保行业规范健康发展奠定了良好的制度基础。2012 年，针对融资性担保行业发展面临的突出问题，积极配合有关部门制定印发了《关于规范融资性担保机构客户保证金管理的通知》和《关于部分融资性担保机构违法违规经营的提示和开展全面风险排查的通知》，明确监管重点和要求，并积极会同有关部门开展《融资性担保公司管理暂行办法》修订工作。

二是指导地方财政加大对融资性担保业务发展的支持力度。在参与联席会议工作的同时，财政部还积极立足自身职能，指导地方财政部门支持和促进融资性担保业务规范发展。2010 年，财政部印发了《关于地方财政部门积极做好融资性担保业务相关管理工作的意见》（财金〔2010〕23 号），指导地方财政部门认真履行职责，更好地支持融资性担保机构提高服务能力，防范化解融资担保风险。在中央政策的引导和鼓励下，很多地方安排了专项资金，对融资性担保公司给予风险补偿，支持担保机构稳健经营。据银监会统计，截至 2012 年末，全国融资性担保行业共有法人机构 8590 家，同比增长 2.2%；年末在保余额总计 21704 亿元，较年初增长 16.4%；中小企业融资性担保贷款余额 11445 亿元，同比增长 15.3%，有力地支持了中小企业发展。

3. 为民营企业的发展提供税收优惠支持政策，利用财政专项资金支持民营企业的科技创新活动，实施新三板支持政策，提高民营企业的资本化水平。

一是为民营企业提供所得税优惠。2014 年 4 月，财政部、国家税务总局印发《关于小型微利企业所得税优惠政策有关问题的通知》。该政策规定，自 2014 年 1 月 1 日至 2016 年 12 月 31 日，对年应纳税所得额低于10 万元（含）的小型微利企业，其所得减按 50% 计入应纳税所得额，按20% 的税率缴纳企业所得税。

二是发展设立民营企业发展专项资金。2014 年 4 月 11 日，财政部、工业和信息化部、科技部、商务部印发《中小企业发展专项资金管理暂行办法》。专项资金综合运用无偿资助、股权投资、业务补助或奖励、代偿补偿、购买服务等支持方式，采取市场化手段，引入竞争性分配方法，鼓励创业投资机构、担保机构、公共服务机构等支持中小企业，充分发挥财政资金的引导和促进作用。（1）发挥财政对中小企业科技创新活动的引导作用。支持和鼓励科技型中小企业研究开发具有良好市场前景的前沿核心技术。（2）专项资金安排专门支出支持高科技领域。中小企业围绕电子信息、光机电一体化、资源与环境、新能源与高效节能、新材料、生物医药、现代农业及高技术服务领域开展科技创新活动。（3）专项资金安排专门支出设立科技型中小企业创业投资引导基金。用于引导创业投资企业、创业投资管理企业、具有投资功能的中小服务机构等投资于初创期科技型中小企业。（4）引导基金的支持方式。引导基金运用阶段参股、风险补助和投资保障等方式，对创业投资机构及初创期科技型中小企业给予支持。（5）实施阶段参股方式。引导基金向创业投资企业进行股权投资，参股比例最高不超过创业投资企业募集资金总额的25%，引导基金参股期内，创业投资企业投资于初创期科技型中小企业的累积金额不低于引导基金出资额的 2 倍。

三是实施民营企业新三板支持政策。2015 年 11 月 20 日，中国证监会印发《关于进一步推进全国中小企业股权转让系统发展的若干意见》，从中小微企业及其投资人的特点和需求出发，建立多层次资本市场的有机联系，坚持创新发展与风险控制相匹配。（1）发展适合中小微企业的债券品种。加快推出优先股和资产支持证券，开展挂牌股票质押式回购业务试点。（2）坚持和完善主办券商制度和多元化机制。要求主办券商以提供挂牌、融资、并购、做市等全链条服务为目标遴选企业。

4. 开展县域金融机构涉农贷款增量奖励试点，实行农村金融机构定向费用补贴政策，在部分省市开展小额贷款公司涉农贷款增量奖励试点等，优化农村中小企业融资环境。

一是开展县域金融机构涉农贷款增量奖励试点。从 2008 年起，财政部实施县域金融机构涉农贷款增量奖励政策，对试点地区的县域金融机构（不含农业发展银行），按照涉农贷款平均余额同比增长超过 15% 部分的 2% 给予奖励，奖励资金由中央和地方财政分担。2008 年试点地区为黑龙江等 5 省（区）和广西田东县，2009 年试点范围扩大到 8 省（区）1 县，2010 年财政部在适当集中适用奖励的涉农贷款范围和完善不良贷款率条件的基础上，将试点范围扩大到 18 省（区），其中包括全国 13 个粮食主产省（区）。截至 2012 年末，财政部门已向试点地区 9844 家县域金融机构拨付了奖励资金 119.47 亿元，其中中央拨付 68.16 亿元，地方拨付 51.31 亿元。政策试点激发了金融机构支持县域经济发展的内生动力，有力促进了包括农村中小企业贷款在内的涉农贷款增长，优化了信贷结构。据中国人民银行统计，2008—2012 年全国涉农贷款余额占各项贷款余额之比分别为 21.59%、21.46%、23.11%、25.09% 和 26.16%，实现连续上升。

二是实行农村金融机构定向费用补贴政策。针对县域金融机构体系单一，同质化竞争严重的问题，财政部从 2008 年起实施农村金融机构定向费用补贴政策，对贷款平均余额同比上升且符合银监会监管要求的村镇银行、贷款公司、农村资金互助社三类新型农村金融机构，其中村镇银行年末存贷比还需高于 50%，按照贷款平均余额的 2% 给予补贴，补贴资金全部由中央财政承担。2010 年财政部将西部 2255 个基础金融服务薄弱乡镇纳入补贴范围。截至 2012 年末，中央财政已累计向全国 957 家新型农村金融机构拨付补贴资金 31.53 亿元，向 1292 家基础金融服务薄弱地区金融机构网点拨付补贴资金 4.67 亿元。补贴政策的实施缓解了新型农村金融机构设立初期的财务压力，帮助机构实现快速发展，加大对"三农"和中小企业的支持力度。据银监会统计，截至 2012 年末，全国已组建 939 家新型农村金融机构，同比增长 19.47%，贷款余额 2347 亿元，其中近一半为小企业贷款，成为金融支持中小企业发展的新生力量。同时，新型农村金融机构的发展形成了"鲶鱼效应"，促使传统农村金融机构提升服务水平和质量。如浙江反映，得益于补贴政策的实施，当地村镇银行的贷款利率显著低于农村信用社等金融机构，形成了良性竞争，其他金融机构主动通过简化贷款审批流程、创新抵押担保方式等做法提高了市场占有率，当地农户和中小企业普遍受益。

三是在天津、辽宁、山东、贵州四省市开展小额贷款公司涉农贷款增量奖励试点。小额贷款公司是不吸收公众存款、经营小额贷款业务的新型金融组织，在填补县域金融服务空白，引导和规范民间投资健康发展方面有积极作用。《国务院关于鼓励和引导民间投资健康发展的若干意见》中提出，对小额贷款公司的涉农业务实行和村镇银行同等的奖补政策。考虑到小额贷款公司由地方政府实施准入和监管，不同地区的小额贷款公司发展情况和监管体制之间存在较大差异，财政部组织了多次实地调研，了解各地小额贷款公司发展情况，分析小额贷款公司面临的困难和问题，在此基础上开展试点，对试点地区的小额贷款公司，执行县域金融机构涉农贷款增量奖励政策，即试点地区符合监管条件的县域小额贷款公司，其涉农贷款年度平均余额同比增长超过 15% 以上的部分，按 2% 的比例给予奖励。

第四章 大气污染治理的金融工具和资金来源分析

本章分为两大部分。一部分是大气污染治理相关金融工具研究，重点分析银行贷款、证券融资、债券融资、产业基金、项目融资、碳交易市场和资产证券化等金融工具的特征和其在环保领域的应用现状。另一部分是大气污染治理的资金来源研究，从国内财政资金、国内社会资金及国际资金三个角度，对我国大气污染治理项目可能获得的资金支持进行梳理。

大气污染治理相关金融工具部分的研究结论如下：

第一，银行贷款是我国公司金融的主要资金来源，绿色信贷也是我国目前主要的绿色金融工具。银行贷款的优点在于灵活性较强，对企业来说具有"税盾效应"，缺点在于需要抵押担保、良好的财务报表情况和信用评级，对环保企业来说门槛过高，适合为处于成熟期或具有国资背景的环保企业提供融资。

第二，绿色证券相比绿色信贷和绿色债券来说，具有长期性和稳定性，能够为企业提供永久不必偿还的资本，对于环保企业资金的稳定性和降低财务支付风险有一定作用。通过上市融资，环保企业能够一次性筹集到大量的资金，并且这些资金的使用限制较小，能够自由利用。因此，绿色证券制度是促进环保企业发展的一条有效途径。但目前，绿色证券工具也存在一些局限。一方面，相较债券融资和信贷融资来说，证券融资的成本相对较高，需要承担各种上市费用，同时发放的股利不能形成"税盾效应"。另一方面，企业上市的门槛也很高，不利于新的或中小环保企业上市融资。

第三，绿色债券近年来在我国发展迅速，成为最有前景的绿色金融工具之一。相比证券融资，绿色债券融资的成本较低。一是债券可以形成"税盾效应"，进行合理的避税；二是债券的风险较股票更低，因此债权人要求的投资回报率也更低；三是发行债券减少了银行的中介成本，因此融资成本低于银行贷款成本。此外，发行绿色债券还可以充分利用杠杆效应，提高环保上市企业的每股收益，使得环保上市公司的股票业绩表现良好。但同时，发行绿色债券进行融资也具有一定局限性，主要表现为财务风险较高、限制条款较多、发债条件较严格以及筹资数量有限等。

第四，绿色基金的种类多样，可以适应不同环保项目和环保企业的融资需求。在绿色基金平台上，可以集合各种融资手段和工具，形成各种融资组合来降低绿色项目的融资成本和融资风险，并最大化地聚合社会资本。另外，绿色基金作为重要的资金平台，还可以集合技术创新和商业模式创新，使绿色项目通过技术创新、产业链的延伸和商业模式创新，增强盈利能力，在这个基础上，结合融资成本的降低，将原来盈利空间达不到市场化要求的绿色项目推向市场。绿色基金主要包括绿色政府性基金、绿色产业基金、绿色产业并购基金、绿色区域 PPP 项目基金等。

第五，项目融资是与公司融资相对的一种融资方式，其具有明显的项目导向性，依靠项目本身的未来收益进行融资；债权人具有有限追索权或无追索权，项目风险由债权人、债务人共同承担，大大降低了环保企业的融资风险。但同时，项目融资相比公司融资来说，融资成本更高，融资过程较长，一般只适合大型项目。目前，我国的金融机构对待项目融资态度十分谨慎，大多数项目融资都投向了交通、教育等更具商业性的传统项目。环保领域的项目融资也基本以技术十分成熟、投资回报机制十分清晰的污水处理项目为主，使得很多环保项目难以获得项目融资。但是，现在很多金融机构对项目融资进行了创新，将中小环保项目通过打包的方式打成项目包，以项目包的方式来实行项目融资，以项目包未来的项目收益为抵押进行融资，成为处于成长期的中小环保企业获得融资的重要金融工具。

第六，中国已在北京、天津、上海、重庆、湖北、广东和深圳七省（市）开展碳排放权交易试点工作，形成了全球交易总量规模排名第二的区域碳交易市场，仅次于欧盟碳交易市场。目前，我国正积极筹备全国性的碳交易市场之中。但我国碳交易市场的发展还存在诸多问题，包括试点市场流动性低、交易量小和碳交易价格走低等。

第七，资产证券化（ABS）工具可以降低环保企业的融资成本，提高环保基础资产的资信评级，使得一些资产流动性差的环保基础设施项目有机会进入证券市场以较低成本进行融资。由于 ABS 是以未来可预见现金流量的总和为支撑的固定回报投资证券，而不是以发起人信用支撑的证券，因而可以降低环保企业的财务风险。同时，由于 ABS 具有"真实出售""破产隔离"等特征，对 ABS 的投资者来说，风险也较低。目前，资产证券化在环保领域的运用，除了运用于大型基础设施的多期工程建设的连续融资外，也通过打捆打包模式将中小环保项目组合成项目包进行统一的资产证券化。

大气污染治理相关资金来源部分的研究结论如下：

第一，国内财政资金从中央财政、地方财政两方面对于大气污染治理给予了多方位的政策支持和财政支出。具体包括节能环保的支出、城乡社区支出、中央财政性基金支出、国有资本经营支出及中央对地方的专项转移支付。具体地方财政的支持情况，落实在京津冀"十二五"时期，京津冀支持节能减排、环境保护、大气污染治理等工程取得了一定成果，并在"十三五"规划中加强京津冀生态环境保护协同机制建设。财政支持有广泛的社会影响力和区域特征的针对性，从宏观的角度引导方向；专项、补助、贴息、转移支付等资金落实，不仅促成了项目，而且提高了社会的参与度。

第二，国内社会资金给予大气污染治理的支持形式较多，主要包括信贷资金、股权融资、债券融资、PPP 资金等资金支持。在相关政策指引下，信贷资金尤其是绿色信贷在工业节能、建筑节能、交通运输节能和与节能项目、服务、技术和设备有关的其他重要领域给予了大力支持，但当前的指引和目录文件仅粗略地指出应重点支持"绿色经济、低碳经济和循环经济"，需要进一步细化。股权融资主要覆盖政府参与的环保基金、金融机构与企业合作建立的环保基金、金融机构自身设立的环保基金、企业自身设立的环保基金，环保基金的产业链整合、资本市场杠杆效应显著；目前内蒙古、云南、河北、湖北、重庆等地均积极参与环保基金，环保产业基金规模处于快速增长，2014 年以来，仅企业设立的环保基金已涉及 20 多家环保企业，总规模近 500 亿元。资本市场有其优势，但是利益追逐的本质在解决实际问题中有很强的阻碍性，因此必须有政策和监管的完善，从而引导和规范环保基金，支持产业发展。债券融资尤其是绿色债券市场大而且规范，截至 2016 年 7 月下旬，中国已发行超过 1200 亿元的绿色债券，占全球同期绿色债券发行量的 45%；在中国已成为国际第一大绿色债券市场的情况下，除了借鉴国际的成熟模式外，更是需要利用绿色债券的利率不高、规模较大、风险较低的优势，有效发展绿色债券在大气污染治理上的作用。PPP 项目，截至 2016 年 2 月以来已完成 7000 多个项目，总规模近 8.3 万亿元；京津冀地区大气污染治理 PPP 项目以清洁能源类项目为主、园林绿化其次、工业污染治理单个项目规模大、新能源交通等项目投资额度较少。

第三，国际资金对于大气污染治理的支持，主要来自亚洲基础设施投资银行（以下简称亚投行）、世界银行、亚洲开发银行、金砖国家新开发银行、全球环境基金等组织。这些组织给予的资金成本低、带来的国际影响力大，亚投行参照伦敦银行间拆借利率（LIBOR），上浮 0.8 ~ 1.4 个百分点，亚投行设立时间虽然不长但对亚太国家的建设及发展，尤其是绿色发展意义重大。世界银行的贷款区分于商业银行的贷款称为软贷款，利率较低，在大气污染治理尤其是国内大气污染治理上已经支持了多个项目，如与华夏银行合作的结果导向的贷款方式的转贷项目"京津冀大气污染防治融资创新"，其项目经验和资金支持均对于大气污染治理意义重大。亚洲开发银行、金砖国家新开发银行、全球环境基金等组织在提供资金支持时，也综合考虑与生物多样性、气候变化、国际水域、土地退化、化学品和废弃物有关的环境保护活动，支持和促进绿色发展。

一、大气污染治理的金融工具分析

（一）银行贷款

1. 贷款融资工具的特点

贷款融资主要包括传统的银行贷款融资，以及随着经济发展逐渐发展起来的担保贷款融资和银团贷款融资。目前，银行贷款融资仍然占主导地位。

（1）银行贷款

银行借贷是目前我国多数环保企业在进行融资行为时除内源融资之外的主要融资渠道之一，由于我国国家体制及经济体制的特殊性，银行业多为国家控股企业，银行业发展有国家作为强大的支撑，因此对企业来说通过银行借贷的方式来实现融资更有保障，且银行借贷只要企业在规定的时间内还本付息就可以，成本相对比较低，且所承受的风险也较低，但银行融资也有其不足之处，企业在向银行借贷时必须有抵押或担保，企业一旦在规定的时间范围内不能完成还本付息，就会对企业自身或是担保人造成一定的损失。

银行贷款具有以下几个特点：

①银行贷款融资只需要企业与银行双方进行沟通，不必经过其他国家金融监管机构的审批同意，手续相对简单，融资的速度快。

②借贷双方可以灵活商议贷款协议内容，灵活性较强。

③银行贷款的利息是计入企业成本的，获得税盾效应。所谓税盾效应，即债务成本（利息）在税前支付，而股权成本（利润）在税后支付，因此企业如果要向股东支付和债权人相同的回报，实际需要生产更多的利润。因此"税盾效应"使企业贷款融资相比股权融资更为便宜。

④对环保企业来说，银行贷款融资需要环保企业具有良好的信用评级并且有足够的抵押物。

（2）担保贷款

在企业融资过程中，企业因信用等级不够，不能通过银行的风险审查，导致贷款无法取得的情形时有发生，尤其在中小企业与新企业中，而这两类企业在环保企业中占据了相当的比重。此时，若能灵活利用担保，提升信用等级，对企业的顺利融资定能起到推动作用。

目前，我国企业融资担保体系主要由三个部分构成：

一是政策性的融资担保机构。此类担保机构不以营利为目的，其资金来源主要靠财政注入资金和向社会发行债券，也可吸收企业出资和社会捐资，属非金融机构，不从事金融业务和财政信用，不以营利为主要目的；包括中小企业融资担保公司、中低收入家庭住房置业担保公司、出口信用担保公司和下岗失业人员小额贷款担保公司等。

二是互助性担保机构。即由企业自愿组成，凭借自身的力量联合出资，发挥联保互保作用的融资担保机构，由会员企业出资为主、以会员企业为服务对象，不以营利为目的；包括政府参与的互助性融资担保机构，例如山东宁阳鑫桥信用担保有限公司、虞城县企业互助担保协会等；金融机构参与的互助性融资担保机构，例如江苏银行无锡分行开发的互助联保的抱团贷款、广饶县中小企业互助担保协会等；完全民间出资的互助性融资担保机构，例如山东省枣庄市市中区成立的民营经济信用担保商会、四川省中小企业信用担保有限责任公司等。

三是民间投资的企业商业性担保机构，以营利为目的的商业化运作的民营融资担保机构，例如广东银达担保投资集团有限公司、上海融真担保租赁有限公司等。这三类担保体系归纳起来称为信用担保、互助担保和商业担保，它们构成了完整的企业融资担保体系。

担保融资的优势主要体现在：

①企业方面，在企业自身信用不足以符合银行审贷条件时，利用担保，可以提高企业的信用等级，降低企业向银行融资的难度，为其取得银行信贷支持创造条件。企业信用担保，为我国的企业融资创造了更有利的条件，拓宽了渠道。

②银行方面，担保降低了银行信贷资金的风险。担保人在为被担

人作出担保承诺之前，都会有一个对被担保人信用状况的调查评估过程，有些担保人与被担保人事实上就是母子公司的紧密关系。基于担保人对被担保人的了解，对被担保人的信用评估准确性相对有保障。拥有了对担保人的追索权，银行可以在一定程度上避免贷款本金的损失。

③担保方式也很灵活，担保人可以根据具体情况，作出不同选择。例如，签订担保文件为单笔确定金额的贷款作担保，亦可借助开立备用信用证等形式提供担保。

（3）银团贷款

银团贷款一般具有以下特点：

①所有成员行的贷款均基于相同的贷款条件，使用同一贷款协议。

②牵头行根据借款人、担保人提供的资料编写信息备忘录，以供其他成员进行决策参考同时聘请律师负责对借款人、担保人进行尽职调查，并出具法律意见书，在此基础上，银团各成员行进行独立的判断和评审，作出贷款决策。

③贷款法律文件签署后，由代理行统一负责贷款的发放和管理。

④各成员行按照银团协议约定的出资份额提供贷款资金，并按比例回收贷款本息，如果某成员行未按约定发放贷款，其他成员行不负责任。

⑤从企业角度来说，银团贷款的优势主要体现在大型企业的贷款融资方面，它对于中小型企业可能并不是一种有效的融资方式。这是因为，中小型企业的单次融资规模并不大，单个银行完全有能力对其进行贷款，在企业满足银行信用评级的情况下，银行应该是乐意贷款的。然而，如果中小企业走银团贷款的融资方式，那么它为获得贷款需要征得银团每个成员银行的同意，这样势必会增加企业的协商成本，因为此时企业面临的不是单个银行，而是几家银行组成的银行团，多个行为主体达成意见一致远比单个行为主体作出选择所花费的成本要高。而对大型企业而言，由于其单次融资规模很大，比如污水处理厂的单次融资规模可能达到十亿元甚至二十亿元，银行出于规避风险的考虑，并不会足额贷给企业，而是只会贷给企业其所需资金的一部分，在这种情况下，企业就必须和多家银行进行协商。如果企业采取银团贷款的方式，就可以把各成

员召集在一起进行协商，省去与各家银行反复谈判，接受多次评估审查的麻烦，缩短筹资时间，在一定程度上降低筹资成本。

2. 绿色信贷融资的特点

银行业金融机构在我国的金融系统中占据主导地位。2013 年，我国银行机构的金融资产占据了我国总金融资产 78%，大大高于日本 38% 和美国 18% 的比例。同时，银行借款是公司金融的主要资金来源。2010 年和 2011 年，我国银行业金融机构年末应收贷款的数据分别达到 50900 亿元和 58200 亿元，并在持续增加中。同时，绿色信贷是我国最早开始推行的一项绿色金融政策。早在 1995 年，中国人民银行便发布了《关于贯彻信贷政策与加强环境保护工作有关问题的通知》，开始绿色信贷的尝试。银行业金融机构在我国金融界的地位十分重要，也是最早开始绿色金融实践的金融机构群体，因此作为绿色金融实践的主要评估对象。

绿色信贷是目前中国绿色金融的主要工具。中国银行业协会于 2015 年 6 月 26 日发布《2014 年度中国银行业社会责任报告》显示，截至 2014 年末，银行业机构绿色信贷余额 7.59 万亿元，其中，包括工商银行、农业银行、中国银行、建设银行、交通银行和邮政储蓄银行、中信银行、光大银行等在内的 21 家银行业金融机构绿色信贷余额达 6.01 万亿元，较年初增长 15.67%，占其各项贷款的 9.33%。据银监会测算，绿色信贷所支持的项目预计年节约标准煤 1.67 亿吨，节水 9.34 亿吨，减排二氧化碳当量 4.00 亿吨，二氧化硫 587.65 万吨，化学需氧量 341.30 万吨，氮氧化物 160.09 万吨，氨氮 34.08 万吨。作为经济结构调整和转型升级的配套措施，年报数据还显示，截至 2014 年底，21 家主要银行业金融机构战略性新兴产业贷款余额 22125.8 亿元，较年初增加 667.6 亿元。各家商业银行也在逐步退出对产能过剩行业和高污染高耗能项目的贷款。绿色信贷已成为银行业支持发展低碳绿色金融的表现，在推动"两高一剩"行业转型，加速绿色金融创新，鼓励信贷资源向节能重点工程、技术改造项目倾斜，帮助企业升级技术，以最终实现产业结构调整方面的作用进一步提升。以兴业银行为例，其开发了合同能源管理项目未来收益权质押融资、合同环境服务融资、国际碳产质押融资、国内碳产质押融资、排污权抵押融资、节能减排融资和结构化融资等新型特色产品，并提供了涵盖碳交易、排污权交易、节能量交易、水资源利用和保护、产业链综合服务、行业整合和特定项目融资等领域的多层次解决方案，以满足不同客户在节能环保领域的多种金融需求。同时，兴业银行的绿色团队也根据节能环保产业各细分行业的全产业链需求特征，制定个性化改造方案，为客户提供更专业的绿色金融服务。

由此可见，绿色信贷有效地支持了我国经济社会绿色、循环、低碳发展。绿色信贷把环境与社会责任融入了商业银行的贷款政策、贷款文化和贷款管理流程之中，通过在金融信贷领域建立环境准入门槛，从源头上切断高耗能、高污染行业无序发展和盲目扩张的经济命脉，有效地切断严重违法者的资金链条，遏制投资冲动，解决环境问题，通过信贷发放进行产业结构调整。

尽管绿色信贷为我国经济社会绿色、循环和低碳发展提供了巨大资金支持，但也有其局限性。对具有良好的信用与有足够抵押物的企业来说，贷款融资是非常好的融资渠道。绿色贷款融资是贷款融资的一种，银行贷款适合处于相对成熟期的企业，因为银行贷款需要抵押担保、良好的企业财务报表、信用评级等，这对很多环保企业来说是很难满足的，可以从以下两个方面加以说明。

（1）对中小型及新兴环保企业来说

环保领域的扩展和环保技术的发展都十分迅速，这使得大部分环保企业都是中小型企业或者新兴企业，这些企业往往没有抵押担保，更没有良好的财务报表，难以判断其金融风险，银行对它们融资的风险很大，因此它们很难获得银行贷款。由于启动资金不足，很多环保企业就无法成立，比如土壤修复行业、第三方治理后的脱硫脱硝行业等。中小型环保企业和新兴环保企业因为缺乏银行风险分析所依赖的抵押担保、财务报表和信用评级，很难获得贷款，这是绿色信贷面临的主要障碍。

（2）对大规模环保企业来说

大规模的环保企业一般是基础设施类企业，例如污水处理厂、垃圾焚烧厂等，这些基础设施的投资主要集中在运营之前的建设期，且需求资金巨大，一般单个银行无法负担。由于处在建设期，缺少抵押担保和信用等级；同时，投资回收期长，导致银行回收资本的期限很长。在这种情况下，银行也会谨慎考虑是否进行贷款。

（二）绿色证券融资

1. 绿色证券融资的优点

绿色证券是政府在进行证券市场的监管中纳入环境保护的理念与方法，有机整合环境保护与证券监管制度的功能和优势，通过上市公司环保核查制度、上市公司环境信息披露机制和上市公司环境绩效评估制度，将资金引向"绿色企业"，防范环境和资本风险。绿色证券通过相关监管部门的激励和惩罚措施，为环境友好型的上市企业提供各种融资便利和优惠待遇，对不符合环保要求的企业进行严格的限制。

相比于绿色信贷、绿色债券等其他融资方式，绿色证券的主要优点有：

（1）因其长期性、稳定性的自身特点，能够为企业提供永久不必偿还的资本，对于环保企业资金的稳定性和降低财务支付风险有一定作用。

（2）上市融资一次性可以为企业筹集大量的资金。

（3）相对于债权融资，上市融资没有较多的用款限制，企业可以自由利用资金。

（4）提高企业的知名度，为企业带来良好声誉。公司上市对企业知名度的提高毋庸置疑。上市公司能比同业中的非上市公司更容易被顾客知道，而市场上的需求者对上市公司的信用预期要高于非上市公司。在经营同类产品的企业中，消费者在初次接触的情况下，对上市公司的信任度往往更高，使上市企业比非上市企业获得的市场机会更多，竞争力也就更强。

（5）有利于帮助企业建立规范的现代企业制度。首先，股票的发行、企业的上市有一整套严格的审核程序，经过对资产价值、财务报告的客观评价，并要求企业实行全面的信息披露。这些都有力地促进了上市企业的规范化管理。其次，为了符合法律法规要求，达到上市标准，企业将自觉地转变经营机制，提高管理水平和技术力量，增强企业的市场竞争力。最后，经过股权的出让，投资者之间的关系产生变化，使企业的发展模式和管理方式也发生了相应变化。对于潜力巨大，但风险也很大的科技型环保企业而言，通过在创业板发行股票融资，是加快企业发展的一条有效途径。

2. 绿色证券融资的缺点

绿色证券也有其不足，这种不足主要体现在以下几个方面：

（1）融资成本相对较高，具有较高的用资费用，相对于其他融资方式，在企业准备上市的过程中，企业要承担例如评估、律师事务、上市的佣金等费用，企业上市增发股票还要承担股利等，而且股利没有税盾效应，融资成本很高。而对中小型和新的环保企业来说，较高的融资成本并不太适合它们。

（2）我国企业上市具有一定要求，不适用于环保企业中的新企业和萌芽期的小中型企业。根据我国相关规定，上市融资的企业必须满足以下法定条件：

①最近三个会计年度净利润均为正数且累计超过人民币 3000 万元，净利润以扣除非经常性损益前后较低者为计算依据；

②最近三个会计年度经营活动产生的现金流量净额累计超过人民币5000 万元，或者最近三个会计年度营业收入累计超过人民币 3 亿元；

③发行前股本总额不少于人民币 3000 万元；

④最近一期末无形资产（扣除土地使用权、水面养殖权和采矿权等后）占净资产的比例不高于20%；

⑤最近一期末不存在未弥补亏损；

⑥国务院规定的其他约束条件。

对处于萌芽期的环保企业来说，以上要求很难达到。

（三）债券融资

1. 债券融资的特点

就企业而言，与证券融资相比，债券融资具有以下特点：

（1）企业进行债券融资，原有的管理结构基本不受影响，不会削弱企业股份持有者的相对平衡权利。而企业进行股票融资，企业的内部治理结构将因新股东的加入而受到很大的影响，由于所有权共享，可能会削弱企业创始人在决策和政策制定方面的控制权。

（2）在企业债券融资过程中，债务的利息计入成本，起冲减税基的作用，而股票融资则存在对企业法人和股份持有自然人"双重课税"的问题。与银行贷款相比，债券融资的利率往往低于贷款利率，借款过程是高效率和节省费用的，债券发行的成本也较低，债券的利息在税前支付。

（3）债券融资可使企业得到更多的外部资金来扩大规模，提高单位股份的净值，增加公司股东的利润，如果企业投资回报率高于债券利息率，则可提高股东收益，提高每股盈利率。而在股权融资条件下，新增股东固然可以增加可运用资金，但同时也扩大了分享公司利润的基数。

就企业而言，债券融资的优势也比较明显，体现在：

（1）债券融资成本较低。对于既通过发行企业债券吸收负债资金，又通过发行股票筹集股权资本金的企业来讲，其资本成本应该以负债成本和资本成本的加权平均数来测算。这就是加权平均资本成本的概念。资本成本是资本投资者所期望的必要收益率。企业债权人的必要收益率就是债券或债务的利息率，股东的必要收益率则是股票的每股税后利润，即股利。在资本市场均衡的条件下，企业利用所筹集资金投资形成的项目的风险越大，投资者所预期的必要收益率越高，反之则相反。这一投资成本的意义在于，随着企业投资项目的风险变动，企业从营运中获得收入流量的现值的折扣率也将随之变动，从而企业的资本成本也将变化。因此，企业的资本成本是联系资本市场和企业经营活动的关键环节。其中的投资者的预期必要收益率、企业收入流量现值的折扣率与企业的资本成本在这个意义上是一致的概念。不仅如此，分析企业加权资本成本的意义还在于，它与企业的行为目标是紧密联系的。企业的所有者（股东）都要追求企业的市场价值最大化，从而也使自己的权益最大化。当企业经营杠杆收益（现金流量现值）一定时，加权平均成本最小化也是股东所追求的目标。

在企业投资项目风险既定的条件下，企业通过发行债券等形式提高负债比率，可以降低企业的加权平均成本。因为在这种情况下，股东的预期收益不受负债比率变动的影响。企业利用债券等形式筹集资金被要求定期支付利息并按时还本，所以债权人风险相对较小，从而使债券利率低于股东的股利的状况为债权投资者所接受。这使得企业所寻求的最低资本成本的实现具备了客观的资本市场环境和条件。

（2）债券融资具有杠杆效应。企业财务杠杆，指的是企业的负债程度。它既可以用负债总额与企业资产总额比率来表示，也可以用负债总额与所有者权益比率来表示。由此可知，财务杠杆是企业资本结构的一种表示。因而，企业负债或不负债以及负债程度的大小，对企业的市场价值进而对所有者的权益有着直接的影响。有效地利用财务杠杆有益于企业实现其所有者所要求的经营目标。

在企业可控制的经营风险范围内，增加财务杠杆可以增加企业价值。假定企业的所有者权益不变，企业资产价值（或从账面上看到的企业价值）随企业负债程度提高而增加。不仅如此，适当的负债还可以提高企业的每股收益，对此，所有者往往乐此不疲。

企业财务管理中的"杠杆"机制的存在，是企业甘于冒一定风险突破资本障碍、举债筹集长期资金的一个重要因素。凡是举债的企业，无不是在自觉或不自觉地利用这一机制。在这种意义上，企业债券尤其是长期债券成为企业筹资的常用方式的原因，就在于企业所有者运用杠杆机制得到了较多的回报。

然而，财务"杠杆"机制的这种效用是有条件的，这些条件主要是：企业经营收入流量现值稳定并超过临界水平；有适度的资本市场环境以保证企业的经营风险稳定在一定的水平之上（或者说是有效资本市场的利率稳定性）；等等。

（3）债券融资具有税收优势。债券可以形成税盾效应，从而降低融资成本。债券的税盾作用来自债务利息和股利的支出顺序不同，世界各国税法基本上都准予利息支出在税前列支，而股息则在税后支付。这对企业而言相当于债券筹资成本中的相当一部分是由国家负担的，因而负债经营能为企业带来税收节约价值。我国企业所得税税率为25%，也就意味着企业举债成本中有将近1/4由国家承担，因此，企业举债可以合理避税，从而使企业的每股税后利润增加。

（4）债券融资可以促进企业管理机制的完善。现代企业所有权与控制权分离的特点，必然要求在所有者与经营者之间形成一种相互制衡的机制，依靠这套机制对企业进行管理与控制。这套机制被称为企业治理结构，它是现代企业运行与管理的基础，在很大程度上决定企业的效率。

我国现有的企业治理结构存在着很大的缺陷，企业内部尚未建立起有效的激励和监督机制，管理层的收入与业绩联系不大，缺乏经营动力，同时也没能得到有效的监督，在国有企业的改制过程中出现了严重的短期行为，不考虑企业的长远发展；国家作为企业的出资者，使得企业治理结构中的所有者无法落实。作为企业外部机制的市场机制也不完善，债务市场存在许多不足，对债权人的保护不够，破产机制尚未建立，影响了在企业治理中的作用。

在企业治理机制完善的状态下，由于企业融资市场化的原因，企业融资应更多地考虑成本的高低和市场风险等因素。企业债券融资显然对改善企业治理结构具有积极的作用。而随着企业治理结构的完善，并不意味着要把企业债券作为融资首选，但企业债券作为一种重要的融资方式，必将得到更快的发展。

尽管债券融资成本较低，能够通过杠杆效应增加企业价值，税盾效应可以降低企业融资成本，并且在一定程度上促进企业治理机制的完善，但是，就债券融资本身而言，亦有其局限性，主要体现在：

（1）财务风险较高。企业债券有固定的到期日和固定的利息费用，当公司不景气时，容易使公司陷入财务困境。

（2）限制条件较多。企业债券的限制性条款较多，可能会影响公司资金的使用和以后的筹资能力。

（3）发行债券的条件较为严格。《中华人民共和国证券法》第十六条指出，公开发行公司债券，应当符合下列条件：

股份有限公司的净资产不低于人民币三千万元，有限责任公司的净资产不低于人民币六千万元；

①累计债券余额不超过公司净资产的百分之四十；

②最近三年平均可分配利润足以支付公司债券一年的利息；

③筹集的资金投向符合国家产业政策；

④债券的利率不超过国务院限定的利率水平；

⑤国务院规定的其他条件。

（4）筹资数量有限。企业债券的发行必须考虑企业自身的情况，因此其筹资数量是有限的。

2. 绿色债券融资的特点

对绿色债券的定义，国际标准有三个方面：第一，资金是否投向绿色项目，定义非常严格；第二，发行企业对资金投向有非常清晰的监督流程；第三，投资者对绿色债券的透明度要求较高，即是否有定期的信息披露报告，通过这个报告跟踪资金的具体走向。

自从世界银行在 2007—2008 年提出"绿色债券"、欧洲投资银行提出"气候意识债券"以来，绿色债券市场发展迅猛。2014 年绿色债券发行量超过 350 亿美元，是 2013 年发行量的三倍多。2015 年，中国成为绿色债券发行量最大的国家。

初期，绿色债券主要由多边开发银行主导发行。2014 年新的发行类型和主体开始出现并扩张，包括公司、州（省）政府、新兴市场。公司绿色债券：2014 年公司发行的绿色债券成为市场增长的一个主要驱动力，从 2013 年只占非常小的市场份额扩大至 2014 年超过总发行量的 30%，实现投资者的多样化。市政绿色债券：自从加拿大安大略和美国的 11 个州在 2014 年下半年发行绿色债券以来，市政债券市场的比例增至占整个债券市场的 13%。新兴市场绿色债券：新兴市场的发行者开始进入绿色债券市场。2014 年在南非约翰内斯堡市出现了第一个新兴市场的绿色债券发行人。2015 年 2 月，YesBank 成为印度第一个绿色债券发行人。

因为投资者持有绿色债券坏账的概率比较小，所以一些大型的投资管理公司非常积极。大型投资管理公司如 BlackRock、Vanguard、TIAA-

CREF 和 State Street Advisors 等都持有绿色债券，已成为世界银行发行绿色债券的最大持有者。未来，保险公司有望成为最大的绿色项目债券持有人。

绿色债券能够吸引投资的原因主要体现在以下几个方面：

（1）绿色题材、社会价值。

（2）期限较短、高流动性：绿色债券的期限比其提供融资支持的项目短很多，一般为 3～7 年。具有二级市场的流动性，投资者卖出方便。

（3）良好的投资回报，某些绿色债券享受免税优惠。

（4）较低的风险：通过投资绿色债券，投资者避免了对单个环保类项目投资的风险。而且世界银行以及其他发行机构本身会对所投资的项目进行严格筛选。

对融资者来说，绿色债券的优势在于：

（1）提高银行投放中长期绿色信贷的能力。大量的节能环保项目需要中长期信贷支持。但我国商业银行多采取短期负债从而制约了其在中长期项目融资为主的绿色信贷领域的经营主动性和风险承担能力。发行金融债券可以作为长期稳定的资金来源，与绿色信贷中长期融资项目类型匹配，能有效解决银行资产负债期限结构错配问题。

（2）解决绿色企业融资难、融资贵的问题。第一，发行债券减少了银行的中介成本，融资成本低于银行贷款成本。第二，绿色企业难以从银行融得长期资金，因此需要不断借新还旧，增加了资金链断裂的风险，企业直接发行期限较长的绿色债券可以避免这些风险。第三，一些企业作为发行主体可能难以达到市场要求的财务指标（比如一些地方融资平台），但其某些项目却有足够的现金流支持，可以绿色项目融资票据的形式到债券市场融资。

（四）绿色基金

绿色基金成为绿色项目融资中的重要手段，是因为绿色基金种类的多样性，可以适应不同的绿色项目融资需求。在绿色基金平台上，可以集合各种融资手段和工具，形成各种融资组合来降低绿色项目的融资成本和融资风险，并最大化地聚合社会资本。另外，绿色基金作为重要的资金平台，还可以集合技术创新和商业模式创新，使绿色项目通过技术创新、产业链的延伸和商业模式创新，增强盈利能力，在这个基础上，结合融资成本的降低，将原来盈利空间达不到市场化要求的绿色项目推向市场。所以，绿色基金是绿色金融技术重要内容之一，如何根据绿色项目或者绿色融资需求，设计出不同类型和不同形态的绿色基金，是作为绿色金融技术研究者需要研究和掌握的重要技能之一。

绿色基金的类别很多，目前主要有绿色政府信托基金、绿色产业基金、绿色产业并购基金、绿色区域 PPP 项目基金等，不同的绿色基金类别，适应于不同的资金来源和融资目标。

1. 绿色政府信托基金

绿色政府信托基金的资金来源主要是财政资金，美国和欧洲各国政府都成立了很多绿色政府信托基金，比较著名的有美国的超级基金和清洁水循环基金。绿色政府信托基金的成立，一般是体现出政府对某种绿色战略目标的承诺，例如，美国的超级基金主要是应对重大环境危险事故，特别是棕地污染或者地下储油罐泄漏等带来的重大环境恶性事件。美国在卡特政府期间爆发了著名的棕地污染事故、拉夫运河事件，以此事件为契机，政府对全国的棕地污染进行了调查，发现有爆发风险的棕地全国有 3 万多块，这在全国引起了恐慌，人们纷纷要求政府作出承诺必须对爆发风险高的棕地进行修复处理，防止环境污染事故的发生。如此多的棕地要处理，绝对不是一届政府可以完成的，需要几届政府的努力，因此国会通过了《超级基金法案》，成立了超级基金，以保障即使政府换届或者财政出现波动的情况下，也不会改变对棕地的修复和治理。清洁水循环基金也是基于相似的背景，美国也曾经经历了严重的水污染时期，特别是清洁饮用水没有保障，严重影响人们的健康。清洁水的治理是个长期的工程，通过成立清洁水循环基金，在财政上保障清洁水治理工程有足够的财政资金的支撑。

不通过财政预算或者财政专项资金的模式而选择政府信托基金，是因为政府信托基金可以保障财政资金进入的稳定性和长期性，并在资金使用上更具有灵活性，可以与各种市场手段相连接。财政预算一般是一年期的，各类财政预算支出会随着财政总收入的变动和国家重点战略的变动而变动，而财政专项资金支出，一般最长期的设计是5年，而国家绿色战略目标的实现，例如全国清洁水源的全面治理、全国棕地的全面修复，需要稳定和长期的财政支出，绿色基金的成立，用法律的形式保障了资金进入的稳定性和长期性，是政府向全国民众的承诺，即无论财政收入如何变动，无论发生了哪些突发事件，政府都会对这个战略目标长期稳定地进行投资和治理，从而起到稳定民心降低社会风险的作用。

绿色政府信托基金，其目标一定是明确可监督的，而且，其要实现的绿色目标，一定是民众特别关注、对民众福利影响特别大的，所以，必须论证其建立的必要性，因为是一种特殊的财政支出形式，过多地设立政府信托基金会影响财政资金的正常管理，所以，只有在论证清晰必须设立时才可以建立，在美国，是要通过国会批准，这种绿色政府信托基金才允许成立，而且成立后，一般会有专门立法来保障其公正和高效率运行，并向民众每年公布收支状况和资金使用明细，以接受民众的监督。

绿色政府性信托基金建立后，可以采用各种市场方式以增强其杠杆撬动作用。例如清洁水循环基金，其资金支出方式之一是贷款，与银行贷款不同，基金在发放贷款时严格审核项目是否可以支持清洁水源，如果项目对清洁水源很重要，一般是采取无息或者低息的方式贷出去，同时还根据项目特点的不同给与优惠条款。例如，在清洁水源治理和保护中，水源地周边的林地建设是非常重要的，林木根系不仅可以吸纳污染物，还可以涵养水源，所以，一般是清洁水源保护的重要支持项目。林业生产的特点是，资金投入都在前3~5年，但产出一般要在3~5年之后。基金在发放贷款时，不但给予无息或者低息，还允许在开始的3~5年不需要还本付息，按照林种的不同，可以在3~5年后再开始还本付息。这些灵活多样的财政和金融结合的扶持政策和措施，可以更有利地支持清洁水源治理和保护。

2. 绿色产业基金

绿色产业基金是目前政府鼓励推动的一种绿色基金。2011年《国务院关于加强环境保护重点工作的意见》明确指出，鼓励多渠道建立环保产业发展基金，拓宽环保产业发展融资渠道。根据国家发改委的《产业投资基金管理暂行办法》，产业投资基金是指一种对未上市企业进行股权投资和提供经营管理服务的利益共享、风险分担的集合投资制度，即通过向多数投资者发行基金份额设立基金公司，由基金经理自任基金管理人或者另行委托基金管理人管理基金资产，委托基金托管人托管基金资产，从事创业投资、企业重组投资和基础设施投资等实业投资。该办法同时规定，产业基金只能投资于未上市企业，其中投资于基金名称所体现的投资领域的比例不低于基金资产总值的60%，投资过程中的闲散资金只能存于银行或者购买国债、金融债券等有价证券。按照该规定，绿色产业基金应投资于未上市的绿色产业，另外，基金资产总值的60%以上应该投资于绿色环保领域。绿色产业基金属于产业投资基金的范畴。

在目前环保领域各大产业都在实现市场度集中和聚合的情况下，绿色产业基金对于培育有实力的环保企业做大做强成为上市公司是十分重要的。一般来说，产业基金都有扶强不扶弱的特点，即使政府加入引导资金，因为只要该产业基金有60%以上的资金投入绿色环保领域，就符合绿色产业基金的要求。绿色环保领域有各类项目，收益率不同，同类项目中也有强势企业和弱势企业，为了追求利益最大化，绿色产业基金一般会在全国范围内搜寻收益好且发展潜力较强的绿色环保项目和企业进行投资，绝对不会选择收益率低的行业或者弱势公司，因此，人们会怀疑绿色产业基金对绿色环保产业的推动作用，因为它只是把潜在的最强最好的企业挑选出来投资，并帮助其扩大规模直至扶持其上市，但给政府和国家把低收益的行业或者弱势企业留下来了。

本研究以为，绿色产业基金这种对市场上的绿色环保企业的筛选功能恰好是我们需求的。对于我们需要但又是低收益的绿色产业，我们不能依靠绿色产业投资基金来扶持，而是需要其他金融工具。绿色产业投资基金主要用于扶持已经有市场收益基础的行业，例如污水处理厂、垃坂焚烧发电厂、脱硫脱硝行业等，因为这些行业都属于重资产行业，必须做大做强才能形成优势核心技术，并在建设运营领域提高效率降低成本，绿色产业基金在市场中选择潜力大的企业进行扶持，帮助它们做大做强，使它们在环保"春秋战国"的市场争夺战中脱颖而出，是符合这些重资产环保产业的发展方向的。在这一市场竞争阶段，一定有一批弱势企业沉沦了或者被兼并，这是符合市场优胜劣汰规律的，反而有助于这些重资产绿色环保行业市场度的集中。

绿色产业基金主要扶持未上市的潜在实力较强的绿色环保企业，帮助其上市。但是，仅仅上市并不能达到重资产绿色环保行业所需要的市场集合度，推动一批可以发展出核心技术又是具有国际竞争力的大型或者超大型环保企业产生。所以，绿色产业并购基金的建立对这类绿色环保行业的发展就具有巨大推动作用。

3. 绿色产业并购基金

绿色产业并购基金属于私募股权投资的业务形态之一，对应于绿色产业基金，绿色产业并购基金选择的对象是成熟的上市企业。绿色产业并购基金有利于提高产业的市场集中度。针对上市公司的行业特点和个性化需求，通过产业并购基金为上市公司进行同行业的横向整合和上下游产业链的纵向延伸，在提升上市公司核心竞争力的同时，提高了行业资源集中度，实现了以市场化手段将产业资源向优势企业集聚。绿色产业并购基金还有利于充分吸引大量的民间资金，引导民间资本支持绿色产业发展。绿色产业并购基金在吸纳和转化逐利性的民间资本方面具有天然优势，更容易吸引民间资本介入。绿色产业并购基金借助上市公司既有资源进行管理运作，并以上市公司平台作为退出渠道，较之传统从事 VC 和 PE 的股权投资基金，其项目的退出不受 IPO 发行影响，项目收益预期稳定，有利于大量吸引民间资金，也有利于传统从事 VC 和 PE 的股权投资基金的转型。

目前，由于"大气十条""水十条"的落地实施和"环保十三五规划"及"土十条"的出台，资本市场对环保行业的投资前景十分看好。且环保重资产行业进入"春秋战国"时期也激发了对并购重组的大量需求，在这种背景下，已有超过 20 家上市公司宣布成立环保产业并购基金，资金总规模已经超过了 400 亿元。国内的环保产业并购基金普遍采用"上市公司加 PE"的模式，即上市公司练手 PE 成立环保产业并购基金，在技术、商业模式优势的基础上加上融资优势，充分扩展了上市公司的并购重组实力，为推出一批具有国际领先优势的环保企业奠定了资金基础。

4. 绿色区域 PPP 项目基金

绿色区域 PPP 项目基金是专门为绿色区域 PPP 项目建立的基金。目前，不管是国内还是国际，区域 PPP 项目的发展都很快。区域 PPP 项目是将一个区域内的所有目标项目打包成一个大型区域 PPP 项目，与 SPV 公司签署合同，进行公私合作。大型区域 PPP 项目的好处是，可以通过技术创新、产业链的延伸和区域整体资源的整合，将一些无收益或者低收益但是我们又特别需求的项目打包到区域 PPP 项目中，或者是通过绿色金融技术整合技术、产业、资源和资金，使这些项目由本来的低利润甚至无利润转化为有利润。

例如在国际上比较经常使用的方式：如果流域治理项目仅限于水体，因为流域水的流动性，除了水库收取水费比较容易外，其他清洁水收费机制很难建立，这时一般需要把流域治理项目从单纯的水体扩展到流域的两岸，将流域一定范围的土地连同河流一起打包形成区域 PPP 项目。这样做的好处是，首先，河流水体的水质本来就与流域内产业结构密切相关，如果沿河两岸都是污染企业，例如造纸厂，无论如何治理河水都会因为污染物的重新注入而失效。一般的河流水体治理的措施都是包括河流沿岸产业结构的改造，例如林业具有保养水源的功能，发展水产业因为水产业本身对水质的需求会有较高的积极性参与保护河流水质。河流两岸各种产业链的衔接和延伸设计，可以不但达到河流水质治理的目的，还可以获得经济收益。例如湿地对河流水质有很好的过滤作用，湿地可以建造湿地公园，湿地种植的水生植物例如莲藕等可以作为生态食品出售，养殖的净水鱼类如泥鳅鲤鱼等既可以净化水质还可以获得经济收入。但是，如果挨着湿地的还有濒危动物保护地，一般来说，濒危动物保护地是有财政资金支持的，如果可以在项目设计中打通湿地和濒危动物保护地，那么无形中就增加了湿地的经济收入，因为等于将濒危动物保护地也纳入了湿地旅游项目，而这一项目又是由国家财政支持的。

在城市建设中，城市管理者普遍感到困难的是对城市绿地和公园的融资，一般似乎只能由财政支持，但是，现在国际上经常的做法是在与开发商签署某个区域开发合同时，将整个区域的公共设施建设，包括绿地和公园的建设也签署给开发商，作为获得开发许可的条件。开发商在签署这种区域 PPP 合同之后，一般会在少量财政支持之外，自己还付出大量资金打造社区的公共设施，因为公共设施的状况将与他要出售的楼盘的价格紧密相关。通过区域打捆的 PPP 项目模式来解决无收益或者低收益绿色项目的融资问题，已经成为国际绿色金融技术中经常使用的方法。我国区域 PPP 项目做得最成功的是天津生态城的建设。

根据财政部 PPP 项目库的统计，目前我国很大部分的绿色环保 PPP 项目，是区域 PPP 模式。根据我们的统计，在已有的 1787 个环保 PPP 项目中，共有 424 个区域环保 PPP 项目，总投资额约为 7033.74 亿元，占所有环保 PPP 项目的 58.61%。其中资金需求额度最高的楚雄市海绵城市建设 PPP 项目，其资金总需求额度为 243 亿元。PPP 项目周期按照我国最近出台的政策要求要超过 25 年，属于长期巨额的融资需求，而且区域 PPP 项目是项目群，在长期时间中有不同的投资时间节点的要求，按照投资时间节点计划匹配资金按时到位，是这种区域 PPP 项目成功的关键，一定是需要一个比较大型而且灵活的融资平台，这个融资平台仅仅为该大型长期的区域 PPP 项目服务，其存在伴随着整个项目周期。这样的融资平台，也只有绿色基金可以满足，从而产生了建立绿色区域 PPP 基金的需求。

绿色区域 PPP 项目基金仅仅为该区域绿色 PPP 项目融资，其目标是满足该项目各时间节点的融资需求。基金可以与各种融资手段和资金来源衔接，可以根据投资者的不同风险偏好设计出不同的风险分担和利益分配机制，所以，可以最大化地吸引社会资金。另外，该基金仅仅为该区域 PPP 项目服务，保障了资金的使用流向。但是，这种区域 PPP 基金不能在全国范围选择项目，而只能投资该区域 PPP 项目包中的所有项目，因此，不是所有区域 PPP 项目都满足建立基金的条件的，必须是该区域 PPP 项目包内的项目群通过技术、产业链、商业模式、融资组合的设计，确实是有办法达到基金的盈利需求才能建立。当然，一个很优秀的区域 PPP 基金设计师，往往可以把别人看来根本无法盈利的项目群通过非凡的技术创新、产业链延伸设计、商业模式创新、融资组合设计转化为可投资可盈利项目群。但无论如何，绿色区域 PPP 项目基金的资金流是完全依赖于项目包内各项目群的盈利能力。

（五）项目融资

1. 项目融资的特点

项目融资是一种相对于企业融资的融资渠道。[①] 项目融资最早出现是在 20 世纪 30 年代的美国，当时处于经济危机时期，经济衰败，企业的资产负债和信誉状况都较差，而与此相对的，企业想要继续经营与发展就必须继续进行项目的开发与运营。项目的开发需要进行融资，但是由于企业资产负债和信誉状况都较差，难以再通过传统的公司贷款的理念来获得融资。在这种背景下，美国得克萨斯州石油开发项目首先使用了最初的项目融资模式进行融资。[②] 石油项目未来利润稳定且利润率高，因此项目开发方采取了与银行签订协议，通过项目未来产出的石油来直接进行贷款本息的支付。这就是最早的项目融资。

后来，随着项目融资的概念得到不断的发展，其风险控制和操作程序也不断得到完善，最终形成了以投资项目未来产生的现金流为基础进行抵押贷款的项目融资。同时，随着项目融资不断完善，各国逐渐开始将其应用于其他领域大型项目的开发。我国最早引入项目融资是在 20 世纪 80 年代，但是接下来 10 年里，其实际发展却非常缓慢。后来，在初期的探索后，我国部分大型项目开始使用项目融资来进行其融资，期初

---

① 蓝虹. 环境保险是商业银行管理不确定性较高的环境风险的有效手段 ［J］. 生态经济, 2012 (3).

② 薛桦. 项目融资理论与应用研究 ［D］. 长沙：湖南大学硕士学位论文, 2001.

主要涉及范围是交通、发电厂等领域。例如，当时出现了一些非常成功的项目案例，例如广西来宾电厂 BOT 项目曾经被国际知名金融杂志评为最佳项目融资案例。随后项目融资逐渐成为我国各大银行都具有的投资银行业务，并涉及住房、交通、水务等多个方面。

项目融资最初产生的原因是为了避免未来预期收益良好的项目在融资中由于其开发方不满足传统贷款条件而无法顺利融资。因此，与传统的通过衡量公司信用情况来决定贷款融资的方式有很大不同。具体来说，当前项目融资的主要特点有：

（1）相比于公司融资，项目融资具有明显的项目导向性。项目融资一般通过成立特殊目的公司（SPV），并以 SPV 作为项目融资主体进行融资。由于项目融资依靠项目本身未来收益进行融资，其筹资过程中，投资方评估的主要是项目本身如何，而不是项目开发方母公司的财务状况，即使是考虑母公司状况，也是出于项目本身运营能力的考虑。

（2）相比于传统公司融资的完全追索权，项目融资为有限追索权或者无追索权。由于项目融资的有限追索或无追索权，因此项目本身也并不会增加项目开发方母公司的债务，大大降低了社会投资方的风险。但是，同时这也使得提供项目融资贷款的债权人往往需要承受很大的风险，所以项目融资中对于风险分担和控制机制的要求要远高于一般贷款。

（3）在项目融资的资金结构上，往往具有高负债率的特点，一般项目融资下的项目，股权资本占比通常少于30%。这也使得在项目融资中，贷款银行往往采取多种方式，甚至会参与项目实际的经营管理从而降低其承担的风险。

（4）在项目融资中，风险是由项目公司、银行等多方参与人共担的。一方面由于项目融资为有限追索权或无追索权；另一方面，是因为进行项目融资的多为还款期长、资金需求巨大的大型项目，风险往往很大。因此，项目融资中往往通过多种方式来进行风险分担。

（5）在融资成本上，项目融资相比于公司融资来说融资成本要高，这主要是由于其前期工作非常复杂且有限追索权下金融机构必须承担较高风险导致的。因为项目融资涉及主体多样，结构复杂，在实际融资中往往需要进行非常多且复杂的准备，其融资过程往往需要持续几个月甚至一年的时间，因此总体成本高昂。所以，项目融资一般只适合大型项目，而小型项目采取项目融资往往反而得不偿失。一般来说，相比于同等条件下的传统公司贷款融资，项目融资所需利率要高 0.3% ~ 1.5%。但是对 PPP 项目来说，其融资成本又是相对较低的，这主要是将其和股权融资对比，则其融资成本相对更低。

基于项目融资的特点可以发现，这种融资模式主要适合的情况为未来收益稳定、项目规模大的大型项目。具体来说，适合通过项目融资贷款的项目（包括商业项目和公共项目）普遍具有以下特征：一是经济上和法律上都有一定的独立性，二是项目本身产生的现金流稳定且足够还本付息，三是项目有明确的目标而且常常有限定的运营期，四是规模比较大、长期合同关系比较清楚。

在项目融资的特点和适合情况的作用下，国际上 PPP 项目多为通过项目融资的模式进行，这使得 PPP 模式进入我国时基本都是与项目融资联系在一起的。后来，随着 PPP 模式定义的逐渐清晰和推广，PPP 模式与项目融资才不再总是捆绑出现，PPP 模式也逐渐被认可为是一种特殊的合作模式而不是单纯的融资渠道。不过，在实际操作中，目前绝大多数 PPP 项目仍然通过项目融资进行，这也是当前有许多地方习惯使用"PPP 项目融资"概念的原因。对项目融资本身来说，而通过项目融资进行融资的基础不一定是政府与私人部门签订的采购合同，还有可能是私人部门之间的采购合同，也就是除了 PPP 模式的基础设施类项目外还包括其他纯私人的商业项目。但是，一般私人部门之间的开发项目很少有如此大型的，尤其是在我国公有制背景下，土地、资源等都属于国家公有，而一般项目融资的应用范围主要就在涉及公共物品的大型项目中。

2. 绿色项目融资的特点

从上面的分析可以看到，理论上讲，项目融资是一种非常适合我国环保 PPP 项目的融资渠道。事实上，从我国目前已经成功融资的一些环保 PPP 项目案例（如表 4 - 1 所示）来看，在过去虽然 PPP 项目推动情况并不好，但是大部分环保 PPP 项目仍然是通过项目融资进行的。

表 4-1　　　　　　　　　　国内环保 PPP 项目成功案例

编号	项目名称	总投资	合作期限（年）	权益资本	债务资本	主要融资渠道	项目现状
1	哈尔滨太平污水处理厂①	3.5 亿元	25	35%	65%	项目融资贷款	运营良好
2	天津市西区污水处理厂②	8929.92 万元	20	31%	69%	项目融资贷款	运营良好
3	上海老港生活垃圾处理③	—	20	—	—	世界银行 APL 贷款循环信用贷款	已运营
4	青岛海泊河和麦岛污水处理厂改建扩建项目④	4280 万美元	25	35.60%	74.40%	项目融资贷款固定资产抵押贷款	已运营
5	广州西朗污水处理厂⑤	9.86 亿元	23	33.77%	66.23%	项目融资贷款	已运营
6	青海省西宁市污泥集中处置工程	14991 万元	30	—	—	民间投融资服务中心为平台发放融资计划	建设期
7	广西南宁那考河流域治理 PPP 项目	11.9 亿元	10	—	—	基于母公司的纯信用贷款	建设期

　　但是，也可以看出有不少环保 PPP 项目的融资渠道实际上并不是通过项目融资进行的。其中，一部分主要是由于其股东的特殊性因此选择了成本更低的传统贷款，例如，老港生活垃圾处理项目，主要是通过基

---

　　① 杨超. 我国城市污水处理业运营模式研究［D］. 杭州：浙江工商大学硕士学位论文，2008.

　　② 刘翎. 我国农村污水处理项目 BOT 运作模式研究［D］. 天津：天津大学硕士学位论文，2012.

　　③ 肖林. 马海倩. 特许经营管理［M］. 上海：上海人民出版社，2013：152-158.

　　④ 市政水务行业 PPP 项目三大经典案例解读［EB/OL］. (2015-05-21). 北极星节能环保网. http://huanbao.bjx.com.cn/news/20150521/621365.shtml.

　　⑤ 刘启良. 大型市政工程 BOT 项目广州西朗污水处理工程实施案例［D］. 西南交通大学硕士学位论文，2007.

于母公司的转贷进行信用贷款（世界银行 APL 贷款主要通过政府方转贷，循环信用贷款通过社会参与方转贷）。更多的是因为项目融资实际推广度不足，许多通过项目融资可以更好地进行的项目采取了其他融资方式。例如，那考河项目是纯信用贷款，主要是基于当地银行与项目公司母公司之间的信任度，但实际上这种融资方式很明显并不适合该项目，风险分担并不合理。并且，从另一方面来看，在这些成功实现项目融资的环保 PPP 项目中，大部分都是在过去推动外资进行项目融资时期完成的，国内自主进行的项目很少。这从侧面体现了我国项目融资推广度上远不如理论预期。

（1）已有的项目融资多投向更成熟的传统领域。从我国银行实际项目融资业务投向来看，基于对几大行的访谈结果，目前我国银行主要项目融资业务投向仍然在交通、教育等更具商业性的传统项目。在环保领域，基本以投向污水处理项目为主。

这一方面是出于对利润和风险的考虑。以房地产项目为例，过去房地产产业在我国一直处于高收入行业，且其实际的发展时间已经非常长，项目的运作模式非常成熟。银行对该类项目具有很高的了解度，因此，对其风险控制体系也更为成熟和全面。对商业银行来说，房地产项目是一种利润较高且风险可控的项目，故而对其有较高的投资欲望。另一方面，则是因为目前我国银行的项目识别、审批等机制仍然是与这些传统项目相适应的机制。

总体来看，各银行项目融资业务中 PPP 项目的项目融资在整体业务中还非常少。原因主要在于目前 PPP 项目仍然在初步发展阶段，且 PPP 项目的类别丰富，不同类别之间其具体设计、建设、运营过程都差距巨大，这使得当前 PPP 项目还未形成稳定的项目操作过程。而银行本身对 PPP 项目仍然停留在初步认识的阶段，再加之操作经验的缺乏，还未对 PPP 项目建立起完善的风险控制体系。

（2）我国银行对参与 PPP 项目融资态度谨慎。在 PPP 项目领域，目前由于 PPP 模式的广泛推动，部分银行已经采取措施开始出台行内相关制度来针对 PPP 模式调整本身的信贷制度。2015 年 3 月，中国农业银行制定出台了《关于做好政府和社会资本合作项目（PPP）信用业务的意见》对其信贷业务做出了适应 PPP 模式的改革创新。该文件突破原有的规定限制，允许农业银行根据具体项目实际现金流情况合理设定贷款期；同时允许以特许经营权、购买服务协议预期收益等质押贷款。中信银行也采取了相关措施，与其他银行共同成立银团为 PPP 项目提供贷款。但是，虽然各银行都表现出有意参与 PPP 项目融资的态度，在实际操作中各银行对 PPP 项目融资的态度还是非常谨慎的。

结合某国有银行出具的贷款审批意见书以及相关访谈结果来看，目前我国银行在实际实践中对 PPP 项目融资贷款审批的主要考虑因素包括：

（1）地方政府财政情况。地方政府财政情况是当前我国银行在对 PPP 项目融资贷款审批中首先考虑的。对于地方政府财政情况较好的经济发达地区的 PPP 项目会给予优先贷款。同时，不同还款来源的 PPP 项目，政府付费占还款比例的高低不同，因此其在地方财政承受能力上的要求也会不同。从某国有银行的贷款审批书来看，该行对于位于直辖市、省会等经济最为发达的城市的 PPP 项目可以直接办理；对于其他城市的则根据还款来源中政府支付的比例不同，具有不同的要求，对公益类 PPP 项目来说，其还款来源主要是通过政府服务购买或政府补贴，则对政府财政承受能力的考量就更多，会综合考虑地区生产总值、地方政府负债率等，一般要求地方财政一般预算内收入大于等于 15 亿元，同时，其地区生产总值大于等于 200 亿元。而对于经营类 PPP 项目，由于其还款来源主要来自使用者付费，因此，除了公益类 PPP 项目需要满足的财政条件外，还要求地方社会商品零售总额必须大于等于 80 亿元。

（2）地方政府对该项目的支持力度。从访谈中得知，地方政府对项目的态度是银行在审批 PPP 项目融资贷款中的重要参考因素。一般来说，银行会优先批准大型国有企业的 PPP 项目，因为国有企业一般与项目关系更为融洽，其交流障碍较少，合作会更顺利。其次，如果有优质项目，其社会参与方可能为信用评级规模等相对都较差的私营企业，但是地方政府表现出对该项目的大力支持，则银行一般也会对这类项目给予贷款审批。而在地方政府对项目支持不足，且社会参与方本身为私营企业，与地方政府交流沟通有一定障碍的情况下，即使是优质项目，银行也不会审批其项目融资贷款。

（3）对贷款主体的要求。目前我国银行在对 PPP 项目提供贷款时，对项目公司的要求较为严格，几乎所有银行都要求贷款主体为本行信用评级良好的大中型客户企业。具体来看，某国有银行要求项目公司的母公司为在该银行信用评级 10 级（A）及以上的大中型企业客户，实收资本在 3000 万元及以上。也就是说，即使是优质项目，若其社会牵头方为中小型企业则难以获得相应的贷款，这就大大局限了可成功融资 PPP 项目的范围。此外，还明确要求借款人的经营期限或存续期限应长于贷款期限，并且必须在该银行开立基本结算账户或一般存款账户从而便于银行方进行监督。

（4）对项目资本金的要求。一般来说，银行出于风险控制的考虑，会对 PPP 项目的资本金占比提出要求。例如，某国有银行就要求 PPP 项目的资本金不可低于 20%，一般项目不能低于总投资的 30%，即使是国家有明确规定项目资本金可降至 20% 的项目，也只有在项目投资人是战略客户集团及其信用等级较高的成员企业、信用等级较高的总行级主办银行客户的情况下，才可以予以批准。而与此相对的，许多 PPP 项目的资本金都是低于 30% 的，环保 PPP 项目普遍资本金低于 30%，这又进一步加大了其融资难度。

3. 环保 PPP 项目融资的特点

环保 PPP 项目的融资首先具有一般 PPP 项目的融资特点，包括：

（1）资金需求巨大。我国环保 PPP 项目的一大特点在于其建设需要投资的资金量数额巨大。尤其以区域性综合治理类 PPP 项目资金需求巨大，例如乌海市海勃湾区露天煤矿环境综合治理及光伏产业项目的投资需求达到 230 亿元人民币，楚雄市海绵城市建设项目的资金需求达到 241 亿元人民币。即使一般的单个项目的环保 PPP 项目也多需求一亿元以上的资金量。同时，从其资本结构来看，我国环保 PPP 项目的债权资金基本达到 70% 以上，即使所有股权资本都是社会资本方和政府直接出资，其融资需求也非常大。

（2）建设初期缺乏实物担保，仅有相关权益合同。在 PPP 模式下，通过建设项目公司，并基于项目公司进行之后的融资。因此，由于项目公司本身是一个刚刚建立的新公司，并没用可以体现其经营情况的过去的财务报表，同时，很多项目公司建设初期是没有任何实物资产的，所以无法满足传统融资所需要的条件。其手头仅有的是项目公司与政府方签订的相关采购合同，以及特许经营权合同等。

（3）稳定运营后项目现金流稳定且回报期长。环保 PPP 项目初期投资大，且建设期往往需要 2~5 年时间，在建设期后，才可以得到现金流收入。但是，在进入运营期后，其现金流稳定且回报期很长。因为环保 PPP 项目的合作期少则十几年，长则三十多年。

从项目性质来看，环保 PPP 项目同时具备了环保产业项目的特点，因此在融资方面，区别于其他一般 PPP 项目的最大特点之一就在它的融资属于绿色金融领域。通过完善绿色金融制度，建立绿色信贷、绿色债券、绿色基金等制度，可以有效帮助环保 PPP 项目的融资。同时，一般来说，通过绿色金融的融资渠道来进行融资，其融资成本会相对比一般性商业化的融资渠道更低，从而可以有效促进更多社会资本对环保 PPP 项目的参与。

4. 环保 PPP 项目对融资渠道的需求特点

（1）主要以未来收益权为核心。环保 PPP 项目的在项目公司成立并开始融资时缺乏过去公司的财务报表情况以及固定资产，已有的只是与政府签订的服务购买合同和特许经营协议。因此，很明确无法通过传统的以公司过去经营情况和成果为基础的融资渠道进行融资。但是与此同时，项目本身一旦建成又有较好的收益，所以，在金融博弈下，针对这种类型的项目，初期主要通过以项目未来收益权为基础的融资渠道进行融资。目前来看，以未来收益权为核心的融资渠道主要包括银行贷款中的项目融资、资产证券化和项目收益债。事实上，这三类都是环保 PPP 项目的主要融资渠道。

其中项目融资贷款主要是在环保 PPP 项目融资初期运用，且一般是最主要的资金来源；项目收益债可在项目初期，或建设期再融资时使用；

资产证券化则只能在有可以产生稳定现金流的完整的固定资产，需要资金建设其他子项目或是其他用途的情况下运用。而产业基金这类股权投资，虽然不需要未来收益权的抵押担保，但是在其挑选投资项目时，相对项目公司的过去经营情况，更注重公司的潜力和未来发展，这与以未来收益权为核心的其他融资渠道也有一定共同点。

（2）注重风险控制与防范。基于环保 PPP 项目多以未来收益为基础的融资特点，项目的风险控制与防范就成为其实际投融资中非常重要的一环。一般来说，提供项目融资的银行都会根据项目融资业务的特点进行针对性的风险控制。主要是通过两个方面：一是贷前对项目采取更多、更详细的审核，且其审核过程不再像传统贷款，仅仅关注股东方，由于项目融资的有限追索权或无追索权，银行会更加关注项目本身的综合情况，并在贷款协议中明确风险分担条件；二是贷后管理远比一般项目要更严格，由于提供贷款的银行承担了大量风险，一般会采取多种措施来严密监管项目的运营情况，例如要求项目公司将相关现金流账户都设在贷款银行以便监管等。

（3）要求较长的还款期。由于环保 PPP 项目一般运营期长达几十年，其建设期资金集中，进入运营期后，资金回本所需时间长，因此，一般希望有较长的还款期，从而与其现金流相匹配。项目融资贷款的特点之一就是中长期贷款，国际上发达国家项目融资贷款期限一般可以达到 10 年，甚至可能达到 20～30 年。但是由于金融机构本身对现金流动性的要求，即使是提供项目融资贷款也希望尽可能将其贷款时间控制在 10 年以下，尤其是在我国 PPP 模式应用还不成熟、资本市场发展也不够成熟的情况下。因此，在我国实际操作中，真正得到 10 年以上贷款期限的项目融资贷款很少，大部分情况下并不能达到理想的贷款期限。

（4）满足基本条件下优先选择低成本渠道。从成本来看，环保 PPP 项目在满足其他条件下，必然优先选择低成本渠道进行融资。项目融资的融资成本实际上比传统贷款融资要高，因此在一些特殊情况下，例如项目展开时股东一方通过实物投资，因此已有固定资产，或是社会参与方愿意通过母公司进行贷款转贷、承担风险等，会优先选择通过传统的抵押贷款或信用贷款来融资。但这只是较少的特殊情况，主要还是通过项目融资进行。

在债券融资中，资产证券化的融资成本比发行企业债的成本相对较低，因此如果两者都合适的情况下，会优先选择资产证券化来融资。而产业基金虽然对 PPP 项目有很好的撬动作用，但是一方面股权融资成本相对较高，另一方面 PPP 项目中股权资本占比较小，因此也不及项目融资在环保 PPP 项目中的主流作用。

（六）资产证券化（ABS）

绿色项目具有投资额度大、建设运营期长、回收利益慢的特点。特别是绿色 PPP 项目，按照最新规定，必须建设运营期达到 25 年以上。这样长的时间长度，特别是绿色项目往往还带有项目集合的特色，在时间长度内，按照项目建设运营计划资金按期到位，是保障绿色项目成功的关键。目前中国国内大型绿色项目的项目融资形式还没有大规模推进，即使借助绿色基金，一般也要求 5 年或者 10 年退出，虽然可以用信托或者搭桥贷款来短期衔接，但很难保障长期按项目执行计划匹配资金，所以，在中国，绿色项目缺的不是资金总量，而是可以满足绿色项目长期融资需求的融资手段和匹配资金。特别是对于大型绿色项目，例如，流域治理等，往往资金需求总量达几十亿元以上，财政贴息无法在这种大型项目中发挥很好的作用，更多的是使用财政专项资金的形式直接对这些项目进行拨款补贴，例如流域治理专项资金，东江源的财政专项资金安排为 21 亿元。但财政专项资金的使用有时间期限，一般最长是 5 年，而项目执行期长达 20 年以上，在这种情况下，如何将 5 年期的财政专项资金也可以作用于后期的项目执行，就成为解决资金匹配问题的重要难题。ABS 可以通过将 5 年财政投入建立的环保基础设施证券化的方式回收资金，循环运用于后期的项目建设，因此，成为绿色大型项目融资组合设计中重要融资工具。

资产证券化融资（Asset Backed Securitization）是指以目标项目所拥有的资产为基础，以该项目未来的收益为保证，通过在资本市场上发行债券来筹集资金的一种项目证券融资方式。在 ABS 方式中，项目资产的所有权根据双方签订的买卖合同而由原始权益人即项目公司转至特殊目的公司（Special Purpose Corporation，SPC），SPC 通过证券承销商销售资产支持证券，取得发行收入后，再按资产买卖合同规定的价格把发行收入的大部分作为出售资产的交换支付给原始权益人。从而将原始权益人（买方）缺乏流动性但能够产生可预见未来现金流收入的资产构造转变成为资本市场可销售和流通的金融产品。

ABS 可以降低融资成本，ABS 方式的运作只涉及原始投资人、SPC、投资者、证券承销商等几个主体，无须政府的许可、授权及外汇担保，是一种按市场经济规则运作的融资方式。环保基础设施融资中运用 ABS，可以最大限度地减少酬金、差价等中间费用，降低融资成本。另外，ABS 证券采用"真实出售""破产隔离""信用增加"等一系列技术提高了资产的资信等级，使得一些资产流动性差的环保基础设施项目有机会进入证券市场以较低成本进行融资。ABS 还可以降低融资风险，首先，ABS 是以现存和未来可预见现金流量支撑的固定回报投资证券，而不是以发起人信用支撑的证券，因而可以降低证券的风险。其次，ABS 采用"真实出售"，即在债券发行期内 SPC 拥有项目资产的所有权，原始权益人一旦发生破产时，能带来预期收入的资产将不被列入清算范围，实现了"破产隔离"，避免了投资者受到原始权益人的信用风险影响。再次，SPC 还将运用超值抵押、一种或多种附属次级债券、开具现金保障账户、直接进行金融担保即开具信用证等方法提高债券的质量，使得投资者省去了分析研究证券风险收益的成本，提高了其自身资产的总体质量，降低了自身的经营风险。最后，发起人把持有的各种流动性较差的资产，转化成国际资本市场上的债券，增加了投资者的数量，增强了债券的流动性，降低了投资者的投资风险。

但是，目前国内关于绿色资产证券化的应用较少。2016 年 1 月 5 日，兴业银行成功发行了总金额为 26.457 亿元的绿色信贷资产支持证券，并获得超 2.5 倍认购，成为国内首单绿色信贷资产支持证券。

二、大气污染治理的资金来源分析

（一）国内财政资金分析

1. 中央财政

（1）节能环保支出①

2006 年 3 月，财政部制定的《政府收支分类改革方案》及《2007 年政府收支分类科目》将环境保护作为类级科目纳入其中，设立"211 节能环保"科目，并于 2007 年 1 月 1 日起全面实施。这是国家财政预算支出首次设立专门的环境保护科目，该科目的设置和实施是环境财政制度建设的重大进步，对环境财政制度建设具有里程碑意义。

"211 节能环保"科目属于支出功能分类科目中的第 11 类科目，包括环境保护管理事务支出、环境监测与监察支出、污染治理支出、自然生态保护支出、天然林保护工程支出、退耕还林支出、风沙荒漠治理支出、退牧还草支出、已垦草原退耕还草支出等 10 大款 50 小项。

根据《2014 年政府收支分类表》，211 节能环保支出中与大气污染治理相关的支出主要有："21103 污染防治"科目中的大气科目，反映政府在治理大气、水体、噪声、固体废弃物、放射性物质等方面的支出。"21104 自然生态保护"科目，因为其中用于自然保护区管理、能力建设等的支出也间接促进了大气污染的治理。同样，"21105 天然林保护""21106 退耕还林""21107 风沙荒漠治理""21108 退牧还草""21109 已垦草原退耕还草""21110 能源节约利用""21111 污染减排""21112 可再生能源"等科目的支出均间接促进了大气污染的治理。

根据财政部发布的 2016 年中央一般公共预算支出预算表，中央本级支出中，211 节能环保支出预算总额为 310.61 亿元，其中，节能环保类

---

① 中华人民共和国财政部 . 2016 年中央一般公共预算支出预算表［EB/OL］．［2016 - 08 - 10］. http：//yss. mof. gov. cn/2016czys/201603/t20160325_ 1924496. html.

基本建设支出预算为 102.88 亿元。

"十一五"期间，用于环境保护的国家预算内基本建设资金达 820 亿元左右。在扩大内需的 4 万亿元投资中，国家也将节能减排和生态环境保护列为新增投资支持的重要方面。根据国家发改委测算，4 万亿元中有 2100 亿元用于节能减排和生态工程项目，其中大部分用于城市和工业污染治理。2008 年第四季度，国家发改委下达的新增 1000 亿元中央投资中，共支持污染治理项目 1076 个、资金 66.6 亿元。其中，城镇污水垃圾处理设施项目 825 个、资金 50 亿元，主要重点流域水污染防治项目 125 个、资金 10 亿元，重点流域工业污染治理项目 126 个、资金 6 亿多元。

（2）城乡社区支出

城乡社区支出中，与大气污染治理相关的支出科目包括"国家重点风景区规划与保护"科目，反映对重点风景名胜区规划审查、报批、保护、监督等方面的支出；"城乡社区环境卫生"科目，反映城乡社区道路清扫、垃圾清运与处理、公厕建设与维护、园林绿化等方面的支出。2016 年，中央财政对城乡社区支出的预算为 6.48 亿元。①

（3）中央政府性基金支出②

中央政府性基金属于预算外支出。与大气污染治理相关的政府性基金支出主要是"可再生能源电价附加收入安排的支出"，该项目主要用于提供风力发电、太阳能光伏发电、生物质能发电、可再生能源发电的接网费用、公共独立电力系统运行和管理费用等方面的补助。2016 年，该项目的预算总额为 689.99 亿元，包括 619.06 亿元的中央本级支出和 70.93 亿元的对地方转移支付。

---

① 由于"城乡社区公共设施"科目仅反映城乡社区道路、桥涵、燃气、供暖、公共交通、道路照明等公共设施建设维护与管理方面的支出，不能用于"煤改气"、脱硫脱硝、VOC 治理等项目，因此不作为大气污染治理的财政资金来源。

② 中华人民共和国财政部．2016 年中央政府性基金支出预算表［EB/OL］．［2016 - 08 - 10］．http：//yss.mof.gov.cn/2016czys/201603/t20160325_ 1924459. html.

（4）国有资本经营支出[①]

国有资本经营支出是国家以所有者身份对国有资本实行存量调整和增量分配而发生的各项收支预算，是政府预算的重要组成部分。由于大气污染排放行业与大气污染治理行业中的部分企业属于国有企业，因此本部分支出也能够用于促进大气污染治理行业的发展，同时用于限制大气污染排放行业。

2016 年，中央国有资本经营支出预算数为 1551.23 亿元，比上年增加 421.56 亿元，增长 37.3%。其中，用于解决历史遗留问题及改革成本支出共 582 亿元，增长了 141.6%。主要包括中央企业厂办大集体改革支出、"三供一业"移交补助支出、国有企业棚户区改造支出、化解过剩产能及人员安置支出、国有企业办公共服务机构移交补助支出、离休干部医药费补助支出等。"化解过剩产能及人员安置支出"能够用于限制钢铁、水泥等大气污染严重且存在产能过剩的行业。

此外，中央安排了 2016 年国有企业政策性补贴 74 亿元。这部分资金能够补偿电网的脱硫脱硝除尘以及超低电价的成本，也能够用于促进国有的大气污染治理企业的发展。[②]

（5）中央对地方的专项转移支付

2016 年，中央政府安排的对地方的专项转移支付为 20923.61 亿元，其中与大气污染治理较为相关的有大气污染防治专项资金和钢铁煤炭行业化解过剩产能专项资金。

大气污染防治专项资金是指 2013—2017 年期间，为促进大气环境质量改善，中央财政设立的用于支持地方开展大气污染防治工作的专项资金。专项资金用于《大气污染防治行动计划》确定的大气污染防治工作任务，以及国务院确定的氢氟碳化物销毁补贴等。各地可根据国务院部署要求，结合本地区实际情况，确定专项资金投入支持的重点。近年来，

---

① 中华人民共和国财政部. 2016 年中央国有资本经营支出预算表［EB/OL］.［2016 - 08 - 10］. http：//yss. mof. gov. cn/2016czys/201603/t20160325_ 1924190. html.

② 2016 年中央国有资本经营收入预算下降 13.2%［EB/OL］.［2016 - 08 - 10］. 新浪财经，http：//finance. sina. com. cn/china/gncj/2016 - 03 - 30/doc - ifxqswxn6575424. shtml.

中央财政大气污染防治专项资金逐年增加，2013 年、2014 年、2015 年分别安排 50 亿元、98 亿元和 106 亿元。[①]

2016 年 5 月 18 日，财政部公布了《工业企业结构调整专项奖补资金管理办法》（以下简称《管理办法》），明确中央财政设立工业企业结构调整专项奖补资金，对地方和中央企业化解钢铁、煤炭行业过剩产能工作给予奖补，鼓励地方政府、企业和银行及其他债权人综合运用兼并重组、债务重组和破产清算等方式，实现市场出清。专项奖补资金规模为1000 亿元，实行梯级奖补。

按照《管理办法》，专项奖补资金包括支持地方政府的专项奖补资金和支持中央企业的专项奖补资金两部分。前者由中央财政通过专项转移支付拨付，后者通过国有资本经营预算拨付。专项奖补资金由地方政府和中央企业统筹用于符合要求的职工分流安置工作。

在 1000 亿元专项奖补资金中，基础奖补资金占资金总规模的 80%，结合退出产能任务量、需安置职工人数、困难程度等按因素法分配。按照《管理办法》，上述三项因素权重分别占 50%、30% 和 20%。

梯级奖补资金占资金总规模的 20%，和各省份、中央企业化解过剩产能任务完成情况挂钩，对超额完成目标任务量的省份、中央企业，按基础奖补资金的一定系数实行梯级奖补。例如，对完成超过目标任务量10% 以上的地方、央企，系数为超额完成比例的 1.5 倍；最高不超过 30%。

《管理办法》明确提出，为鼓励地方和中央企业尽早退出产能，按照"早退多奖"的原则，在计算年度化解过剩产能任务量时，2016—2020年分别按照实际产能的 110%、100%、90%、80%、70% 测算。

2. 地方财政

（1）北京市

"十二五"时期，北京市投入 862.8 亿元用于节能减排、环境保护、

---

① 中央财政大气污染防治专项资金逐年增 2016 年三大重点工作［EB/OL］.［2016 - 08 - 10］.中国文明网，http：//www. wenming. cn/specials/hot/dsh/201601/t20160122_ 3103074. shtml.

大气治理等工程。设立节能减排及环境保护和清洁空气行动计划专项资金，出台相关财政政策。统筹资金重点支持压减燃煤、控车减油、工业治污、清洁降尘、综合保障等"清洁空气行动计划"五大领域84项任务落实。

2016年7月，北京市财政局发布了《北京市"十三五"时期公共财政发展规划》。文件指出，北京市政府将"支持京津冀生态环境保护协同机制建设。支持京津冀环境保护基金建设，推动密云、延庆、怀柔与河北承德、张家口，平谷与天津蓟县、河北廊坊市北三县合作共建生态文明先行示范区。探索建立区域统一的碳排放权交易市场，加强大气污染联防联控，构建信息共享、联动制发、联合宣传、联合应急等合作机制。鼓励区域节能环保企业开展技术、资本等全方位合作，推进京津冀及周边地区环保水平提升。"

"统筹利用各类资金，实施节能技改、清洁生产、循环化改造等试点示范工程。通过政策引领，落实企业节能减排主体责任，激发全社会参与节能减排热情。引入社会资本，试点开展污染第三方治理，推进环保设施建设和运营专业化、产业化。严格环保标准，切实提高排污成本，通过经济手段倒逼排污企业采取措施降低排放。"

2016年1月，北京市十四届人大四次会议审查了《关于北京市2015年预算执行情况和2016年预算（草案）的报告》，其中在大气污染治理方面，北京市安排资金共计165.4亿元，主要用于继续实施空气治理各项措施。①

2014年7月8日，北京市财政局表示，北京市财政计划5年内统筹落实资金478.58亿元，专项用于燃煤污染防治、机动车排放污染防治、工业和其他行业污染防治、扬尘污染防治、综合保障措施等领域，并建立起以"滚动预算""深度统筹"和"阳光保障"为支撑的大气污染防治财政投入机制。同时，北京市环保局表示，北京将进一步努力削减主

---

① 北京今年将安排165亿元资金治理大气污染530亿完善交通环境建设［EB/OL］．［2016 - 08 - 20］．中国投资咨询网，http：//www.ocn.com.cn/hongguan/201601/edqrn25091557.shtml.

要污染物的排放总量，坚持不懈地推动空气质量提升和生态环境改善。根据"北京市清洁空气行动计划"提出的重点任务，已会同市环保局、市发展改革委等部门，将84项重点任务细化成117个项目，形成了2013—2017年大气污染防治财政资金保障方案，计划5年统筹落实资金478.58亿元，专项用于相关领域防治大气污染。^① 这近500亿元的资金既包括中央转移支付的资金，也包括北京市地方财政资金。其中，2014年，北京市财政统筹安排中央和市级大气污染防治资金147.17亿元，专项用于这些确定领域，共涉及71个具体项目。

在资金的使用上，为鼓励燃煤锅炉清洁能源改造，北京市财政局、市环保局提高了补助标准。2002年发布的《北京市锅炉改造补助资金管理办法》规定，20蒸吨以下燃煤锅炉每蒸吨补助5.5万元、20蒸吨以上的补助10万元，在此基础上，2014年进一步加大了力度，将郊区县燃煤锅炉补助标准统一增加到每蒸吨13万元。另外，北京市发展改革委出台《关于调整燃煤锅炉房清洁能源改造市政府固定资产投资政策的通知》（京发改〔2014〕1576号），扩大了燃煤锅炉清洁能源改造固定资产支持范围，对20蒸吨以上燃煤锅炉按照原规模改造工程建设投资30%比例安排补助资金。这些政策措施有力推进了燃煤锅炉"煤改气"任务的落实。

（2）天津市

2015年，天津市环保局和市财政局制定了《天津市2015年中央大气污染防治专项资金使用方案》，将资金的补助范围确定为：重点支持散煤替代、燃煤锅炉改造等燃煤污染治理项目外，还对扬尘污染治理、工业污染治理、机动车及船舶污染控制、环境监管预警体系建设及其他大气污染控制项目等其他五个方面给予重点支持。具体类别包括：

①燃煤污染治理

● 燃煤锅炉改燃并网：供热锅炉改燃并网、工业锅炉（含其他燃煤设施）改燃；

---

① 北京5年将投入近500亿防治大气污染．[EB/OL]．[2016-08-20]．人民网，http://news.sina.com.cn/c/2014-07-08/065030484669.shtml.

- 散煤综合治理：优质煤补贴、先进民用炉具推广、中心城区煤改电。

②扬尘污染治理

- 重点扬尘源集中整治；
- 普通国省干线扬尘控制；
- 拆迁扬尘污染控制；
- 餐饮油烟治理；
- 施工工地扬尘在线监测运行。

③工业污染治理

- 重点行业脱硫脱硝除尘；
- 挥发性有机物污染控制：挥发性有机物污染治理、挥发物有机物泄漏检测与修复技术（LDAR）示范；
- 钢铁行业烟粉尘无组织排放治理；
- 氨污染治理示范；
- 燃煤锅炉在线监测现场端设备建设；
- 涉气污染源排查。

④机动车及船舶污染控制

- 黄标车淘汰；
- 机动车及船舶等移动源污染控制。

⑤环境监管预警体系建设

- 大气监测及预警能力建设；
- 大气污染机理与防治对策评估能力建设。

⑥清洁生产审核等其他方面

- 清洁生产审核及绿色创建；
- 清新空气行动方案实施效果评估；
- 网格化管理体系建设（二期）。

资金主要实行"以奖代补"和"以奖促治"两种方式。其中，以奖代补主要支持投资数额小、技术简单成熟、覆盖面广的项目，在项目竣工验收通过后按照统一标准给予补助，如优质煤补贴、先进民用炉具推广、餐饮企业安装油烟净化装置等。以奖促治主要支持投资额大、治理工艺复杂的项目，在项目申报通过审核后给予补助，如燃煤锅炉改燃等。

在资金的补助标准上，企业污染治理项目，中央资金补助比例控制在项目核定总投资的20%以内，单个项目补助原则上不超过2000万元；市区两级财政原则上按照5:5的比例，与中央资金同等额度进行配套；以奖代补类项目和中央驻津企业治理项目，地方财政不予配套。财政全额投资项目，原则上中央补助比例不高于50%。最终补助原则和比例，将视项目具体情况确定。

可见，对于"以奖促治"项目，既有中央财政资金的补助，也有天津市财政资金的补助。天津市财政资金方面，根据2016年天津市市级财政专项资金目录，天津市2016年安排了循环经济专项资金2000万元、环境保护专项资金3.1802亿元、改燃并网工程财政贴息资金2亿元、燃煤供热锅炉改燃并网专项资金4.9810亿元，如表4-2所示。这些资金可用于不同领域的大气污染治理项目的配套补助。

表4-2　　　　　　　　　　天津市环保相关的市级财政专项资金

科目	节能环保支出	金额（亿元）		
2201	循环经济专项	2000	市发改委	财建〔2013〕17号
2202	环境保护专项	31802	市环保局	津政发〔2004〕7号
2203	改燃并网工程财政贴息	20000	市能源集团	津财建〔2012〕19号
2204	燃煤供热锅炉改燃并网专项	49810	市能源集团	津财建〔2012〕19号

例如，天津市循环经济专项资金主要应用于以下项目[1]：①循环化改造。园区和企业为实现循环化改造目标而实施的废弃物集中处理和资源化利用项目，能源、水资源梯级利用，资源循环利用技术装备制造产业化项目；农业方面循环产业链条长、循环经济特色明显的循环经济项目；利用生产过程协同资源化处理废弃物项目。②废弃物循环利用。利用各类大宗固体废弃物，例如粉煤灰、脱硫石膏、冶炼和化工废渣、包装废

---

[1] 天津市发改委. 关于组织申报天津市2014年循环经济项目的通知［EB/OL］.［2016-08-21］http://www.tjdpc.gov.cn/zwgk/zcfg/wnwj/ny/201401/t20140109_39334.shtml.

弃物、废旧轮胎、农业废弃物（农作物秸秆、畜禽粪便等）、林业及园林废弃物、建筑垃圾等实现废弃物循环利用，延伸循环经济产业链项目；餐厨废弃物无害化处理和资源化利用项目。③国家和市级循环经济示范试点。国家循环经济示范试点单位和市级循环经济示范试点单位的未获国家和市级循环经济专项资金支持的减量化、再利用和资源化项目。

其中，粉煤灰、脱硫石膏等固体废弃物的循环利用与属于大气污染治理产业中的一环，该资金可以为大气污染治理中的脱硫脱硝项目提供补助。

天津市环境保护专项资金来源于市级、区县环保部门收缴的排污费，主要用于以下污染防治项目的拨款补助和贷款贴息①：

①重点污染源防治项目，包括技术和工艺符合环境保护及其他清洁生产要求的重点行业、重点污染源防治项目；

②区域性污染防治项目；

③污染防治新技术、新工艺的推广应用项目，包括污染防治新技术、新工艺的研究开发以及资源综合利用率高、污染物产生量少的清洁生产技术、工艺的推广应用；

④国务院和市人民政府规定的其他污染防治项目。

环境保护专项资金不得用于环境卫生、绿化、新建企业的污染治理项目以及与污染防治无关的其他项目。

可见，天津市环境保护专项资金也是天津市大气污染治理项目的重要资金来源。改燃并网工程财政贴息资金、燃煤供热锅炉改燃并网专项资金与中央下达的大气污染治理专项资金一起，重点用于支持燃煤锅炉改燃并网、散煤综合治理等项目。此外，在《天津市 2015 年中央大气污染防治专项资金使用方案》之后，2016 年 7 月，天津市环保局与天津市财政局共同发布了《天津市 2016 年"三小"燃煤污染治理专项资金补贴方案》，进一步明确了"燃煤污染治理"这一重点领域的大气污染治理

---

① 天津市环境保护专项资金收缴使用管理暂行办法［EB/OL］．［2016－08－21］．法易网，http：//law. fayi. com. cn/290018p2. html.

项目的补助标准。

该补贴方案旨在为 2016 年 9 月底前天津市范围内完成"三小"燃煤污染治理并通过验收的项目，提供补助资金。[①]"三小"指"小工厂、小作坊、小化工"，涵盖天津市辖区内使用燃煤的各类小企业、家庭作坊，以及使用污染物直排燃煤设施的企事业单位、团体、个人用户等。

天津市"三小"燃煤污染治理项目采用"以奖代补"方式给予补助，单个项目补助资金额不高于项目实际总投资，资金补助标准为：

①燃煤锅炉清洁能源替代项目。按照替代前燃煤锅炉的规模进行补助，补助标准不高于 15 万元/蒸吨。

②燃煤炉窑清洁能源替代项目。按照替代前燃煤炉窑的设备规模或额定功率进行补助，补助标准不高于 15 万元/蒸吨或 210 元/千瓦。

③炊事燃煤灶清洁能源替代项目，按照炊事燃煤灶头数量，补助标准为每个灶头不高于 400 元。

④燃煤茶炉清洁能源替代项目。按照替代后清洁能源茶炉的额定功率进行折算，补助标准不高于 210 元/千瓦。

⑤取暖小煤炉清洁能源替代项目。按照替代后清洁能源取暖设施的额定功率进行折算，补助标准不高于 210 元/千瓦。

⑥中心城区、滨海新区核心区及各区县建成范围内，未纳入市建委城市散煤治理计划的平方等区域，采取优质煤替代的临时燃煤污染治理措施（"换煤不换炉"），可作为取暖小煤炉优质煤替代项目享受补助资金。补助对象为优质煤生产企业，补助标准为每吨 500 元。

（3）河北省

河北省人民政府于 2015 年 3 月 19 日发布了《河北省燃煤锅炉治理实施方案》[②]，支持河北省将"积极争取国家大气污染防治专项资金、节能重点工程、中央预算内基建资金支持我省燃煤锅炉治理。在大气污染

---

① 天津市 2016 年"三小"燃煤污染治理专项资金补贴方案的通知［EB/OL］.［2016 - 08 - 21］. 北极星电力网，http：//news. bjx. com. cn/html/20160715/751886 - 2. shtml.

② 河北省人民政府办公厅. 关于印发河北省燃煤锅炉治理实施方案通知［EB/OL］.［2016 - 08 - 21］http：//www. thede. cn/index. php? c = article&id = 786.

防治资金中，统筹安排燃煤锅炉治理资金，对超额完成淘汰任务的市、县（市、区）在分配大气资金时作为因素统筹考虑。对燃煤锅炉改用天然气、电、生物质、新能源等，建立环评审批、项目备案绿色通道，实行同步建设、同步审批、同步备案。对采用达到燃气锅炉排放标准的'微煤雾化'、高效煤粉锅炉集中供热示范项目，实行煤炭减半替代。利用工业余热供居民采暖的热泵用电执行居民生活用电价格。采暖燃煤锅炉、生产燃煤锅炉、茶浴锅炉改天然气锅炉的不得收取燃气接口费"。

可见，河北省大气污染治理主要依靠中央财政的转移支付。此外，北京市和天津市地方财政也为河北省大气污染治理提供支持。2015 年，京津两市以 8.6 亿元支持河北治污，继续共同推进燃煤、机动车、高污染企业等五大领域污染治理，逐步统一大气污染物排放标准，并完善区域联动执法机制，同时力争在 2017 年底前削减燃煤 8300 万吨。其中，北京市安排约 4.6 亿元资金，支持廊坊市和保定市的大气污染治理（各约 2.3 亿元），主要用于削减燃煤。这笔资金于 2015 年 6 月底已经全部拨付到位。

（二）国内社会资金分析

1. 信贷资金

2012 年，中国银监会发布了《绿色信贷指引》，指出"银行业金融机构应当根据国家环保法律法规、产业政策、行业准入政策等规定，建立并不断完善环境和社会风险管理的政策、制度和流程，明确绿色信贷的支持方向和重点领域，对国家重点调控的限制类以及有重大环境和社会风险的行业制定专门的授信指引，实行有差别、动态的授信政策，实施风险敞口管理制度"。但是，该指引并未给出绿色信贷重点支持或限制的产业，将支持和限制产业目录的制定交给各银行业金融机构来执行，仅仅是粗略地指出应重点支持"绿色经济、低碳经济和循环经济"产业。可见，在利用绿色信贷促进大气污染治理项目中还存在着一些政策上的不足。

2015 年，中国银监会于国家发改委共同发布了《能效信贷指引》，明确了能效信贷业务的重点服务领域①，包括工业节能、建筑节能、交通运输节能和与节能项目、服务、技术和设备有关的其他重要领域。根据该指引发布的重点服务领域，可以识别出其主要支持的项目集中的行业，如表4-3所示。

表4-3　　　　　　　　能效信贷指引重点服务领域及行业

重点服务领域	涉及行业
工业节能	电力、煤炭、钢铁、有色金属、石油石化、化工、建材、造纸、纺织、印染、食品加工、照明等重点行业
建筑节能	既有和新建居住建筑、国家机关办公建筑和商业、服务业、教育、科研、文化、卫生等其他公共建筑，建筑集中供热、供冷系统节能设备及系统优化，可再生能源建筑应用等
交通运输节能	铁路运输、公路运输、水路运输、航空运输和城市交通等行业
与节能项目、服务、技术和设备有关的其他重要领域	—

同时，《能效信贷指引》还指明了能效信贷的支持重点为以下几类项目：

①有利于促进产业结构调整、企业技术改造和重要产品升级换代的重点能效项目；

②符合国家规划的重点节能工程或列入国家重点节能低碳技术推广目录的能效项目及合同能源管理项目，效益突出、信用良好、能源管理体系健全的"万家企业"中的节能技改工程等；

③高于现行国家标准的低能耗、超低能耗新建节能建筑，符合国家绿色建筑评价标准的新建二、三星级绿色建筑和绿色保障性住房项目，既有建筑节能改造、绿色改造项目、可再生能源建筑应用项目、集中性供热、供冷系统节能改造、节能运行管理项目、获得绿色建材二、三星级评价标识的项目，符合国家能效技术规范和绿色评价标准的新建码头及配套节能减排设施等；

---

① 中国银行业监督管理委员会. 关于印发能效信贷指引的通知［EB/OL］. ［2016-08-21］http://www.cbrc.gov.cn/chinese/home/docView/9B09B258DCCF4E439A9DE352051885E8.html.

④符合国家绿色循环低碳交通运输要求的重点节能工程或试点示范项目，符合船舶能效技术规范和二氧化碳排放限值的新建船舶，列入低碳交通运输"千家企业"的节能项目等；

⑤符合国家半导体照明节能产业规划的半导体照明产业化及室内外半导体照明应用项目等；

⑥获得国家或地方政府有关部门资金支持的节能技术改造项目和重大节能技术产品产业化项目；

⑦其他符合国家产业政策或者行业规划的重点能效项目。

能效信贷的实施对大气污染治理也有极大的促进作用，因此也可以作为大气污染治理项目的资金来源之一。但是《能效信贷指引》仅是对银行业金融机构开展能效信贷提出了要求，并未向金融机构开展能效信贷提供相应的激励，不利于政策的有效实施。

2. 股权融资

（1）政府参与的环保基金

党的十八大提出生态文明建设目标，确立了实现经济绿色转型的重要战略。十八届五中全会将"绿色"发展作为五大发展理念之一，提升到一个新的战略高度。绿色发展核心理念是绿色化和发展的统一，实现的基础是绿色产业的市场化、规模化和集约化的整合发展。只有产业绿色化不再是财政的负担，而是成为经济增长的新动力，才能真正实现绿色与发展的共赢，才能真正实现绿色发展目标。因此，《中共中央关于制定国民经济和社会发展第十三个五年规划的建议》提出：发展绿色金融，设立绿色发展基金。目前，内蒙古、云南、河北、湖北等地已经纷纷建立起绿色发展基金或环保基金，以推动绿色投融资，这对环保产业的发展十分有利，也是大气污染治理企业的重要资金来源之一。下面以重庆市环保产业股权投资基金和内蒙古自治区环保基金为例进行介绍。

①重庆市环保产业股权投资基金

重庆市环保产业股权投资基金成立于2014年12月，由环保部对外合作中心和重庆市环保局共同主导，主要投资方向为生态环保类企业，目前已经开始运作，规模为10亿元。

在发起资金中，财政资金投入 2 亿元，其余 8 亿元由重庆环保投资有限公司、重庆市水务资产经营有限公司、重庆梅安森科技股份有限公司、重庆市环保产业投资建设集团有限公司、重庆市环保产业股权投资基金管理有限公司等共同出资。通过建立子基金、吸引平行基金跟投、融资再贷款等形式，基金预计可撬动 40 亿～50 亿元以上社会资本投入。①

重庆环保产业股权投资采取投资与管理分离的有限合伙方式，按照"政府引导、市场运作、科学决策、防范风险"原则进行管理。基金承诺对基金对生态环保类企业投资不少于 60%。② 将在环保产业中"选优选强"，重点投向三峡库区生态环保类企业和重大环保项目，支持环保产业项目做大做强。基金投资后，将根据企业个体情况改善企业治理方式，辅导有条件企业上市，从而通过企业高速发展获取回报。截至 2016 年 8 月，基金公司已储备总规模约 400 亿元的节能环保项目近 40 个。同时，基金将与其他产业引导基金建立合作机制，充分释放协同效应。

②内蒙古自治区环保基金

2016 年 1 月，内蒙古自治区人民政府印发了《内蒙古自治区环保基金设立方案》。③ 方案明确了自治区环保基金的资金规模、来源、投资方向、原则、经营管理模式、风险管控与退出模式，可以为大气污染治理基金的设计提供借鉴。

A. 资金规模及来源

内蒙古自治区环保基金由内蒙古自治区政府引导性资金和 4 家企业共同投资发起，组成初始规模为 40 亿元的"环保母基金"。其中，政府引导性资金 10 亿元，吸收其他 4 家社会资本采取认筹的方式出资 30 亿元。方案预计，该基金能够在 2016 年形成约 200 亿元的环保基金投资规

---

① 王松涛. 重庆建立环保产业股权投资基金［EB/OL］.［2016 - 08 - 21］. 经济参考报, http://jjckb. xinhuanet. com/2016 - 08/08/c_ 135573829. htm.

② 重庆成立环保产业股权投资基金 政府引导成特色［EB/OL］.［2016 - 08 - 21］. 每经网, http://www. nbd. com. cn/articles/2014 - 12 - 08/881567. html.

③ 关于印发环保基金设立方案的通知［EB/OL］.［2016 - 08 - 21］. 内蒙古自治区人民政府网, http://www. nmg. gov. cn/xxgkml/zzqzf/gkml/201602/t20160204_ 530224. html.

模，并在"十三五"期间，每年将根据政府引导性资金规模按比吸筹，用于治理项目的基金投资可达千亿元以上。能够在很大程度上缓解内蒙古自治区环境治理资金短缺的压力。经初步协商的环保基金合伙企业和出资规模如表4-4所示。

表4-4　　　　　　内蒙古自治区环保基金各企业出资规模　　　　单位：亿元

合伙企业	出资规模
包商银行	9
内蒙古交通投资有限责任公司与赛伯乐公司	9
中国建筑集团	9
双良节能上市公司	3
合计	30

政府引导性资金的来源主要有以下三个方面：

（a）排污费。方案估计，自2016年起自治区本级每年约有3亿元的排污费收入，其中每年投入2亿元作为引导性资金，5年共计10亿元。国家排污费改税后，从自治区本级预算内列支2亿元作为自治区人民政府资本金注入新组建的内蒙古环保投资公司，注入期截至2020年底。

（b）中央环保专项资金。据估计，自2016年起，自治区每年获得的大气、水污染等专项治理资金约为4亿元，可用于投入环保基金，5年投入金额共计20亿元。

（c）初始排污权有偿使用资金。党的十八届五中全会明确提出，要在全国推行初始排污权有偿使用和交易。内蒙古自治区自2012年起成为全国6个试点省区之一。通过这两项政策的实施，2016年预计收入约4亿元作为政府引领资金，5年共计20亿元。

B. 基金筹建模式

按照有关规定，政府引导性资金必须先注入内蒙古环保投资公司，再由其以资本金投入"环保母基金"中。因此，组建环保投资公司是设立环保基金的前置条件，环保投资公司的注册资金是分批注入"环保母基金"中的政府引导性资金。按照内蒙古自治区目前治理资金的需求，依据工商注册资金可分年度、分期认缴的规定，拟在"十三五"期间，通过 5 年时间，每年按 10 亿元注入，完成 50 亿元的环保投资公司注册。上述资金 5 年后归还原渠道使用。

此外，为充实内蒙古环保投资公司的固定资产，内蒙古自治区人民政府拟将内蒙古环科院现有固定资产和自治区环保厅系统闲置的办公桌椅、电脑、车辆、无人机等固定资产约计 1.6 亿元（以资产评估为准），整合后整体划入内蒙古环保投资公司管理。同时，为尽快启动环保基金，拟将自治区环保厅系统排污权交易结转的 11500 万元、环保专项经费结转的 3000 万元，共计 14500 万元转为内蒙古环保投资公司注册资本和首批启动经费。

C. 基金投资方向和原则范围

方案明确，基金投资方向主要包括四个方面：一是用于解决政府职责范围内的公共环境问题，如城镇污水处理厂新建和提标改造、城镇雨污分流管网配套建设、城镇生活垃圾无害化处理和综合治理利用、工业园区环境综合整治等社会环境公益项目。二是支持企业解决污染治理设施建设运行和污染物综合利用过程中资金投入不足的问题。三是充分发挥基金投入的杠杆效应，引进和吸收国内外环境治理先进技术和团队，推动环境治理技术的研发、应用和第三方治理服务市场的形成与发展。四是通过环保基金的引导投入，推动内蒙古自治区环保产业加快发展。

基金投资遵循三项原则：坚持"优先区内"原则，"十三五"期间环保基金投入在区内的比例 2018 年前不低于 80%，之后不低于 60%。坚持"优先环保"原则，环保基金主要用在环境治理和环保产业的发展上。坚持"市场选择"原则，环保基金投资要重点支持政府公共领域环境治理项目、国家和自治区重点项目环境保护等有竞争优势的项目，促进环保基金的健康发展。

D. 基金经营管理模式

按照有关规定，内蒙古环保投资公司将代表自治区人民政府出资，履行出资人职责，对环保基金的投资方向和投资原则享有"一票否决权"。政府引导性资金的来源、基金合伙企业的投资意向、基金的投资方向都与自治区环保厅的工作职责密不可分，因此，内蒙古环保投资公司应由自治区国资委授权自治区环保厅作为业务主管部门，使基金投资与环保业务方面具有协同性和指导性。

根据合伙协议，"环保母基金"要注册一个基金管理公司，共同确立环保基金管理章程，内设合伙企业联席会、投资决策委员会、专家咨询委员会等议事决策及管理机构，主要职能是对基金投向、重点项目筛选、绩效评价等事宜进行审核和把关。按照基金市场化运作模式，"环保母基金"不直接投资项目，而是针对自治区不同的环境治理项目，分别打造若干项目包向国内公开招标专业基金管理公司来运营。

"环保子基金"由中标后的专业基金公司管理，负责对项目包进行投资和运营。通过"环保母基金"引导资金的注入，子基金管理公司负责吸收其他社会资本进入，二次放大后形成各子基金的投资规模。"环保子基金"的主要职能是对环境治理项目直接投资，各专业基金管理公司根据公司经营特长，通过投标方式选择环境治理项目包，对治理项目进行投资估算、私募资金、运行管理、风险管控、收益分配、基金退出等全过程管理。

E. 基金风险管控与退出

综合国内基金运行规则，风险管控与退出工作要重点把握好以下几个节点：一是通过托管银行封闭管理来规避风险，对政府投入的引导性资金，通过托管银行全程跟踪管理的方式，使资金在托管银行内封闭运转，只有完成社会资本融资后，方可从托管银行划拨资金到投资项目上。二是通过市场择优选择投资项目最大限度地规避投资风险，基金投资优先选择政府环境公益性、有社会收费偿还渠道的环保治理项目，国家和自治区能源基地、产业先进的火电、煤化工等列入国家重点行业的项目，及业主资质好、竞争力强的项目。三是通过基金常用的"股权、债权、担保、破产清算"等方式确保基金退出，基金投资治理项目前，子基金管理公司将根据对项目投资风险的评估，对项目业主采取上述方式确保基金的退出。

（2）金融机构与企业合作建立的环保基金

近年来，环保企业开始与金融机构合作建立环保基金，整合环保产业资本与金融资本，促进公司发展壮大。下面以永清长银环保产业投资基金、万邦九鼎环保产业投资基金和中民众合绿色环保产业基金为例进行介绍。

①永清长银环保产业投资基金

永清长银环保产业投资基金成立于 2016 年 3 月，由致力于烟气脱硫脱硝除尘项目的永清环保集团与长沙思诚投资管理有限公司、深圳榛果投资管理企业（有限合伙）共同出资设立，基金规模暂定为 15 亿元。其中，长沙思诚投资管理有限公司作为基金管理人及普通合伙人负责基金投资的投向及所投企业的日常经营管理。永清环保集团作为劣后级 LP 出资 4.45 亿元，深圳榛果投资管理企业（有限合伙）作为优先级 LP 公司出资 10.5 亿元，长沙思诚投资管理有限公司作为基金管理人及普通合伙人出资 0.05 亿元，后续可根据需要进行基金续发。基金采用认缴制，各方一次认缴、资金分期到位，基金存续期为 8 年。[①]

该基金主要投资方向为节能环保、新能源领域，设立目标为寻找和培育节能环保及新能源领域的优质项目，或通过收购上述领域企业的股权，延伸公司环保领域的产业链等。因此，永清长银环保产业投资基金属于企业并购基金。该基金的设立能够帮助永清环保把握中国环保产业快速发展的机遇，寻找和培育节能环保及新能源领域的优质项目，或通过收购上述领域企业的股权，延伸公司环保领域的产业链等，加快公司外延扩张的步伐，不断完善公司的产业布局，巩固和提升公司行业地位及综合竞争实力。

目前，永清环保在大气治理领域发展迅猛，2016 年上半年大气综合治理板块完成收入 4.47 亿元，较上年同期增加 20009.18 万元，增长 80.96%，大气治理 EPC 项目累计已中标金额超过 9 亿元。截至 2016 年 8 月，永清环保在大气治理领域频频发力，尤其在超低排放方面，经粗略统计，中标项目 18 个，金额超过 5.5 亿元，首次开辟了宁夏和辽宁市

---

① 永清环保参与设立环保新能源产业投资并购基金 [EB/OL]. [2016 - 08 - 21]. 中国证券网，http://ggjd.cnstock.com/company/scp_ggjd/tjd_bbdj/201603/3735119.htm.

场。与此同时，在新兴的 VOCs 治理市场，永清环保子公司也首次在上海获得项目，并与中包联展开了战略合作。

②万邦九鼎环保产业投资基金

万邦九鼎环保产业投资基金成立于 2015 年，为万邦达集团与昆吾九鼎投资管理有限公司在上海自贸区共同发起设立，基金总规模 20 亿元，首期规模不低于 5 亿元，存续期为 5 年。

基金作为公司并购整合国内外环保产业优质资源的平台，聚焦"大环保"产业链上下游具有重要意义的相关标的，充分发掘在工业水处理、市政水处理、烟气治理、固废处理处置、节能减排等方面的投资机会，服务于公司的外延发展，与主业成长形成双轮驱动，巩固和提高公司的行业地位。

万邦达集团表示，本次合作能够充分发挥公司及优秀投资管理机构各自的资源和优势，依托专业化的基金作为节能环保产业投资、并购与整合的主体，围绕公司中长期战略更有成效地寻找和培育优质标的，有利于公司夯实主业发展、加快领域布局，不断强化在行业内的龙头地位。可见，万邦九鼎环保产业投资基金也是以服务单一环保企业并购为主的企业并购基金。

③中民众合绿色环保产业基金

2015 年，众和科技公司全资子公司浙江众合投资有限公司联合中民投资本管理有限公司共同发起设立浙江中民玖合投资管理有限公司，并以管理公司作为普通合伙人和基金管理人发起设立"中民众合绿色环保产业基金合伙企业（有限合伙）"，通过并购、投资等方式实现外延式扩展，推动公司跨越式发展。

中民众合绿色环保产业基金的设立目的是通过产业资本与金融资本的结合，充分发挥公司作为产业资本在产业链整合与管理方面的经验与优势，利用产业基金平台为公司主营业务寻找能够补充产业链缺口、提升产业结构、带动技术升级、跨区域发展的潜在并购对象，通过项目并购与整合，实现上市公司的产业规模扩张与经营业绩的外生性聚合增长。

产业基金明确以绿色环保产业及相关领域为主要的投资方向，具体包括但不限于以下细分领域：污水处理、大气污染防治、固废处理、清洁能源、噪音防治、轨道交通等细分行业内的技术、工程、运维、装备制造等绿色环保行业企业。

(3) 金融机构自身设立的环保基金

目前，国内许多基金管理公司已经开始发行环保产业证券投资基金，重点投资于环保产业公司依法发行上市的股票、债券、货币市场工具、权证、资产支持证券等金融工具。下面以鹏华环保产业股票型证券投资基金和建信环保产业股票型证券投资基金为例进行介绍。

① 鹏华环保产业股票型证券投资基金 [1]

鹏华环保产业股票型证券投资基金属于契约型开放式股票型证券投资基金，基金管理人为鹏华基金管理有限公司，自 2014 年 2 月 10 日起至 2014 年 3 月 5 日止，通过基金管理人指定的销售机构进行非限量公开发售。

基金通过定性与定量相结合的积极投资策略，自下而上地精选价值被低估并且具有良好基本面的环保产业股票构建投资组合。 [2]

该基金根据环保产业的范畴筛选出备选股票池，并在此基础上通过自上而下及自下而上相结合的方法挖掘优质的上市公司，构建股票投资组合。

A. 自上而下

该基金将自上而下地依据环保产业链，综合考虑以清洁能源、新材料、自然环境改造和再建为主的上游产业；以生产过程、能源传输过程节能化改造为主的中游产业，以及以污染排放治理为主的下游产业。该基金将依次对产业链条上细分子行业的产业政策、商业模式、技术壁垒、市场空间、增长速度等进行深度研究和综合考量，并在充分考虑估值水平的原则下进行资产配置。重点配置行业景气度较高，发展前景良好，技术基本成熟，政策重点扶植的子行业。对于技术、生产模式或商业模式等处于培育期，虽尚不成熟，但未来前景广阔的子行业，该基金也将

---

[1] 鹏华环保产业股票型证券投资基金份额发售公告 [EB/OL]. [2016 - 08 - 22]. 上海证券报，http: //stock. hexun. com/2014 - 02 - 08/161953779. html.

[2] 鹏华环保产业股票型证券投资基金基本概况 [EB/OL]. [2016 - 08 - 22]. 天天基金网，http: //fund. eastmoney. com/f10/000409. html.

根据其发展阶段做适度配置。

B. 自下而上

该基金通过定量和定性相结合的方法进行个股自下而上的选择。

在定性方面，该基金通过以下标准对股票的基本面进行研究分析并筛选出基本面优异的上市公司：第一，根据公司的核心业务竞争力、市场地位、经营管理者能力、人才资源等选择具备良好竞争优势的公司；第二，根据上市公司股权结构、公司组织框架、信息透明度等角度定性分析，选择公司治理结构良好的公司；第三，通过定性的方式分析公司在自身的发展过程中，受国家环保产业相关政策的扶持程度、公司发展方向、核心产品发展前景、公司规模增长及经营效益的趋势。另外还将考察公司在同业中的地位、核心产品的竞争力、市场需求状况及公司的决策体系及其开拓精神等。

在定量方面，该基金通过对上市公司内在价值的深入分析，挖掘具备估值优势的上市公司。该基金将在宏观经济分析、行业分析的基础上，根据公司的基本面以及财务报表信息灵活运用各类估值方法评估公司的价值。该基金采用的估值方法及评估指标包括 PE、PEG、PB、PS、EV/EBITDA 等。

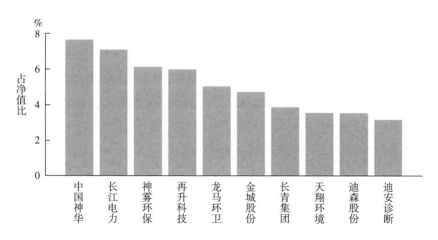

图 4-1 鹏华环保产业股票型证券投资基金持仓前十的股票

（截至 2016 年 6 月 30 日）

具体来看，截至 2016 年 6 月 30 日，鹏华环保产业股票型证券投资基金持仓的排名前十的股票分别为中国神华、长江电力、神雾环保、再升科技、龙马环卫、金城股份、长青集团、天翔环境、迪森股份、迪安诊断。其中，神雾环保、龙马环卫、天翔环境、迪森股份属于环保类股票，长青集团作为提供燃气设备和生物质发电项目的企业，也勉强与环保沾边。而其他股票与环保产业相差较大。

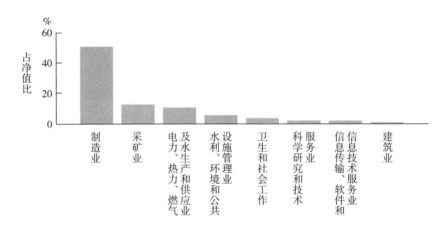

图 4 - 2 鹏华环保产业股票型证券投资基金行业配置情况
（截至 2016 年 6 月 30 日）

从基金的行业配置来看，行业配置占比最高的行业为制造业，其次是采矿业，水利、环境和公共设施管理业排在第四位，仅占 5.16%。

②建信环保产业股票型证券投资基金

建信环保产业股票型证券投资基金属于契约型、开放式、股票型基金，基金管理人为建信基金管理有限责任公司，发行认购日期为 2015 年 3 月 30 日至 2015 年 4 月 20 日。[①]

该基金将结合定性与定量分析，充分发挥基金管理人研究团队和投资团队的主动选股能力，选择具有长期持续增长能力的公司。具体从公

---

① 建信环保产业股票型证券投资基金基金份额发售公告 ［EB/OL］. ［2016 - 08 - 22］. 天天基金网，http://fund.eastmoney.com/gonggao/001166，AN201503270008942471.html.

司基本状况和股票估值两个方面进行筛选。[①]

一般来说，狭义的环保指的是生产过程中的末端治理，即水处理、大气处理和固废处理。该基金的环保概念指的是广义的环保，即人类为协调与环境的关系、解决环境问题、节约能源所采取的行动的总称。从产业视角看，它包括在国民经济运行中，所有与更合理地利用和改造自然资源、降低单位 GDP 能耗、减少污染排放等有关的产业的总称。具体来说，包括清洁能源、节能减排、环境保护、清洁生产、可持续交通、新材料和生态农业等。

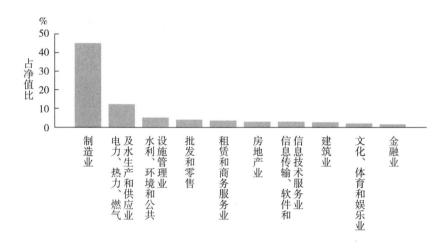

图 4 - 3 建信环保产业股票型证券投资基金行业配置情况

（截至 2016 年 6 月 30 日）

从建信环保产业股票型证券投资基金的行业配置来看，水利、环境和公共设施管理业排到了第三位，但占比仅有 4.68%。

（4）企业自身设立的环保基金

据不完全统计，从 2014 年至今，已有包括北控、首创、永清环保、万邦达、高能环境等 20 多家环保企业设立了环保产业基金，总额近 500 亿元。目前，涉及大气污染相关的基金如下。

---

① 建信环保产业股票型证券投资基金基本概况 ［EB/OL］.［2016 - 08 - 22］. 天天基金网, ht-tp：//fund. eastmoney. com/f10/jbgk_ 001166. html.

①北京清新诚和创业投资中心基金

北京清新诚和创业投资中心基金由国电清新公司与盈富泰克创业投资有限公司、北京市工程咨询公司、杭州锦江集团有限公司、北京佳逸创景科技有限公司、北京青域诚和投资管理有限公司合作发起设立,设立规模为 2.53 亿元。其中,国电清新公司使用自有资金出资 1 亿元,占出资总额的 39.53%。

该专项产业基金将完全投资于节能环保行业,优先投资于大气污染防治细分行业,以及与大气污染防治密切相关的其他节能环保行业。公司投资节能环保产业基金的目的在于打造一支专业的投资团队和拓展新业务的平台,提高资金使用效率及优化公司战略布局,更加积极地拓展公司节能环保投资业务客户和整合业务资源,多方面获得产业发展回报。

②首都水环境治理技术创新及产业发展(北京)基金

首都水环境治理技术创新及产业发展(北京)基金成立于 2015 年,由北排、碧水源、首创股份、环能科技、北控中科成、北京润信鼎泰资本管理有限公司、北京水务投资中心、中国通用机械工程有限公司、北京水务基金管理有限公司共同发起。其中,北京水务基金管理有限公司为北排、碧水源、首创股份、环能科技、北控中科成、中信建投资本管理有限公司、北京水务投资中心、中国通用机械工程有限公司共同出资设立,注册资本为 3000 万元,注册地为北京。

基金的市场定位为优先投资于首都地区及津、冀水环境治理相关领域,水环境治理相关领域的投资规模不低于基金规模的 70%,其余资金可投资其他市场化运作项目,提高基金整体投资收益。重点领域为水环境治理领域的新技术、新工艺、机械设备的创新及其研发;新建污水处理厂、供水及污水处理厂的运营、河道治理、水体综合修复等具有创新及示范性效应的项目;以股权和/或债权的形式投资于水环境治理领域具有创新技术、竞争优势和快速增长潜力的企业。

③再升盈科节能环保产业并购基金

再升盈科节能环保产业并购基金由再升科技与福建盈科创业投资有限公司于 2015 年合作设立,基金总规模 5 亿元。再升科技公司拟作为有限合伙人出资 1.5 亿元。

根据协议，基金规模初定为 5 亿元，首期到资 20%，其余资金根据并购需要分期出资。其中，再升科技或其法定代表人郭茂任基金的发起人及有限合伙人，出资 1.5 亿元；福建盈科任基金的发起人及普通合伙人，负责出资 1000 万元，并负责基金募集、设立、投资、管理等工作。基金存续期为 5 年。

该基金的投资方向为符合再升科技产业发展方向的节能环保产业，包括但不限于空气治理、水治理和节能保温行业等领域。

④云南云投生态环保产业并购基金

云投生态 2016 年 2 月公告，拟出资 500 万元与上海银都实业（集团）有限公司设立云投保运股权投资基金管理公司，并拟出资 1 亿元与银都实业共同发起设立云南云投生态环保产业并购基金，总规模拟不超过 20 亿元人民币，其中第一期基金募集目标规模 10 亿元。基金投资领域包括生态环保行业、环境工程行业、生态文化旅游行业、能源管理服务等。

⑤北控星景水务基金

2016 年 5 月，北控水务集团与复星集团成员企业、复星地产旗下专业 PPP 股权投资平台——星景资本在北京正式签署股权合作协议，成立北控星景水务股权投资管理有限公司，同时发起北控星景水务基金，并致力于将其打造为国内最具规模和影响力的水务环境股权投资基金。

根据合作协议，北控水务、星景资本将充分发挥各自在产业运营和资金运作上的优势，建立长效合作机制，开展多层次、多领域和多形式的合作；在水务环境、生态建设等方面全面协同，共同设立北控水务股权投资管理有限公司，投资建设国内水务及相关水环境领域项目。

⑥东方园林拟合资设立三家环保产业基金

东方园林于 2016 年 7 月 13 日召开的第五届董事会第四十二次会议审议通过了《关于设立东方久有环保产业基金的议案》。结合公司战略发展，董事会同意公司与上海久有股权投资基金管理合伙企业（有限合伙）签署《关于设立东方久有环保产业基金（有限合伙）之合作协议》。根据协议，由双方指定公司作为普通合伙人发起设立"东方久有投资中心（有限合伙）"（暂定名，以工商部门核准名称为准），基金规模为10亿元人民币。

同时，该董事会还审议通过了《关于设立华西东方环保产业基金的议案》，同意公司与华西金智投资有限责任公司签署《关于设立华西东方环保产业基金（有限合伙）之合作协议》。根据协议，双方合资设立基金管理公司，由基金管理公司发起设立"华西东方环保产业基金（有限合伙）"（暂定名，以工商部门核准名称为准），基金规模为5亿元人民币。

另外，公司与中银国际投资有限责任公司签署《关于设立中赢东方环保产业基金（有限合伙）之合作协议》。根据协议，双方合资设立基金管理公司，由基金管理公司发起设立"中赢东方环保产业基金（有限合伙）"（暂定名，以工商部门核准名称为准），基金规模为10亿元人民币。

3. 债券融资

（1）绿色债券重点支持项目分析

我国目前已成为全球最大的绿色债券市场，并且是第一个由政府支持的机构发布本国绿色债券界定标准的国家。2015年12月22日，中国人民银行发布第39号公告，在银行间债券市场推出绿色金融债券，为金融机构通过债券市场筹集资金支持绿色产业项目创新了筹资渠道。公告以附件的形式同时发布了《绿色债券支持项目目录》，为发行人提供绿色项目界定标准。

该目录中与大气污染治理相关的重点支持项目包括：

①节能项目：燃煤火力发电机组容量大于300兆瓦超临界或超临界热电（冷）联产机组和背压式供热机组、生物质、低热值燃料供热发电、"上大压小、等量替换"集中供热改造等节能项目。

②污染防治项目：大气污染物处理设施建设运营项目、煤炭进行洗选加工，分质分级利用，以及采用便于污染物处理的煤气化等技术对传统煤炭消费利用方式进行替代的装置/设施建设运营项目等。

③资源节约与循环利用项目：工业废气回收和资源化利用装置/设施建设运营项目等。

④清洁交通项目：生产符合国 V 汽油标准的汽油产品和符合国 Ⅳ 柴油标准的柴油产品的项目；电动汽车、燃料电池汽车、天然气燃料汽车等新能源汽车整车制造、电动机制造、储能装置制造以及其他零部件、配件制造等新能源汽车制造项目；新能源汽车配套充电、供能等服务设施建设运营项目等。

⑤清洁能源项目：风力发电、太阳能光伏发电、智能电网及能源互联网、分布式能源、太阳能热利用、水力发电及其他新能源利用项目。

⑥生态保护和适应气候变化项目：城镇园林绿化、土地复垦项目等。

可见，《绿色债券支持项目目录》几乎包含所有需要支持的大气污染治理项目，能够应用绿色债券工具对大气污染治理行业进行支持。但是该目录没有将大气污染物检测列入，而 VOCs 检测行业目前也是大气污染治理的重点，因此应该进行完善。

2015 年 12 月 31 日，国家发展改革委出台《绿色债券发行指引》，明确对节能减排技术改造、绿色城镇化等 12 个具体领域的企业绿色债券发行进行重点支持。该指引重点支持的产业中，与大气污染治理相关的项目如下：

①节能减排技术改造项目：包括燃煤电厂超低排放和节能改造，以及余热暖民等余热余压利用、燃煤锅炉节能环保提升改造、电机系统能效提升、企业能效综合提升、绿色照明等。

②绿色城镇化项目：该项目中，与大气污染治理相关的主要是新能源汽车充电设施建设项目。

③能源清洁高效利用项目：包括煤炭、石油等能源的高效清洁化利用。

④新能源开发利用项目：包括水能、风能、核能、太阳能、生物质能、地热、浅层地温能、海洋能、空气能等开发利用。

⑤循环经济发展项目：包括产业园区循环化改造、废弃物资源化利用、农业循环经济、再制造产业等。VOCs 回收利用项目应属于废弃物资源化利用项目。

⑥污染防治项目：包括大气环境问题治理。

⑦节能环保产业项目：包括节能环保重大装备、技术产业化、合同能源管理、节能环保产业基地（园区）建设等。

与中国人民银行发布的目录相比，《绿色债券发行指引》规定的行业遗漏了新能源汽车的生产项目、园林绿化项目等。同时，该指引也未明确对大气污染治理监测项目的支持。

2016 年 8 月 2 日，中诚信国际正式发布我国评级行业第一个《绿色债券评估方法》，且得到中国金融学会绿色金融委员会、环境保护部、投资及发行各方绿色金融专家们的高度认可。我国在绿色债券方面的创新与实践，有助于其他 G20 国家推动本币绿色债券市场发展，应对气候资金融资需求问题，对各国绿色债券的发展有着重要的示范意义。

此后，上海证券交易所和深圳证券交易所在上述两个文件的指引下，先后于 2016 年 3 月和 4 月启动绿色公司债上市交易的试点，设立了绿色公司债券申报受理及审核的绿色通道，并对绿色公司债券进行统一标识；2016 年 4 月 12 日，中国证券业协会下属的中证机构间报价系统发布通知，开展绿色债券试点，支持绿色债券发行人利用募集资金优化债务结构，在偿债保障措施完善的情况下，允许发行人使用债券募资偿还金融机构借款和补充营运资金。

（2）我国绿色债券发行现状

自 2014 年 5 月 12 日中广核发行第一只绿色债券以来，我国境内已累积发行近 30 只绿色债券，截至 2016 年 7 月下旬，中国已发行超过价值 1200 亿元的绿色债券，占全球同期绿色债券发行量的 45%。[①] 2016 年 7 月 18 日，金砖国家新开发银行成功发行 30 亿元 5 年期人民币绿色金融债券，发行利率 3.07%，这是多边开发银行首次获准在中国银行间债券市场发行人民币绿色金融债券。

随着管理规则的完善，绿色债券市场也迎来了全面的发展。以兴业银行为代表的商业银行积极参与，成为我国绿色债券市场的重要力量。

---

① 中诚信国际发布业内首个《绿色债券评估方法》［EB/OL］. ［2016 – 08 – 23］. 中国金融信息网，http：//greenfinance. xinhua08. com/a/20160803/1653053. shtml.

兴业银行和浦发银行于 2016 年 1 月分别获批 500 亿元绿色债券额度，成为我国市场首批获准发行绿色债券的银行。随后兴业与浦发分别发行了第一批绿色债券，分别为 100 亿元和 200 亿元，实现了我国贴标绿色债券零的突破。

2 月，青岛银行第二批获批 80 亿元绿色债券发行额度，于 3 月 10 日发行 30 亿元。目前还有多只绿色债券正排队等待批准。

除了商业银行，节能环保领域相关企业也积极参与，发行绿色债券进行融资。保利协鑫新能源、北京神雾环境能源科技集团、浙江嘉化能源化工、天顺风能、北京汽车等先后发行了公司债或企业债，中广核风电、协合风电以及新疆金风科技等也先后发行了中期票据。

我国绿色债券的国际影响力也在不断提升。5 月 20 日，浙江吉利通过其全资子公司伦敦出租车公司（LTCGB Limited）在伦敦证券交易所发行了总额 4 亿美元的离岸绿色债券，这是中资机构今年首单境外绿债，同时也是中国汽车行业第一单离岸绿色债券；7 月 5 日，中国银行成功发行价值 30 亿美元的境外绿色债券，成为国际市场上有史以来发行金额最大、品种最多的绿色债券，债券由中国银行卢森堡分行、纽约分行同步发行，包括固定利率、浮动利率两种计息方式，覆盖美元、欧元、人民币 3 个币种及 2 年、3 年、5 年 3 个期限，分别在卢森堡证券交易所、香港联交所挂牌上市。加上 2015 年 7 月金风科技 3 亿美元和 10 月中国农业银行 10 亿美元的境外发行量，中资机构在离岸市场已经合计发行了 47 亿美元绿色债券。而 7 月 19 日，金砖国家新开发银行则在我国发行了 30 亿元人民币的绿色债券，成为国际机构在我国境内市场发行的第一单绿债，融得资金将用于该行在我国的绿色基础设施建设项目。

2016 年上半年我国绿色债券市场共计发行 549 亿元，占全球 29.3%，遥遥领先于其他经济体；截至 6 月底，国内市场绿色债券余额 569 亿元，加上中资机构境外绿色债券余额 17 亿美元，合计占全球绿色债券余额的 8.6%。相比于 3000 亿元的预期目标，这一规模尚有较大距离，而这也预示着在下半年我国绿色债券市场还将迎来井喷式的增长。值得一提的是，我国绿色债券市场在下半年伊始就已经显示出强劲的增长势头，7 月国内市场绿色债券发行量达到 430 亿元，中资机构境外发行 30 亿美元，两项合计超过了上半年的累计水平，发行速度进一步加快。表 4 - 5 列出了 2016 年上半年我国绿色债券发行状况。

表 4 - 5 　　　　我国绿色债券发行情况（截至 2016 年 6 月 30 日）

发行人	发行规模（亿元）	评级	发行日期	利率	期限
绿色金融债					
浦发银行	200	AAA	2016 - 01 - 27	2.95%	3
兴业银行	100	AAA	2016 - 01 - 28	2.95%	3
青岛银行	35	AA +	2016 - 03 - 10	3.25%	3
青岛银行	5	AA +	2016 - 03 - 10	3.40%	5
浦发银行	150	AAA	2016 - 03 - 25	3.20%	5
公司债					
保利协鑫（苏州）新能源	10	AA +	2015 - 10 - 27	5.6% + 上调基点	5
北京神雾环境能源科技	5	AA -	2016 - 01 - 27	7.90%	3
浙江嘉化能源化工	3	AA	2016 - 05 - 20	4.78% + 上调基点	5
天顺风能	4	AA	2016 - 06 - 21	5% + 上调基点	5
企业债					
浙江汇盛投资集团	10	AA	2016 - 03 - 14	4.49%	8
北京汽车	25	AAA	2016 - 04 - 21	3.45% + 上调基点	7
中期票据					
中广核风电	10	AAA	2014 - 05 - 08	5.65% + 浮动	5
协合风电投资	2	AA	2016 - 04 - 06	6.20%	3
新疆金风科技股份	10	AAA	2016 - 05 - 24	5%	5
合计					
截至 2016 年 6 月绿色债券余额			569 亿元		
2016 年上半年绿色债券发行量			549 亿元		

4. PPP 资金

目前，纳入我国财政部 PPP 项目库的大气污染治理项目，以清洁能源类项目居多，其次是园林绿化项目和新能源交通项目，末端治理类项目很少。表 4 - 6 列出了京津冀地区大气污染治理相关项目。

表4-6　　　　　　　　　　京津冀地区大气污染治理 PPP 项目

项目名称	地点	总投资（亿元）	PPP 模式	领域
北京市顺义新城牛栏山组团供热工程	北京市	2.1	热源 BOT	清洁能源
北京市门头沟区潭柘寺镇镇区供热工程	北京市	1.6	热源 BOT	清洁能源
北京市通州区漷县镇镇区供热工程	北京市	1.5	热源 BOT	清洁能源
北京市海淀区循环经济产业园再生能源发电厂项目	北京市	15.3	PPP + 股权融资	清洁能源
北京市房山区河北镇棚户区改造与环境整治 PPP 项目	北京市	41.1	BOT	工业污染治理
北京市怀柔区生活垃圾焚烧发电项目	北京市	4.95	BOT	清洁能源
北京市门头沟区斋堂镇 LNG 燃气母站	北京市	0.28	未定	清洁能源
北京市平谷区马坊镇中心区集中供热北区热源厂建设工程	北京市	0.5239	BOT	清洁能源
河北工程大学新校区供热制冷项目	河北省	2.5	BOT	清洁能源
河北工程大学新校区太阳能发电及照明项目	河北省	1	BOT	清洁能源
河北省辛集市新能源轨道交通 T1 线首期工程	河北省	26.8	BOO	新能源交通
河北省邯郸市丛台区苏曹公园项目	河北省	5	BOT	园林绿化
河北省邯郸市漳河生态科技园区集中供热及配套设施工程（一期）	河北省	1.2	BOT	清洁能源
河北省邯郸市肥乡县天然气利用工程	河北省	0.609	TOT	清洁能源
河北省邯郸市肥乡县井堂寺文化公园建设工程	河北省	0.58	BOT	园林绿化
河北省邯郸市永年县生活垃圾发电项目	河北省	1.19	BOT	清洁能源
河北省邯郸市曲周县垃圾综合处理发电项目	河北省	2.4	BOT	清洁能源
河北省邯郸市武安市大唐发电余热回收集中供热项目	河北省	4.2	BOT	清洁能源
河北省邢台市充电基础设施项目	河北省	1.53	BOT	新能源交通
河北省邢台市清河县生活垃圾焚烧发电项目	河北省	3	BOT	清洁能源
河北省保定市涿州市热电联产供热管网项目	河北省	32	BOT	清洁能源
河北省张家口市明湖森林生态旅游项目	河北省	50	BOT	园林绿化
河北省承德市滦平县张百湾新兴产业示范区生物质成型燃料锅炉供热、供汽示范项目	河北省	1.5	BOT	清洁能源
河北省承德市丰宁满族自治县县城及经济开发区供气项目	河北省	5.04	BOO	清洁能源

项目名称	地点	总投资（亿元）	PPP 模式	领域
河北省沧州市吴桥县天然气管道镇镇通工程项目	河北省	1.5	BOT	清洁能源
河北省邯郸鸡泽县诗经湿地公园	河北省	1	其他	园林绿化
河北省邢台市巨鹿县垃圾焚烧发电项目	河北省	7	BOT	清洁能源
天津市宝坻区潮白河国家湿地公园项目	天津市	4.65	BOT	园林绿化
天津滨海光热发电技术研发与产业化基地 PPP 项目	天津市	20.2	BOT	清洁能源
天津新能源汽车公共充电设施网络项目	天津市	5.16	BOT	新能源交通
天津市蓟县天然气综合利用工程项目	天津市	3.6	其他	清洁能源
天津市蓟县生活垃圾焚烧发电项目	天津市	3	BOT	清洁能源

从图 4-4 和图 4-5 可以看出，京津冀地区大气污染治理 PPP 项目中，清洁能源类项目的投资总额和数量都是最大的，占了大气污染治理 PPP 项目总投资的 46%。这些清洁能源项目以燃气供热项目、天然气供应项目以及可再生能源发电项目为主。投资额排在第二位的是园林绿化项目，同时也是投资数目排在第二位的治理项目，占总投资的 24%。

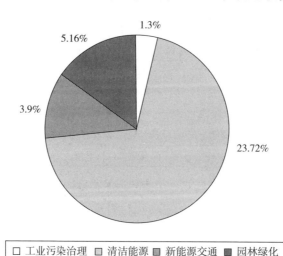

图 4-4 各类大气污染治理 PPP 项目数及占比

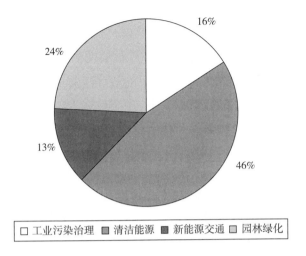

图 4 – 5 各类大气污染治理 PPP 项目投资情况（单位：亿元）

虽然工业污染治理 PPP 项目的数量最少，仅有 1 个，但该项目的投资额占到所有大气污染治理 PPP 项目投资额的 17%。具体来看，由于北京市房山区河北镇棚户区改造与环境整治 PPP 项目包含三个水泥厂搬迁子项目、四村腾退子项目、安置房子项目、安置房周边大市政子项目、集体产业用房子项目及四村红线内大市政子项目。厂区搬迁预计花费 3.62 亿元，四村征地拆迁 16.66 亿元，安置房建设总投资 14.88 亿元，集体产业用房建设 3.60 亿元，大市政建设 2.37 亿元。因此投资额巨大。

投资总额最小的是新能源交通 PPP 项目，占 13%，包括新能源轨道交通和新能源汽车充电设施的建设项目。

综上可见，当前我国 PPP 政策在大气污染治理领域重点支持的是清洁能源替代、园林绿化和新能源汽车等源头治理项目，而对大气污染末端治理项目支持较少。

（三）国际资金分析

1. 亚洲基础设施投资银行

亚洲基础设施投资银行（Asian Infrastructure Investment Bank，AIIB，以下简称亚投行）是一个政府间性质的亚洲区域多边开发机构，总部设在北京，法定资本为 1000 亿美元。亚投行的成立宗旨为促进亚洲区域的建设互联互通化和经济一体化的进程，并且加强中国及其他亚洲国家和地区的合作。

亚投行由中国倡议成立，缅甸、新加坡、文莱、澳大利亚、中国、蒙古国、奥地利、英国、新西兰、卢森堡、韩国、格鲁吉亚、荷兰、德国、挪威、巴基斯坦、约旦等在内的 57 个国家共同筹建，并于 2015 年 12 月 25 日正式成立。中国为亚投行的最大股东，持有亚投行 30% 的股份。

亚投行投资的重点领域包括能源与电力、交通和电信、农村和农业基础设施、供水与污水处理、环境保护、城市发展以及物流等方面。2016 年 6 月，亚投行批准了其首批四个贷款项目，贷款总额为 5.09 亿美元，分别是孟加拉国电力输送升级和扩容贷款项目（1.65 亿美元）、印度尼西亚贫民窟升级项目（2.165 亿美元）、巴基斯坦 M4 高速公路贷款项目（1 亿美元）和塔吉克斯坦的公路升级项目（2750 万美元）。

作为由中国提出创建的区域性金融机构，亚投行主要业务范围是援助亚太地区国家的基础设施建设。在全面投入运营后，亚投行将运用一系列支持方式为亚洲各国的基础设施项目提供融资支持——包括贷款、股权投资以及提供担保等，以振兴包括交通、能源、电信、农业和城市发展在内的各个行业投资。

亚投行的贷款利率以伦敦银行同业拆借利率（LIBOR）为参考，上浮 0.8% 至 1.4%。表 4 - 7 列出了近期 LIBOR 利率。

表 4 - 7　　　　　伦敦银行同业拆借利率（2016 年 8 月 23 日）

LIBOR 美元查询					
利率期限	利率（%）	利率期限	利率（%）	利率期限	利率（%）
隔夜期	0.41667	1 周期	0.44467	2 周期	—
1 个月	0.52217	2 个月	0.64733	3 个月	0.82544
4 个月	—	5 个月	—	6 个月	1.22900
7 个月	—	8 个月	—	9 个月	—
10 个月	—	11 个月	—	12 个月	1.53294

资料来源：优财网，UCAll23.COM。

2. 世界银行

世界银行主要为发展中国家的政府和由政府担保的公私机构提供贷款，分为两类：国际复兴开发银行贷款，贷款条件较为严格，俗称"硬贷款"；国际开发协会信贷（IDA Credit），条件较优惠，俗称"软贷款"。1999 年 6 月 30 日，世界银行停止向我国提供"软贷款"。因此，目前我国环保企业和项目能够申请的仅是世界银行提供的硬贷款。

（1）贷款特点

世界银行贷款有以下特点：

①世界银行贷款以促进发展中国家的经济发展和社会进步为基本原则，因此其项目主要集中于基础设施（如能源、交通）、农业、社会发展（教育、卫生）以及工业开发部门。

②世界银行贷款的资金来源主要是业务净收益和借款国偿还的到期借款额。

③项目贷款周期长。世界银行作为国际性的金融机构，其贷款项目要求标准不同，具有独特的特点，其建设的周期一般在 5 年以上，投资数额较大，建设体量一般在亿元左右，项目往往分期实施。硬贷款最长达 20 年，平均 17 年，宽限期为 3~5 年，软贷款期限可达 35 年，宽限期 10 年。项目从立项到实施不但需要有传统流程，而且还涉及诸如移民拆迁计划方案等，只有这些手续完备，才能最终签订贷款协议，并根据协议获得贷款支持。

④项目实施程序复杂。申请世界银行贷款的主体需要是政府，或者是由其担保的各类机构，其审批前必须完成各类文件、文书、方案的编制，然后报世界银行进行审批，并接受后续监督。在贷款协议签署后，贷款人还需要完成标书的编制、评标及其他与项目有关的事项，并通过世界银行的审查评估后，方能进入下一个环节，而且一些相关材料报送之前，还必须先通过世界银行认可的咨询专家的审查。这些一系列的程序走下来一般都历时几个月，有的甚至是半年以上，特别是对于一些文书存在问题的，需要反复进行修改，从而导致项目实施过程十分漫长。

⑤贷款利率相对较低。世界银行贷款项目由于是政府间及由政府担

保的机构来实施的，总体而言，贷款利率相对较低，以2015年上半年为例，年利率为8%，而在2015年下半年以后，年利率一直为7%左右。但是，只要贷款协定签字后，直到贷款全部偿还时为止，利率保持不变，对签约后未支用的贷款收取0.75%的承诺费作为世界银行业务净收益，并以此促使借款国按计划实施项目。

（2）贷款种类

①具体的投资贷款，即项目贷款。这是世界银行业务的主要组成部分，这类贷款占世界银行提供贷款的一半以上。通常用于发展中国家经济和社会发展的基础设施，以及大型生产性投资。世界银行在农业和农村发展、教育、能源、工业、交通、城市发展和供水等方面的大部分贷款属于这一类，并由世界银行工作人员负责评估和监督完成。

②部门贷款，又称行业贷款。包括部门投资贷款、金融中介贷款和部门调整贷款三种。这三种贷款的使用重点各有侧重。（a）部门投资贷款的使用重点是改善部门政策和投资重点，以及增强借款国制定和执行投资计划的能力，如交通运输部门贷款、教育部门贷款、农业部门贷款等。在项目安排、资金使用等方面比较灵活，贷款金额较大，支付速度较快，一般用款周期为3～5年。（b）金融中介贷款的使用重点是面向开发金融公司和农业信贷机构，贷款的使用前提是双方必须就转贷对象的选择标准、转贷利率和加强组织机构的具体措施达成协议。世界银行十分强调金融机构在为客户服务的质量、转贷利率、机构建设等方面的竞争。（c）部门调整贷款的使用重点是专门为支持某一具体部门进行全面政策和体制改革，但比结构调整贷款涉及的范围要窄。前提是当借款国总体经济管理和改革状况或经济规模不允许进行结构调整时，可选用这类贷款。与前两种贷款不同，部门调整贷款的主要目的是支持某一部门的政策改革，通常为特定部门的进口提供所需外汇，并预先确定受益人或按双方商定的标准选择受益人，一般用款周期为1～4年。

③结构调整贷款，又称纯政策性贷款。旨在支持和帮助借款国在宏观经济、部门经济和机构体制方面进行全面的调整和改革，以克服经济困难，特别是在国际收支不平衡时使用。这类贷款使用有严格、苛刻的

条件，若借款国未能按预定的条件执行，第二批贷款就停止支付。这类贷款执行期短，一般为 1～2 年。

④技术援助贷款。旨在支持借款国有关制定和执行政策、参与经济发展战略规划的机构，或用于为大型投资项目准备实施和管理的机构的咨询服务、研究课题和人员培训。这类贷款占世界银行贷款的 3% 左右，一般用款周期为 2～5 年。

⑤紧急重点贷款。贷款目的是帮助借款国应付自然灾害或其他灾难。贷款用于灾后的重建工作，以恢复生产、安定人民生活。

（3）贷款条件

①世界银行对单一国家的贷款限额为 135 亿美元。

②贷款利率为每 6 个月调整一次的浮动利率，1998 年 1 月 1 日起国际复兴开发银行的贷款利率为 6.3%。

③贷款偿还期限为 15～20 年（含宽限期 5 年），承诺费为 0.25%～0.75%。

④借款费用一般在财政年度中期进行审查，每 12 个月做一次估算，对新批准的贷款收取手续费。

⑤贷款的对象是会员国政府。

（4）国内现状

2016 年 5 月 20 日，华夏银行与世界银行签署共同设立"京津冀大气污染防治融资创新"转贷款项目协议。该项目是我国第一个采用世界银行基于结果导向（P4R）贷款方式的转贷项目，也是世界银行全球第一个与非政府机构合作采用该模式的转贷项目。该项目方案得到了国家发改委、财政部以及世界银行总部的高度重视和好评。项目将通过世界银行 4.6 亿欧元及华夏银行自有资金，以低于市场平均水平的贷款利率，支持京津冀及周边地区的能效、可再生能源和污染防控等领域重点项目，助力大气污染防治。项目协议的签署，意味着该项目已正式落户华夏银行，并标志着华夏银行积极践行绿色发展理念，以国际合作为特色的绿色金融工作迈出坚实一步。目前，项目区域内分行已开展子项目储备，效果良好。

基于结果导向的贷款方式（Program – for – Results，P4R），又称"结果导向型"规划贷款工具，是世界银行于 2012 年开始采用的，把项目的资金支付同界定明确且可验证成果的项目完成情况挂钩的一种贷款工具。①

P4R 定位在世界银行现有投资贷款和发展政策贷款之间，作为两者补充，为借款国提供更多可选择的贷款工具以支持借款国部门或部门分支的规划。②

P4R 主要特点是：注重结果导向；每个项目有清晰完整的结果指标体系；贷款资金与借款国预算资金结合使用，支付进度以指标完成情况为准；注重借款国能力建设；重视监督以确保世界银行资金使用得当和世界银行环境及社会保障政策的实施。

截至 2014 年 7 月，全球有 11 个借款国在使用 P4R，贷款总金额约 20 亿美元。世界银行贷款资金依据所资助的发展规划的各项预设指标的完成进度进行支付，可提供不超过贷款总额 30% 的预付金。P4R 在设计时具有很大的灵活性，可支持各个领域的发展规划，可以是新项目，也可以是在建项目，可以由中央政府借用，也可以由省级及省级以下地方政府借用，完全由借款国政府主导。P4R 主要依赖借款国的行业规划，但世界银行需按照相关业务政策要求对项目的战略相关性、技术可行性、公共支出分析、受托风险管理框架、环境和社会系统以及风险等进行评估。P4R 项目的平均准备时间通常为 10 个月至 11 个月。

①P4R 项目案例 1：巴西赛阿拉州加强增长、减贫和环境可持续性服务供给项目

立项考虑：巴西赛阿拉州政府对项目的总预算为 3.8 亿美元，其中世界银行将提供 3.5 亿美元的贷款。该项目旨在支持赛阿拉州政府的2012 年至 2015 年发展规划，主要通过能力加强的方式，改善公共服务供

① 世行新推出"结果导向型"规划贷款工具［EB/OL］．［2016 – 08 – 22］．国际财经中心，http：//iefi. mof. gov. cn/pdlb/dbjgzz/201201/t20120113_ 623418. html.
② 世行发展政策贷款和结果规划贷款的特点及案例［EB/OL］．［2016 – 08 – 22］．和讯网.，http：//bank. hexun. com/2014 – 07 – 03/166272314. html.

给的效率和质量，特别是改善技能开发、家庭援助、水质量三个领域的公共服务供给。世界银行提供贷款资金的主要目的是加强公共部门与私营部门在这些领域的协调与合作，以及通过引入公民参与和结果评估的方式，加强公共服务质量的评估和反馈系统。

准备过程：巴方于2012年8月下旬向世界银行提出项目概念书；经过近1年的准备，世界银行工作团队于2013年7月下旬完成项目评估报告；执董会于2013年11月21日批准该项目。

实施安排：赛阿拉州规划与管理部通过州立经济研究所，负责项目协调、管理和报告；州财政部负责项目账户的管理；州教育部负责执行技能开发子项目，州就业与社会救助部负责执行家庭救助子项目，水质量子项目则由不同的与之相关的部门执行，其中州水利部负责水安全计划的制定、污水公司负责污水处理、州环境政策委员会负责固体垃圾处理计划的制定、供水公司负责水质的监管；州政府通过主计长办公室与外部独立技术机构签订合同，负责与支付有关的结果指标合规性的评估；项目审计由州审计部门负责。

项目绩效：项目确定了7个与支付挂钩的结果指标：批准技能开发战略和准备技能开发行动计划，向私营部门提供设备、现场培训、课程设计和课程导师，技术团队接受与家庭救助相关的培训的百分比，建立跨机构的水安全委员会，纳入污水处理系统的家庭的百分比，环境执法质量指数，参与水质监测。项目预计于2018年初关账，尚未进行绩效评估。

②P4R项目案例2：乌拉圭公路恢复和维护项目

立项考虑：乌拉圭政府对项目的预算总金额为3.8亿美元，其中世界银行将提供6600万美元的贷款。该项目旨在支持乌拉圭2012年至2016年的公路恢复和维护计划，至少35%的全国路网保持好或很好的路况，以及促进公路部门的管理。项目包括两个子项目：一是公路基础设施子项目，恢复、维护和开发公路基础设施，促进陆路交通的发展；二是公路安全子项目，加强政策开发，为人们出行提供安全保障。

准备过程：乌拉圭政府于2012年上半年向世界银行提交项目概念

书，经过近 8 个月的准备，世界银行管理层于 2012 年 11 月 13 日提交执董会，并获得批准。

实施安排：乌拉圭政府经济与财政部负责项目预算和财务；预算与规划办公室负责编制公共部门项目的 5 年中期预算，以及对预算的监管和评估；住房、土地规划和环境部负责审查环境许可证；交通与公共工程部公路司是最主要的项目执行单位，负责全国路网的维护和开发，地形测量司负责公共领域的管理和征用手续，规划与物流司负责基础设施与服务的长期规划；乌拉圭公路集团拥有 1600 千米的公路特许经营权，将负责这一路段中的项目实施。

项目绩效：项目确定了 3 个与支付挂钩的结果指标：全国被修复的公路中能够维持 85 评级的累积公路里程，基于绩效合同进行维护的公路里程，与全国路网修复和维护相关的规划、技术设计、环境影响、社会影响等指标。项目预计于 2016 年 6 月底关账，尚未进行绩效评估。

③P4R 项目案例 3："京津冀大气污染防治融资创新"转贷款项目

"京津冀大气污染防治融资创新"转贷款项目是我国第一个采用世界银行基于结果导向（P4R）贷款方式的转贷项目，也是世界银行全球第一个与非政府机构合作采用该模式的转贷项目。该计划为实现国务院制定的《大气污染防治行动计划》的目标助力，旨在通过提高能源效率和增加使用可再生能源，减少空气污染和碳排放，重点放在北京、天津、河北及其周边地区包括山东省、山西省、内蒙古自治区和河南省。[①]

项目将通过世界银行 5 亿美元及华夏银行自有资金，以低于市场平均水平的贷款利率，支持京津冀及周边地区的能效、可再生能源和污染防控等领域重点项目，助力大气污染防治。

"京津冀大气污染防治融资创新"融资计划投资总额为 14 亿美元，计划在 2016 年至 2022 年的 6 年时间内实施。世界银行提供 5 亿美元贷款，华夏银行投入 5 亿美元配套资金，其余 4 亿美元是子项目借款人的

---

① 世界银行 5 亿美元贷款助力京津冀空气污染治理 ［EB/OL］．［2016 - 08 - 23］．中国发展门户网，http：//cn. chinagate. cn/news/2016 - 03/23/content_ 38092176. htm.

股权出资。①

京津冀空气污染治理创新融资计划将支持华夏银行为有减排义务的企业提供贷款资金。实现《大气污染防治行动计划》的目标需要大量绿色投资，主要采取商业融资的方式。

该计划将主要在以下三个领域开展工作：

一是提高工业和建筑业的能源效率，降低煤炭消耗，通过采用太阳能、风能和生物质能技术增加可再生能源供应等。

二是采取污染治理措施，减少空气污染排放，这些措施包括安装末端设备用于微粒去除、烟气脱硫、脱硝；煤改气；用电动车和压缩天然气动力汽车替代柴油车辆等。

三是提高华夏银行的机构组织能力，包括设立绿色信贷中心，设立内部绿色信贷程序，开发和试行创新融资模式与产品，为员工提供有关能源效率和清洁能源融资的培训等。

④P4R项目案例4：河北省大气污染防治计划P4R贷款项目

2016年6月，世界银行董事会为河北省提供5亿美元贷款用于河北省大气污染防治计划，多措并举减少大气污染物排放。

据世界银行首席环境专家高柏林介绍："由于高污染工业集中、机动车排放和农业生产规模大，河北省在京津冀地区年均PM2.5浓度最高，占京津冀地区排放量约70%。河北省制定了2017年比2013年PM2.5下降25%的目标，河北省大气污染防治计划，将与此前批准的世界银行京津冀空气污染治理创新融资计划一起，助力河北省实现这一目标。"

河北省大气污染防治计划总投资约为9.68亿美元，其中5亿美元利用世界银行贷款。该计划也将使用结果导向型融资工具。

河北省大气污染防治计划的目标是减少钢铁、水泥、电力、交通和农业等关键行业的大气污染物排放。该计划主要在以下四个领域开展工作：

---

① 外媒：世行批准贷款5亿美元用于京津冀空气污染治理［EB/OL］.［2016 – 08 – 22］.凤凰财经，http：//finance.ifeng.com/a/20160323/14285880_ 0.shtml.

一是全面控制工业企业和减少关键行业的多种污染物排放，通过建立健全连续排放监测体系，确保工业企业日常达标排放，特别是确保末端治理及其他减排方案的投资实际达到减排效果。

二是区域污染控制和粉尘污染控制，通过推广使用清洁高效炉灶、农作物氮肥优化施用、加强农作物秸秆管理、加强畜牧业废弃物管理等措施。

三是机动车排放治理，通过落实减少车辆尾气排放和燃油相关的活动，包括扶持电池电动客车生产企业和淘汰高排放老旧车辆。

四是建立监测与报警系统，通过建立一个覆盖河北全省的生态环境监测智能平台，加强数据收集系统，编制河北省大气污染治理"十三五"规划。

3. 亚洲开发银行

亚洲开发银行（Asian Development Bank，ADB）是面向亚太地区的区域性政府间的金融开发机构。它是根据联合国亚洲及太平洋社会委员会专家小组会建议。并经 1963 年 12 月在马尼拉举行的第一次亚洲经济合作部长级会议决定，于 1966 年 11 月正式建立的，总部设在菲律宾首都马尼拉。同年 12 月开始营业，亚洲开发银行初建立时有 34 个成员国，目前其成员不断增加，凡是亚洲及远东经济委员会的会员或准会员，亚太地区其他国家以及该地区以外的联合国及所属机构的成员，均可参加亚洲开发银行。

亚洲开发银行的战略目标是：通过提供贷款和股本投资，促进发展中成员经济的增长和社会进步；通过提供技术援助、开展贷款政策性对话，加强发展中成员决策机构的能力，促进经济向市场化转轨，改善投资环境；进一步增加联合融资，促进私有资本向发展中成员流入。

根据其业务和战略目标，目前亚洲开发银行提供资金的主要领域包括：农业和以农业为基础的工业（一般农业、渔业和牲畜、森林、灌溉和农村发展）、运输（机场、港口、公路和铁路）、通讯、供水和卫生、城市发展、健康和人口、工业、能源（油、汽、煤）、电力（发电、输电、配电），以及金融行业，促进发展中成员国金融体系、银行体制和资本市场的管理、改革和开放。

在开展大气污染治理项目上，我国能够从亚洲开发银行获得的援助分为贷款和技术援助两种。

（1）贷款

亚洲开发银行所在地发放的贷款按条件划分，有硬贷款、软贷款和赠款三类。硬贷款的贷款利率为浮动利率，每半年调整一次，贷款期限为 10～30 年（2～7 年宽限期）。软贷款也就是优惠贷款，只提供给人均国民收入低于 670 美元（1983 年的美元）且还款能力有限的会员国或地区成员，贷款期限为 40 年（10 年宽限期），没有利息，仅有 1% 的手续费。赠款用于技术援助，资金由技术援助特别基金提供，赠款额没有限制。

亚洲开发银行贷款按方式划分有项目贷款、规划贷款、部门贷款、开发金融机构贷款、特别项目执行援助贷款和私营部门贷款等。

①项目贷款，即为某一会员国或地区成员发展规划的具体项目提供贷款。这些项目应该具备效益好、有利于借款会员国或地区成员经济发展、借款会员国或地区成员有较好的信用三个条件。贷款的程序主要是：项目确定、可行性研究、帝地考虑和预评估、评估准备贷款文件、贷款谈判、董事会审核、签署贷款协定、贷款生效、项目执行、提款、终止贷款账户、项目完成报告和项目完成后评价。项目贷款是亚洲开发银行主要和传统的贷款方式。我国利用亚洲开发银行贷款多数是项目贷款。

②规划贷款，是对某会员国或地区成员某个需要优先发展的部门或其所在地属部门提供资金，以便通过进口生产原料、设备和零部件，扩大现有生产能力，使其结构更趋合理化和现代化。亚洲开发银行为便于其监督规划的进程，将规划贷款分期执行，每一期贷款要同执行整个规划贷款的进程联系在一起。

③部门贷款，是对其会员国或地区成员与项目有关的投资进行援助的一种形式。这项贷款是为提高所选择的部门或其分部门的执行机构的技术与管理能力而提供的。

④开发金融机构贷款，是通过会员国或地区成员的开发性金融机构

进行的间接贷款，也称中国转贷。我国接受亚洲开发银行的第一笔贷款就是这种贷款，金额为 1 亿美元，由中国投资银行承办，主要用于小企业改造。

⑤综合项目贷款，是对较小的会员国或地区成员的一种贷款方式，由于这些国家或地区的项目规模较小，借款数额也不大，为便于管理，亚洲开发银行便把这些项目捆在一起，作为一个综合项目来办理贷款手续。

⑥特别项目执行援助贷款，为了使亚洲开发银行贷款的项目在执行过程中避免因缺乏配套资金等不曾预料到的困难，使项目继续执行受阻，而提供的项目执行援助贷款。

⑦私营部门贷款，分为直接贷款和间接贷款两种形式。直接贷款是指有政府担保的贷款，或是没有政府担保的股本投资，以及为项目的准备等提供的技术援助；间接贷款主要是指通过开发性金融机构的限额转贷和对开发性金融机构进行的股本投资。

⑧联合融资，是指一个或一个以上的区外经济实体与亚洲开发银行共同为会员国或地区成员某一开发项目融资，主要有五种类型：

● 平等融资，是指将项目分成若干个具体的独立的部分，以供亚洲开发银行和其区外经济实体分别融资。

● 共同融资，是指亚洲开发银行与其他经济实体按照商定的比例，对某会员国或地区成员的一个项目进行融资。

● 伞形融资或后备融资，这类融资在开始时由亚洲开发银行负责项目的全部外汇费用，但只要找到联合融资的其他经济实体，亚洲开发银行中相应的部分即取消。

● 窗口融资，是指联合融资里的其他经济基础实体将其资金通过亚洲开发银行投入有关项目，联合融资的其他经济实体与借款人之间不发生关系。

● 参与性融资，是指亚洲开发银行先对项目进行贷款，然后由商业银行购买亚洲开发银行贷款中较早到期的部分。

目前，亚洲开发银行 2016 年 1 月 1 日调整贷款利率后，贷款利率和筹资成本利差情况如表 4 - 8 所示。

表 4 - 8　　　　　　　亚洲开发银行贷款利率和筹资成本利差情况

贷款产品	贷款币种	利率	筹资成本利差（退息率或加息率）
以 LIBOR 为基准的贷款（LBL 贷款）	美元		- 0.11%
	日元		- 0.47%
	欧元		- 0.39%
由总库制单币种贷款转换的 LBL 贷款	美元		- 0.04%
	日元		- 0.36%
总库制单币种贷款	美元	5.66%（美元总库制贷款的平均借款成本 5.26% 加 0.40% 的贷款利差）	
	日元	0.36%（日元总库制贷款的平均借款成本 - 0.24% 加 0.60% 的贷款利差）	

（2）技术援助

技术援助可分为项目准备技术援助、项目执行援助、咨询技术援助和区域活动技术援助。

①项目准备技术援助。用于帮助会员国或地区成员立项或项目审核，以便亚洲开发银行或其他金融机构对项目投资。

②项目执行技术援助。是为帮助项目执行机构（包括开发性金融机构）提高金融管理能力而提供的。亚洲开发银行一般通过咨询服务、培训当地人员等，来达到提高项目所在地会员国或地区成员的金融管理能力的目的。在这项技术援助中，仅其中的咨询服务部分采用赠款形式，而其余部分采用贷款形式。

③咨询性技术服务。用于援助有关机构（包括亚洲开发银行执行机构）的建立或加强管理，进行人员培训，研究和制定国家发展计划、部门发展政策与战略等。以前亚洲开发银行的咨询性技术援助多以赠款方式进行，后来以贷款方式提供的援助越来越多。

④区域活动技术援助。用于重要问题的研究，开发培训班，举办涉及整个区域发展的研讨会等。这项援助多采用赠款方式来提供。

技术援助项目由亚洲开发银行董事会批准，如果金融不超讨 35 万美元，行长也有权批准，但须通报董事会。

4. 金砖国家新开发银行

金砖国家新开发银行（NEW Development Bank，新开发银行，俗称金砖银行）是由巴西、俄罗斯、印度、中国和南非五个金砖国家组织成员共同建立的国际性金融机构。银行总部设在上海，并在南非设立区域办公室。金砖银行可在任何借款成员国参与公共或私人项目，通过担保、贷款或其他金融工具提供支持，并可开展股权投资，承销证券发行，或为在借款成员国的领土上开展项目进入国际资本市场提供协助等，以支持金砖国家及其他新兴经济体和发展中国家的公共或私人部门的基础设施建设和可持续发展项目。

金砖银行以支持基础设施建设和促进可持续发展为宗旨。创始成员为金砖五国，成员资格向联合国成员开放。银行法定资本 1000 亿美元，初始认缴资本 500 亿美元，在五个创始成员间平均分配，实缴比例为 20%。

我国的大气污染防治项目可以通过申请金砖银行的贷款获得支持。2015 年 11 月 3 日，金砖国家新开发银行副行长 Leslie Maasdorp 表示，金砖银行 2016 年第二季度将发放首批贷款，其中 60% 的专案落地在清洁能源领域，并指出该行将重点关注绿色基础设施建设。

2016 年 4 月，金砖银行在华盛顿公布了首批贷款项目，规模为 8.11 亿美元，支持成员国 2370 兆瓦的可再生能源发电能力，每年避免排放二氧化碳 400 万吨。首批获贷项目分别为巴西、中国、印度和南非的四个绿色可再生能源项目。巴西国家开发银行将获得价值 3 亿美元的最高额信贷，用以建设 600 兆瓦的可再生能源项目。印度国有的卡纳拉银行将获得总计 2.5 美元资金支持，用于可再生能源项目投资。南非国家电力公司 Eskom 获批 1.8 亿美元，用以输电线路建设，以传输 670 兆瓦的发电量和 500 兆瓦的可再生能源项目。为中国上海临港弘博新能源发展有限公司提供以人民币计价的 100 兆瓦的太阳能屋顶发电项目，约合 8100

万美元，已完成国内审批程序。①

此外，金砖银行还与国内银行建立了合作。2016 年 6 月，中国建设银行与金砖银行在上海签订了《战略合作谅解备忘录》，建立了全面战略合作伙伴关系。金砖银行将发行的第一只绿色金融债券便由建设银行担任主承销商。

5. 全球环境基金

全球环境基金（GEF）是一个由 183 个国家和地区组成的国际合作机构，其宗旨是与国际机构、社会团体及私营部门合作，协力解决环境问题。自 1991 年以来，全球环境基金已为 165 个发展中国家的 3690 个项目提供了 125 亿美元的赠款并撬动了 580 亿美元的联合融资。23 年来，发达国家和发展中国家利用这些资金支持相关项目和规划实施过程中与生物多样性、气候变化、国际水域、土地退化、化学品和废弃物有关的环境保护活动。

全球环境基金管理着《联合国气候变化框架公约》缔约方大会（COP）设立的最不发达国家基金（LDCF）和气候变化特别基金（SC-CF）。全球环境基金还管理着《生物多样性公约》设立的名古屋议定书执行基金（NPIF）。此外，全球环境基金秘书处还担任适应基金董事会秘书处的工作。由此，全球环境基金主要作为下列公约的资金机制提供相关服务：

● 《生物多样性公约》（CBD）

● 《联合国气候变化框架公约》（UNFCCC）

● 《关于持久性有机污染物的斯德哥尔摩公约》（POPs）

● 《联合国防治荒漠化公约》（UNCCD）

● 《关于汞的水俣公约》

● 尽管没有与《关于消耗臭氧层物质的蒙特利尔议定书》正式挂钩，但全球环境基金也为该议定书在经济转型国家的实施提供支持。

---

① 金砖国家开发银行公布首批绿色能源贷款项目 [EB/OL]. [2016 – 08 – 23]. 东方网, http://news. eastday. com/eastday/13news/auto/news/china/20160429/u/ai5589003. html.

全球环境基金主要关注以下领域：生物多样性、气候变化（适应和减缓）、化学品、国际水域、土地退化、可持续森林管理（减少毁林及森林退化带来的温室气体排放）、臭氧层损耗等方面。同时，全球环境基金开展多种项目类型的活动，如全额项目、中型项目、基础活动、规划型项目、气候变化适应项目以及小额赠款计划等。

由此，通过对《大气污染防治行动计划》中的主要大气污染防治措施进行筛选，识别出符合全球环境基金支持的在《联合国气候变化框架公约》下的节能减排项目的范畴项目主要有：燃煤锅炉淘汰，开发利用地热能、风能、太阳能、生物质能以及安全发展核能，推广新能源汽车，淘汰黄标车和老旧车辆，淘汰钢铁、水泥、电解铝、平板玻璃等行业落后产能，等等。

第五章　社会资本参与大气污染防治的投融资机制和方案分析

一、大气污染防治形成的主要绿色实体经济分析

金融是为实体经济服务的，绿色金融政策、手段和工具的选取以及针对某一具体环境问题构建的绿色金融创新体系也必然因服务的实体经济的不同而有所差异。分析通过怎样的绿色金融制度和技术创新来吸引社会资本参与大气污染防治，首先就要分析大气污染防治主要形成了哪些绿色实体经济。

本研究所要防治的大气污染，其污染物主要包括二氧化硫、氮氧化物、粉尘、挥发性有机物（VOCs）等，其排放源主要来自工业源。2014年环境公报显示，我国主要工业源排放分别占二氧化硫、氮氧化物、粉尘排放源的88.15%、67.6%、83.65%。VOCs 也是以工业源为主。因为项目时间的紧迫性，本研究在分析金融支持时，在针对污染源方面，主要分析对工业源的控制所形成的实体经济。

（一）脱硫行业实体经济特征

目前，二氧化硫前十大排放行业为电力、热力生产和供应业、黑色金属冶炼及压延加工业、非金属矿物制造业、化学原料和化学制品制造业、有色金属冶炼及压延加工业、石油加工、炼焦和核燃料加工业等，其中，电力、热力生产和供应业是主要排放行业，占主要排放的45%。

但是，脱硫行业已经比较全面地开展了第三方治理，成立了专门的脱硫公司，各污染排放单位将脱硫任务委托给第三方，自己主要是承担监督职责，并按照脱硫治理情况付费给脱硫公司。目前这种环境污染第三方治理已经成为大气污染治理中比较常用的模式，是排污者通过缴纳或按合同约定支付费用，委托环境服务公司进行污染治理。脱硫行业环境污染第三方治理，使脱硫走向集中化和规模化，便利了社会资本的进入，并形成了一批专业化的脱硫服务公司。因此，虽然二氧化硫排放的污染源涉及的行业比较多，但在金融支持方面主要针对的实体经济是专业脱硫服务公司。

2000 年左右，脱硫技术的引进曾使脱硫行业出现爆发式的增长。在短短几年内，专业烟气脱硫公司已由最初的几家激增到几百家，目前，专业脱硫行业已经逐渐进入成熟期，火电脱硫行业已经逐渐步入成熟发展期，行业内已经形成一些具有竞争力的企业。

根据课题组对专业脱硫行业的分析，目前主体技术的使用是石灰石/石灰—石膏脱硫。我国现在使用的脱硫技术包括石灰石—石膏湿法、烟气循环流化床、海水脱硫法、脱硫除尘一体化、半干法、旋转喷雾干燥法、炉内喷钙尾部烟气增湿活化法、活性焦吸附法、电子束法等。在诸多脱硫工艺技术中，石灰石—石膏湿法烟气脱硫是主流工艺技术。据统计，全国已投运的烟气脱硫机组中，石灰石—石膏湿法脱硫工艺占 90% 以上。2011 年修订的《火电厂大气污染物排放标准》对二氧化硫的排放制定了更加严格的标准，必须采用高脱硫率的烟气脱硫方法才能满足排放要求。因此我们预测石灰石—石膏湿法烟气脱硫技术在我国的烟气脱硫市场中将会长期占领着主导地位，而且市场份额会越来越大。

课题组基于主体技术和中国企业规模进行了脱硫成本分析，主要指标为固定资产投资区间和年运行总成本区间。以火电厂为例，根据《火电工程限额设计参考造价指标》（2014 年），采用石灰石—石膏湿法烟气脱硫技术时，火电机组的脱硫设备固定资产投资区间如表 5–1 所示。

表5-1　　　　　　　　火电机组的脱硫设备固定资产投资区间

装机容量	湿法脱硫装置主体造价（万元）
2×350 兆瓦	9204
2×660 兆瓦	15166
2×1000 兆瓦	19382

我们核算了三种规模下脱硫的内部收益率。根据计算，2×350兆瓦、2×660兆瓦和2×1000兆瓦的火电厂其脱硫设施投资的内部收益率分别为1%、9%和17%。可见规模越大的火电厂，开展脱硫的利润率越高。因此，我们可以基本判断脱硫行业属于重资产行业，其行业发展前景，应该是规模化、集中化、技术化，也就是说，拥有越先进技术工艺流程和更大治理规模的专业脱硫公司，其盈利水平越高。但是，与成熟的重资产行业相比，目前脱硫行业市场集中度还不够高，以累计投运量估算，火电厂脱硫机组累计投运量排名靠前的三家脱硫企业的总投运量占全国已投运火电厂烟气脱硫机组容量的25.9%，排名靠前的五家企业累计投运量占全国已投运火电厂烟气脱硫机组容量的37.9%，排名靠前的十家企业的累计投运量占全国已投运火电厂烟气脱硫机组容量的55.6%。

从脱硫企业的所有制情况来看，私有企业数量更多，也占据了更大的市场份额。在累计投运量中，国有企业占比仅为37%。其中，规模较大的脱硫国有企业主要是电力集团控股的企业，依托集团内部的资源获得脱硫订单，例如北京国电龙源环保工程有限公司、中电投远达环保工程有限公司、中国华电工程（集团）有限公司和大唐环境产业集团股份有限公司等。而规模较大的私营企业大多是综合性的、依靠技术取得竞争优势的企业，例如北京博奇电力科技有限公司、福建龙净环保股份有限公司、武汉凯迪电力环保有限公司等。从2015年火电厂烟气脱硫机组新建投运量来看，私有企业的优势更加明显。2015年新建的脱硫机组中，约80%由私有性质的脱硫企业承担，国有企业的新市场份额仅为20%。可见，脱硫行业私营企业市场份额逐渐增加。

从企业上市情况来看，上市脱硫企业与非上市脱硫企业累计火电脱硫机组投运量基本持平。上市脱硫公司有6%的微弱优势。但如果仅从

2015 年新建投运量进行比较，上市企业的优势更加明显，占新建投运总量的 70%，远超过非上市企业 30% 的份额。由此可见，脱硫行业已经逐渐进入了二次创业期，即企业从创立、生存走向发展。从金融支持方面来看，一次创业期企业更加需求绿色产业基金、风险投资基金和银行贷款，而二次创业期企业的融资需求走向多元化，因为企业的相对成熟，上市融资、兼并、重组等资本经营对企业日益重要。

就大气污染治理行业而言，脱硫行业公司整体的净资产收益率较高，高于环保行业的平均水平。表 5－2 列出了脱硫行业四个上市公司 2015 年度的财务数据，可见，大气污染治理行业的毛利率和净资产收益率在大气污染治理行业中处于相对较高水平。

表 5－2　　　　　脱硫行业四个上市公司 2015 年度的财务数据　　　　单位：%

	净资产收益率	毛利率
清新环境	17.54	38.99
龙净环保	15.71	22.91
永清环保	8.54	23.24
洁昊环保	18.18	56.79

（二）脱销行业实体经济特征

根据《2015 年中国环境统计年鉴》，2014 年调查统计的工业行业中，氮氧化物排放量位于前三位的行业依次为电力、热力生产和供应业，非金属矿物制品业，黑色金属冶炼及压延加工业。其中，电力、热力生产和供应业的氮氧化物排放量最高。可见，电力行业也是氮氧化物治理投资最关键的领域。同样的，电力行业中，对氮氧化物贡献最多的单元也是燃煤发电厂。

随着氮氧化物排放标准的趋严，脱硝效率较高的 SCR 技术逐渐成为烟气脱硝的主体技术。截至 2012 年底，我国燃煤机组脱硝装机容量已达到 2.25 亿千瓦，其中采用 SCR 脱硝技术的机组约占 90% 以上。因此，本研究主要基于 SCR 技术进行分析。

根据课题组调研，目前脱硝设备固定资产的投资区间为 4000 万元到

8600 万元，运行寿命约为 20 年。年运行成本约为 1000 万/年～3000 万/年。根据课题组核算，300 兆瓦的火电机组采用 SCR 脱硝技术方法进行烟气脱硝，内部收益率为 -3% 。可见，SCR 技术对于 300 兆瓦的火电机组来说成本过高。因此，环境保护部 2010 年颁布的《火电厂氮氧化物防止技术政策》指出，对于装机容量小于或等于 600 兆瓦的火电机组，可以采用成本较低的 SNCR 技术进行脱硫。但 SNCR 技术的脱硝效率仅能达到 30%～60% ，脱除率较低。由此可见，应该鼓励 300 兆瓦以上的大规模火电厂的建设。或者对 600 兆瓦以下火电厂，适当提高其脱硝电价加价标准。

对于 600 兆瓦和 1000 兆瓦的火电机组，脱硝设施的内部收益率分别为 14% 和 22% ，已经有条件开展第三方治理。目前脱硝行业第三方治理主要有特许经营和委托经营两种模式。截至 2015 年底，已签订火电厂烟气脱硝特许经营合同的机组容量 0.66 亿千瓦，其中，0.44 亿千瓦机组已按特许经营模式运营。

从脱销行业的固定资产投资规模和内部收益率随规模增大而增加的趋势，我们可以判断脱销行业也是重资产行业，其行业发展前景也是专业化、规模化、技术化。但目前脱硝行业的市场集中度还较低。按 2015 年火电厂脱硝机组累计投运量来计算，排名靠前的三家脱硝企业的脱硝机组累计投运量仅占全国脱硝企业累计投运量的 25.3% ，排名靠前的五家企业的累计投运量仅占全国脱硝企业累计投运量的 35.2% ，排名靠前的十家企业的累计投运量占全国脱硝企业累计投运量的 48.4% 。因此金融应该支持其做大做强，支持企业的兼并重组，支持市场的竞争淘汰。

从各所有制企业的市场份额来看，国有企业的累计投运量更高，至 2015 年，国有企业累计投运量占比 61% ，民营企业累计投运量占比 39% 。但私营企业在 2015 年占据了更高的市场份额。2015 年私营企业投运量占比 58% ，国有企业投运量占比 42% 。可见脱硝行业也呈现私营企业占有率不断上升的趋势。

从脱硝企业上市情况来看，非上市企业占据了更大的市场份额，非上市企业累计投运量占比 62% ，上市企业累计托运量占比 32% 。同时，这一情况在 2015 年并未得到改善。2015 年非上市企业投运量占比 76%，上市企业投运量占比 24%。

由此可见，脱硝行业仍然处于一次创业期，其主要需求的金融支持是绿色产业基金和银行贷款。

（三）除尘行业实体经济分析

我国火电厂烟气除尘主体技术为电除尘技术、袋式除尘技术和电袋复合式除尘技术。300 兆瓦火电机组的静电除尘设备的固定资产投资约为 3000 万元，运行费用约为 270 万元/年；布袋除尘设备的固定资产投资约为 1800 万元，年运行成本约为 500 万元/年；电袋复合式除尘设备固定资产投资成本 2700 万元，年运行成本 223 万元/年。

从除尘投资项目的资金流和内部收益率分析，当计算烟气排污费的削减收益时，安装除尘设备的收益较大，项目开展后的第二年便能收回初始的固定资产投资成本。当不考虑烟尘排污费的削减带来的收益时，除尘项目的资金流变化较大，投资收益率为负值。由此可见，排污收费政策在促进除尘行业发展上能够发挥较大作用。0.2 分/度的除尘电价补贴并不能够覆盖火电厂的除尘成本。

根据中电联公布的袋式除尘行业的信息，袋式除尘行业市场集中度较高。累计投运量排名靠前的三家企业的市场份额为 65.7%，排名靠前的五家袋式除尘企业的市场份额为 75.3%，排名前十的企业的市场份额达到了 89.5%。

发展时间最长的电除尘行业也有着很高的市场集中度。相关研究显示，电除尘设备企业中的浙江菲达、福建龙净、天洁集团、上海冶矿、科林环保五个企业的合同额和产品销售收入占到整个行业的 65% 以上。此外，电袋复合式除尘领域，仅龙净环保、菲达环保两家企业便分别占据了 49% 和 10% 的市场份额。

除尘行业的低端市场由于技术门槛低，竞争激烈，小企业生存空间艰难，资金周转困难，再加上国家不断加强各个行业的环保门槛，低端除尘器难以满足高端需要，因此小型除尘企业生存空间被进一步压缩，产量下降；而中高端除尘器有一定技术门槛，加上大企业资金运转能力较强，因此市场需求逐渐向高端企业尤其是上市企业集中。由此可见，除尘行业市场集中度仍将增大。一方面，随着新标准的颁布，空气污染排放愈加严格，低端除尘器的市场进一步紧缩，缺乏技术力量的小型企业会被逐渐淘汰出局，而大厂商有较为集中的核心技术力，一些龙头企业例如龙净环保等不仅仅可以提供除尘服务，还可以提供除尘、脱硫脱硝装置的设计、安装、测试、升级等一条龙服务，因此大企业在技术方面的优势会逐渐占领市场。另一方面，行业内龙头企业纷纷推出产能扩张计划，例如龙净环保近年来先后进行了武汉工业园、天津龙净、西矿环保工业园项目的建设，菲达环保 2014 年 1 月签订了诸暨辰通环境工程有限公司的收购协议，等等。可以预见，除尘器行业第一梯队的公司已经为增加市场份额做好了准备，这将会进一步挤压中小型企业的生存空间，增加行业集中度。

根据 2015 年底袋式除尘（含电袋复合式）机组累计投运量情况，在火电厂除尘行业中，私营企业占据了 79% 的市场份额，而国有企业的市场份额较低，仅为 21%。在除尘行业中，技术和资金实力更强的公司更具有竞争优势，因此上市企业的市场份额更高。在袋式除尘行业中，上市公司占据了约 76% 的市场份额，远高于非上市公司 24% 的市场份额。可见，股权融资、并购咨询等能够作为主要的支持除尘企业的金融服务手段。

（四）VOCs 防治行业实体经济特征

目前，VOCs 防治政策推动的主要是 VOCs 的监测行业。主要有两个方面的原因：

一方面，长期以来，我国缺乏对 VOCs 排放的监测体系，使得国家对 VOCs 并无公开的相关数据。由于 VOCs 成分种类复杂，特性不一，涉及的行业多，工艺复杂，很难摸清全国的 VOCs 排放总量。因此，在开展 VOCs 防治和回收利用之前，需要对全国 VOCs 排放现状进行摸底，必须首先建立起成熟的监测体系。

　　另一方面，VOCs 的治理与其他大气污染物的治理有较大差别，对其治理的手段重在前端防治而非末端治理，监测是 VOCs 前端防治的最关键的环节。例如，石油石化行业的 VOCs 排放基本上都是原材料或产品的泄漏，因此治理的重点在于实时监测泄漏点并进行修复，从而在降低排放的同时减少资源的浪费。

　　VOCs 监测的市场需求包括城市监测需求、工业园区监测需求、污染源监测需求。根据预测，其市场需求分别为 39.80 亿元、49.71 亿元、468 亿元。由此综合估算，受益于法律法规重视度增加、排污费的征收以及政府部门补贴的激励作用，VOCs 监测设备行业有望迎来大的爆发，最高激活 539 亿元市场空间。

　　目前 VOCs 监测行业主要采取政府购买服务的商业模式，第三方监测公司通过为政府建立挥发性有机物排放及治理设施运行的在线监控平台系统建设，为政府建立有机物排放源在线监控平台，将规划内的排放企业纳入监管平台，实现挥发性有机物排放及治理设备运行的在线实时监控，以此为基础建立有效的减排监管及排污收费体系。根据政府购买服务的规定，给予服务企业微利，即 8% 上浮一点，各地方略有差异，利润率在 8% ～10% 之间。

（五）煤改气行业实体经济特征分析

　　"煤改气"的替代领域是燃煤量大且产生污染物多的行业，可以分为三大类：散煤用户，例如供暖锅炉；工业制造业企业，包括钢铁、有色金属、化工、水泥等；燃煤电厂。

　　由于数据可得性，"煤改气"工程难以像脱硫脱硝除尘与 VOCs 综合治理一样，分析全行业的内部收益率区间。另外，对于"煤改气"工程，不同区域之间原有燃煤或燃气设施建设情况不同，在改造过程区域差异性较大。因此，本研究选取了江西省某县、温州市和北京市某区域三个案例进行分析，力求给出"煤改气"行业的成本与内部收益率区间。

　　我们发现：（1）三个案例中的"煤改气"工程内部收益率差异较大，其中，江西省某县的"煤改气"工程收益最高，达到 107%，主要原因是该工程同时实施了"煤改气""煤改电"和"煤改生物燃料",改造后综合运用了三种清洁能源:天然气、电力和生物燃料,从而不仅抵消了天然气与煤燃料差价带来的损失,更节约了燃料成本,获得较大盈利空间。

(2)温州市"煤改气"工程收益难以补贴支出,主要原因在于该工程改造后的天然气成本远远高于原有的燃煤成本,抵消了锅炉改造所带来的红利。仔细分析该项目不难发现,温州市的天然气价格为4.3元/立方米,比江西省的3.2元/立方米每立方米高出1.1元/立方米,用气成本较高。可见,不同地区用气成本不同,实施"煤改气"工程的可行性也不同。

(3)北京市某区域供热项目的"煤改气"工程的财务内部收益率为28.42%,4~5年即可收回投资收益,具有良好的财务收益。虽然该项目的用气成本最低(2.28元/立方米),但是由于改造后单一依赖天然气能源供应,造成成本上升,压缩了部分盈利空间。即便如此,从该案例可以看出,在北京市现有的气价、供热价格和财政补贴政策下,"煤改气"工程还是可以带来相对较好的内部收益。

(六)合同能源管理

2003—2013年,我国合同能源管理行业投资规模不断扩大,复合增长率高达50.45%,说明行业发展迅速。根据中机院对节能服务企业的收益情况计算,建筑节能服务行业的平均净利润率是29.86%。其投融资特征:(1)企业规模尚小,市场集中度低。中国的节能服务公司虽然数量多,但规模小,以民营企业为主。(2)大多为轻资产企业,融资难。据中国环境能源资本交易中心统计,目前节能服务公司实施EMC项目遇到的难题中,69.5%是融资困难的问题。我国节能服务公司中有70%左右都是中小型企业,整体规模较小,属于轻资产企业,自身担保资源有限。另外,合同能源管理项目投资形成的资产,存在于客户的企业中,而且都依附于企业生产的主流程中,缺乏独立性;另外,节能设备往往具有较高的资产专用性,可变现能力较弱。这些都使银行不愿将此视为可接受的抵押，成为目前我国节能服务公司融资难的根本原因。据调查，2008—2011 年，节能服务公司实施合同能源管理项目的资金来源大部分是企业自有资金，占整个资金来源的 68.5%，分别是对外借款、股东集资、银行贷款、第三方投资等。

二、根据大气污染治理实体经济特征分析其融资存在的主要问题

根据大气污染治理实体经济特征，笔者以为其融资存在以下问题：

第一，大气污染治理各行业投融资特征和差异性较大，需要不同的金融工具满足其融资需求，"一刀切"的绿色金融创新政策可能对其作用有限，需要针对各个主体行业，实施不同的绿色金融创新体系。

第二，大气污染治理各行业项目的投资回报率普遍较低，而且不同规模、技术和当地政策的差异性，都会引起项目投资回报率的大幅波动。我们核算的大气污染治理各主体行业的内部收益率，都是没有包括融资成本的，扣除融资成本后，其投资回报率普遍较低。由此可见，目前大气污染治理各主体行业项目都是准公共物品，都具有一定的回报率，因此金融可以在其中发挥巨大作用。但是，因为其投资回报率较低，需要通过各种财政金融手段的联动来提高其投资回报率，以吸引社会资本投资，否则社会资本会因为其收益较低而不愿意参与。

第三，大气污染治理主体服务行业的收益具有区域共享性特征，导致其资金流中的收益存在部分缺失。环境服务的市场价格是其环境收益的市场体现，但是，大气具有流动性，某一行政区的大气污染治理，其收益并不全部被行政区居民所享有，而是会在该大气污染物传输范围内被该传输区所共有。这种收益的外溢性会导致行政区和环境服务治理机构在供给大气污染治理这种环境服务时会缺乏积极性，从而导致供给不足。

第四，大气污染治理正在向综合服务方向发展，各行政区的联防联控与大型环保综合服务公司的涌现和发展，亟须大规模的投资，培养大

气污染治理中的环保领头企业。从目前大气污染治理脱硫脱硝除尘行业综合服务情况看，亟须培育大型民营企业。但目前我国支持民营企业的金融支持政策，都是把民营企业定义为中小企业，所以通过培育和发展中小民营金融机构来为中小民营企业融资。目前，中国金融支持政策中还没有出台如何支持民营企业规模化、创新技术化和国际化的金融支持政策。

第五，大气污染治理各主体行业的投资回报率与各类技术的选择使用、规模的选择、工艺流程的组合情况有非常密切的关联，呈现出投资回报率区间波动明显的特征，如果是不熟悉行业特征的金融机构进行金融操作，会觉得风险比一般行业的投资更难以把握和控制。另外，大气污染治理企业大部分是民营企业，特别是近年来进入市场的，民营企业比重迅速上升。相对于国有企业，对民营企业投资风险更高。再加上大部分大气污染治理主体行业都是重资产行业，需要的资金额度巨大，这一切，都导致投资大气污染治理行业对金融机构来说风险较高。

三、引导社会资本参与大气污染治理投融资机制的方案设计

针对大气污染治理主要实体经济在投融资中的特征和存在的问题，我们设计出如下方案以引导社会资本的参与。

（一）提高大气污染治理主要实体经济的投资回报率

环保项目较好的投资回报率是吸引社会资本的基础。只有具有较好的投资回报率，才能加大内源融资的力度。金融总是追逐利润的，只有较好的内源融资和较好的投资回报率，才能吸引社会资本参与投资，无论是以哪种参与方式，或者是选择哪种金融工具，投资回报率高的项目和企业更容易获得金融机构的青睐并吸引更多的资金进入。为了提高大气污染治理主要实体经济的投资回报率，我们设计出如下政策方案。

1. 推动排污费和排污税的完善和征收

作为环保服务行业，如脱硫脱硝除尘等，是要通过服务于污染企业获得收益，政府对污染企业的排污收费越严格，费额或者税额越高，脱硫脱硝除尘行业为污染企业带来的收益就越大，污染企业就越有委托治理的动机和需求，而且其所愿意支付的价格也与如果其不治理需要承担的排污费总额有密切关系，企业需要支付的排污费越高，其愿意支付给环境服务公司的价格也越高。因此，排污费在价格和规模两个方面影响着脱硫脱硝除尘行业的投资回报率，例如，如果加上排污费，安装除尘设备的利润较好，如果不加排污费，仅仅靠除尘补贴，企业的收益是负值。因此严格排污费的征收和提高排污费征收单价可以提高大气污染治理行业的投资回报率，从而吸引更多的社会资本。

2. 建立和完善排污权交易市场

相比较排污收费制度，排污权交易更能吸引企业治理污染。另外，对于减排和节能的企业来说，排污权交易和煤炭资源使用权交易所获得的收益，等于是增加了一项资金收益，因此会增加其内部收益率。目前很多省份都开始了排污权交易试点，但主要交易因子是二氧化硫和氮氧化物，笔者认为，应该增加交易因子，将粉尘和VOCs也纳入排污权交易体系。

理论上，污染控制边际减排成本异质性越高，该政策可实现越多的成本节约；反之，其成本节约效果不显著。现实中，一个区域内各个地区或行业污染控制边际成本之间的差异则受诸多因素影响。因此，在特定区域推行排污权交易政策的成本节约效果受制于该区域的具体经济特征。我国不同城市群之间工业结构和能源消费结构等经济特征差异巨大，在不同区域实施排污权交易政策可能效果千差万别。

因此，课题组建议我国应该在审慎评估减排成本和成本节约潜力的基础上制定和推行排污权交易政策。包括排污权交易在内的环境政策在制定时都应该兼顾各区域的差异，通过足够的调查和估算，确定推行和实施方案，使其有更强的本地适应性，以促进环境政策的公正性和活跃性，更好地发挥市场经济手段的最大效用。在某些区域，由于区域内行业之间脱硫成本差异较小，排污权交易政策实施引起的成本节约潜力较小，若考虑执行成本例如交易平台构造成本和人员跟进监督成本等，有可能会出现负的成本节约。而对于评估结果显示适合排污权交易政策的地区，建议应尽快完善相应制度，包括涉及确定其合法性、交易程序、后续跟踪检验等法律体系，以此为排污权交易的实施营造合理环境，建立更为便利的交易平台和空间来降低交易成本以鼓励企业更积极地参与。

3. 实施燃煤总量配额交易制度

燃煤过程的污染物排放是大气污染和雾霾形成的重要原因，为了减少大气污染物排放，除了末端治理的脱硫脱硝除尘等，还需要在源头进行控制，减少煤炭的使用。但是，行政手段"一刀切"的方式可能会带来节能成本的上升，实施燃煤总量配额交易制度有利于通过市场的力量发现最佳燃煤资源配置方案，并获得最低的减少燃煤使用的成本。

燃煤总量配额交易制度是以燃煤总量控制为前提，和排污权交易一样，燃煤总量配额交易制度允许企业储存以往的配额并进行交易，但不允许交易未来的配额，以避免市场中出现过多燃煤配额指标，燃煤消耗边际收益较大的企业可以购买煤炭消费配额以扩大再生产，而燃煤消耗边际收益较小的企业将出售部分配额，配额权将自动流向能较好地利用燃煤的企业，促使燃煤消耗量小的合理经济格局的形成。因为燃煤总量是由政府严格控制的，而且相对于 GDP 的增长其单位消耗量的配给逐渐减少，因此可以通过市场资源的优化配置实现节能和经济收益双赢的局面。

对节能的企业来说，煤改气、合同能源公司、燃煤配额交易等相当于增加了资金收益，因此，可以提高项目的回报率。

4. 推动和完善排污权与燃煤配额抵押贷款制度

作为大气污染治理行业，特别是煤改气行业、节能行业等，推动和完善排污权和燃煤配额抵押贷款制度，可以帮助企业更容易获得贷款。对银行来说，不仅帮助企业实现了环境资源就是资本的转化，也为自身向环保企业和项目的贷款降低了风险。另外，银行对于排污权和燃煤抵押贷款的资金用途需要有明确的规定，要求必须是节约能源和减少排污的技术购买或者固定资产更新或者是生产经营活动。

目前在一些地区试点的是二氧化硫和氮氧化物的排污权抵押贷款制度，对此笔者建议：第一，鉴于国家已经对粉尘和VOCs提出了明确的控制要求和目标，建议将粉尘和VOCs也纳入排污权交易体系并进入排污权抵押贷款。第二，建议将燃煤配额也作为银行的贷款抵押，以鼓励煤改气或者节能企业进一步节能减排，并鼓励新能源的使用。第三，建议根据大气污染物的流动区间并结合行政区来确定交易区域，探索开展跨行政区域的交易模式，建立全国或区域统一的抵（质）押登记及公示系统，支持企业开展富余排污权指标短期租赁，鼓励政府回购、储存一定量的排污权指标，积极探索排污权以及煤炭等环境资源使用权抵（质）押融资模式，鼓励银行开展相关资产抵押信贷业务，加快盘活排污权和环境资源产权资产。大气污染治理具有跨行政区的收益外溢性特征，排污权交易和燃煤配额在整个流动区域而不是单一行政区交易，有利于获得较优的资源配置方案，降低减排成本和节煤节能成本。

对环保企业来说，市场资源配置方案的优化带来减排成本和节煤节能成本的降低，同时排污权交易和燃煤配额交易又增加了一项收益，因此可以提高项目回报率。而排污权交易和燃煤配额抵押制度，使大气污染防治主体企业可以降低融资的交易费用和实际的利率，从而降低融资成本，因此，也是提高项目回报率的有效措施。

5. 增加大气污染治理的财政专项资金

财政专项资金具有单独核算、专款专用的特点。而大气污染防治项目，如脱硫脱硝、除尘、VOCs综合治理等，大都属于重资产行业，需要前期投资大量基础设施，这就需要巨额资金作为初始投资成本。然而，这些项目又多为保本微利行业，难以在短时间内收回投资成本，这就无形中提高了项目的投资门槛，使得大量社会资本对大气污染防治项目望而却步。通过划拨财政专项资金，专款专用于基础设施，可以直接部分甚至全部覆盖大气污染防治项目的初始投资成本，这样，投资于大气污染防治项目的企业只需要支出运营成本，这不仅优化了企业的现金流，而且提高了大气污染防治项目的内部收益率，从而将会吸引更多的社会资本参与该项目。

6. 发行京津冀大气污染治理专门绿色债券

建立大气污染治理专门债券，可以降低脱硫脱硝、除尘、VOCs、煤改气、节能等大气污染治理实业行业的融资成本，从而提高其投资回报率。利用债券融资的成本较低、债券融资的杠杆效应、债券融资有税收优势、债券融资能促进企业管理机制的完善等优势；落地绿色债券投向的绿色项目定义严格，发行企业资金投向监督流程明晰，投资者对绿色债券透明度要求高的特性；发展公司绿色债券、市政绿色债券、新兴市场绿色债券等有创新性有针对性的绿色债券。利用政府资金的引导作用，发展中央财政的、地方政府的绿色产业金融工具。利用国际组织的影响力和协同效应，针对地区、针对大气污染治理的实业情况和项目情况，助力大气污染防治。

针对京津冀及周边地区等特殊地域，协同发展兼具生态文明建设、绿色发展两大国家战略，有效恰当地利用财政、银行等金融机构、上市公司、产业基金等资本力量，支持《绿色债券发行指引》《绿色债券支持项目目录》规定的行业，参照国际绿色债券的实践、标准、制度，结合亚洲基础设施投资银行、世界银行等有广泛影响力的世界组织，实现可持续发展的战略部署与实践。

（二）建立区域性大气污染防治基金（以京津冀为例）

1. 设立京津冀区域性大气污染防治基金的理由
（1）地理气象条件加剧污染转移，需进行统一管理

从地理位置上看，京津冀地区位于华北平原北部，北靠燕山山脉，南面为华北平原，西倚太行山脉，东临渤海湾，西北和北面地形较高，南面和东面地形较为平坦。由西北向的燕山—太行山山系向东南逐步过渡为平原，呈现出西北高东南低的地形特点。北京、天津与河北同处环渤海核心地带，且互相接壤，这种地理位置决定了京津冀三地跨区域交叉污染现象比较严重。由于污染物传输不遵守传统的行政边界，而是在更广阔的空气流域内自由混合流动，从而呈现出污染区在区域内相互传

输影响明显。

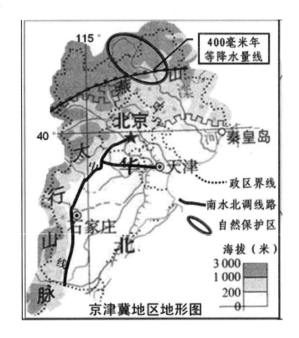

图5-1 京津冀地区地形图

①流动性

天津与河北工业综合用能比重均超过69%，聚集大量水泥、钢铁、炼油石化等高耗能企业，大气污染物防放量高。由于北京市独特的地形条件，三面环山，地形呈簸箕形，只余东南口正对天津、河北，受大陆东岸中纬度气候的影响，冬季风带动天津、河北大气污染转移，如果污染物进入后北京处于静风状态，空气的水平流动和垂直交换被阻碍，污染物被阻挡，不易继续扩散，就会形成雾霾。如果没有西北风以及少雨，就会在北京沉积，形成长时间持续重度霾污染，进一步加剧北京市的大气污染状况。这种地形特点和气象条件使得京津冀地区的重污染区有明显移动性和交叉污染的特征。

北京市二氧化硫浓度外来源贡献率达30%～40%，氮氧化物外来源贡献率为12%～20%，可吸入颗粒物外来源贡献率为16%～26%。从区域上看，天津、河北保定、廊坊、张家口和唐山等地对北京地区的污染物浓度贡献较大。

②区域性

此外，大气污染已经从局地、单一的城市空气污染向区域、复合型大气污染转变，京津冀地区出现区域范围的空气重污染现象，表现出明显的区域大气污染特征，并呈蔓延加重趋势。大气污染已经从传统的煤烟型污染转变为更加复杂的煤烟型和机动车尾气复合型大气污染，并且从城市和局地污染发展成为影响范围更广、更不易控制和治理的区域性污染。

由此可见，在特定的地理和气象条件下，大气污染物排放会在一定的空间尺度上自由混合，并呈现带状分布的无界限扩散和累积，使得京津冀区域的大气污染现象与污染特征趋同，并产生复合型污染。因此，仅从行政区划的角度考虑单个城市的大气污染防治难以有效解决大气污染问题，应当打破区域行政限制以统筹环境资源、严格落实责任、形成治理污染的合力，建立京津冀区域大气污染联防联控机制，通过区域联防联控措施，统一规划、监测、监管、评估和协调，以改善和优化区域空气质量，解决跨行政区的大气污染外部性问题。

（2）污染源转移导致的区域间不公平现象

环境污染存在空间上的迁移规律。在同时段发展水平不同的两个地区之间，高技术、低污染企业向发达地区聚集，低技术、高污染企业向落后地区聚集，导致经济发达地区单位产值能耗低，大气污染较轻，而经济落后地区单位产值能耗高，大气污染较重。

河北与北京、天津在产业结构、工业企业能耗和污染物排放强度方面存在着显著差异。同时，河北省环绕北京、天津，与京津之间有多条交通干线相连，便利的交通有利于原材料、产品的运输和技术与人才的流动。此外，河北省矿产资源丰富，唐山、承德等地具有大量的铁矿、煤矿等矿产资源。因此，河北省在承接京津工业企业迁移方面存在着有利条件。

北京大气环境容量有限，扣除民用、交通、城市建设和高新技术产业等必须排放的污染物量后，留给其他污染源排放的容量很小，只能大幅度地削减工业污染物排放总量。随着北京城市发展和产业结构的转换，

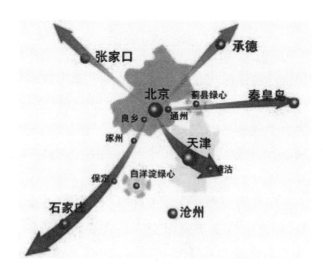

图 5 - 2　北京市污染源转移图

市区内的工厂经历了大规模的搬迁，主要包括显性迁移（企业主体从市区转移到郊区或外迁他省）和隐性迁移（主体布局不变但供给对象改变）两种。

显性迁移主要指京津部分工业企业迁移至河北。例如北京化工厂以及首都钢铁公司等将新址设在河北唐山。首钢每月产量 15 万吨，全年产量 390 万吨，需要消耗上千万吨煤炭，资源大量消耗的同时也带来较重的大气污染。2005 年 6 月北京首钢正式迁往河北曹妃甸，减少了北京石景山地区的大气污染物排放，但是给唐山市迁入区局地环境带来了一定的影响。

隐性迁移主要指河北企业将工业产品输送至京津。例如从 2011 年起，河北三河热电厂向北京通州区 1600 万平方米建筑供热，通州区 100 多座燃煤锅炉被取代。按热电联产企业每百平方米供暖耗煤量 5 吨的标准计算，共需燃煤 80 万吨，约排放 3000 吨二氧化硫。

综上可见，河北省作为京津的腹地，接纳了京津一些高耗能高污染的企业，并为其提供能源。为当地带来了一定程度的环境污染，导致区域间不公平现象产生，需建立补偿机制。而京津冀地区环境共享和补偿机制的建立涉及多个不同利益诉求的行政主体，仅靠各行政主体之间的无约束性协商很难达成统一。

因此，必须建立联防联控机制，以生态补偿机制的建立健全为切入点，以解决日趋严重的大气污染以及生态问题为着力点，整合京津冀三方建立起跨越行政区划的区域生态环境补偿机制。

统一管理大气环境保护资金，制定有利于京津冀生态环境和社会统筹发展的公共财政体系，完善跨越行政区划的财政转移支付政策，出台一体化的财政补助办法，重点扶植大气污染治理项目，有效推动京津冀区域间全方位的协同治理，从更高的层面对三方进行协调。

通过政策的协调进一步明确生态赔偿和补偿的主客体，认定大气污染赔偿者为责任方，即赔偿主体，生态环境的保护者和恢复者为受益方，即生态补偿对象，构建对京津冀大气污染赔偿、生态补偿方面评估的指标体系：补偿依据、补偿标准、补偿要素、补偿范围、补偿模式等具体内容，使得区域内不同主体的决策充分考虑其所产生的的社会效益或成本，进而实现外部效应的内在化。

（3）各地产业结构不一，单独治理导致地方保护

在各自行政区管辖下分别治理的大气污染防治机制是以行政区特定城市的空气质量为目标，而不是以整个区域的治理效果为目标。不同行政区的经济发展存在差异，重点污染源也不同，对大气污染状况的评价与大气环境质量的需求不同，居民对治霾的支付意愿不一，与之相应的治理措施、力度、效果也存在差异，治理导向的差异可能导致治理中的地方保护行为。

图5-3表示近年来京津冀产业结构差异逐渐增大，各地区经济发展水平和污染源的差异导致单独治理激励不够，难度增加。

从产业结构来看，北京市体现出"三二一"的产业格局，以科技、金融、商务、信息、物流为主的现代服务业是北京经济增长的主要动力。而目前天津市和河北省则体现为"二三一"的产业格局，第二产业仍是河北和天津的支柱产业。

对北京市而言，大气污染源主要为机动车尾气排放。京津冀机动车氮氧化物排放量68.2万吨，占氮氧化物排放总量的30%，其中北京机动

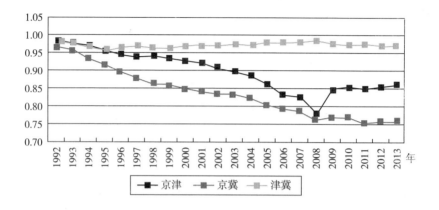

资料来源：中经网根据 1992—2013 年《中国统计年鉴》计算而得。

图 5 - 3　1992—2013 年京津冀地区产业结构相似度

车氮氧化物排放量占本地区氮氧化物的比重达 45%，分别高于天津 28.8 个百分点和河北 13.9 个百分点。

对天津市而言，大气污染源主要为工业气体排放。京津冀工业二氧化硫排放量占二氧化硫排放总量的 91.2%；工业氮氧化物排放量占氮氧化物排放总量的 68.4%；工业烟（粉）尘排放量占烟（粉）尘排放总量的 82.6%。天津市工业二氧化硫占比、工业氮氧化物占比均高于北京和河北，工业污染影响最大。

对河北省而言，大气污染源主要为燃煤排放。河北省钢铁产量较高，京津冀区域中 80%～90% 的钢铁来自河北。2012 年，京津冀燃煤消费总量 38927 万吨。河北煤炭消费量占其能源消费总量的 88.8%，远高于北京的 25.4% 和天津的 59.6%。煤炭消费排放大量二氧化硫，对大气环境造成很大影响，2012 年河北二氧化硫排放量占京津冀的 80.8%。

从工业能耗情况来看，津冀工业综合用能比重均超过 69%，天津和河北单位工业增加值能耗分别为 0.95 吨标煤/万元和 1.64 吨标煤/万元，明显高于北京 0.69 吨标煤/万元的能耗水平，严重影响区域大气环境。

由于京津冀三省市产业结构和工业能耗的差异，各地的污染源不一。河北省污染物主要来源于大量的煤炭燃烧所排放的二氧化硫、二氧化氮、工业烟（粉）尘等。天津市工业二氧化硫和工业氮氧化物的排放量较高。

北京市机动车尾气排放占比较大。

由于三地污染物排放情况不同，按照行政区划单独治理难以从京津冀大气整体目标出发，对各污染源进行统一治理。例如，由于北京市大气污染源主要来自汽车尾气，故使用国 V 标准的柴油和汽油。而天津和河北在汽车尾气方面的压力较小，主要采用国Ⅲ标准。由于各地方政府缺乏激励，单独治理不利于各污染源的综合整治，效率较低且消耗资金量大。

（4）单独治理成本增加，且驱动力不足

各行政区单独治理的模式加大了大气污染的治理成本，防治大气污染的研究和检测方面需要大量的资金和技术支撑，单独的属地治理模式使有限的资金和技术难以发挥最大作用，无法实现深层次的全面治理。同时，各地的防治法规、标准、规划、监测、监管、考核等差异性难以有效应对跨界的大气污染，加大了治理成本。

与北京市相比，河北省大气污染治理的投入相对较少，治理力度也较低。北京市已经开展煤改气、煤炭脱硫脱硝等多种低成本大气治理工作，持续节能减排，进行大气污染防治空间较小，成本较大。例如北京市推广新能源汽车需进行大量的补贴，消耗大量资金，如果实现区域联防联控，建立转移支付和补偿机制，加大力度治理河北大气空气质量，可以有效降低成本，同时提高效率。

在区域政府间大气污染治理政策协调上，作为"理性经济人"的地方政府组织，利益既是其进行政策协调的驱动力，也是其进行政策协调的目的。然而，由于治理区域大气污染会影响到京津冀三地的税收财政，三地政府的积极性明显不高。特别是在区域大气污染治理政策协调上，京津冀三地政府间的"共容性利益"偏弱，存在利益诉求不一致的情况。在环境保护部公布的 2014 年京津冀钢铁企业大气污染治理名单中，北京市的钢铁企业为零，天津市的钢铁企业也仅有 17 家，而河北省的钢铁企业却达到 379 家，故河北省在执行区域大气治理政策时利益会受到很大影响，驱动力不足。在这种情况下，统一资金管理，实施联防联控具有重要意义。

区域大气污染联防联控的制定和实施，体现了区域整体大气质量目标实现的社会成本最小化、减排责任公平化、控制标准一体化、发展权益均等化等基本原则，并通过具体的政策手段，比如区域财政转移支付等措施，体现四个具体原则：责任共担、权责对等、利益共享、协商统筹。由于三地发展水平的差异，从环境管理制度安排和环境监管的角度来讲，为建立有效的区域大气环境管理制度，要在整个区域范围内，通过统一监测、统一标准、统一法规、统一考核、统一监管、统一规划，特别是强化设立统一的环境准入标准，防止区域经济一体化进程中污染的区域间转移。

（5）大气联防联控的成功案例

①北京奥运会

为确保北京奥运会空气质量达标，环境保护部与北京、天津、河北、山西、内蒙古、山东六个省（自治区、直辖市）以及各协办城市建立了大气污染区域联防联控机制，成立奥运空气质量保障协调小组，实行统一规划、统一治理、统一监管。在获取大量外场观测、源排放等数据的基础上，利用数值模拟技术，系统分析污染特征，经过与周边地区共同磋商，共同组织制定、共同实施了与"北京市措施"相配套的"周边省区市措施"。

该区域大气联防联控政策协调，极大改善了北京奥运会期间的空气质量，奥运会期间大气污染物排放量与 2007 年同比下降 70% 左右，并且创造了 10 年来北京市空气质量的历史最好水平。由此可见，大气联防联控政策效果明显，意义重大。

②美国联邦政府用于解决特定大气污染问题的区域管理

从 20 世纪 70 年代以来，美国联邦环保署发现一些棘手的大气污染问题，特别是臭氧污染控制和能见度保护问题，只能通过区域机制成功解决，因此美国国会授权联邦环保署建立了一系列区域大气环境管理机制。

A. 臭氧污染区域管理（OTR）

美国最初的臭氧污染控制措施主要针对受控城市的重点污染源。其后科学家们开始关注低层大气中臭氧的传输问题,发现在单个地区进行臭氧控制难有成效,需要进行区域合作。

《清洁空气法案》1990 年修正案开始对臭氧进行区域管理和控制,划分了臭氧传输区域(Ozone Transport Region,OTR),并在臭氧污染严重的东北部(包括缅因州、弗吉尼亚州等 12 个州与哥伦比亚区)建立了管理机构——臭氧传输委员会(Ozone Transport Commission,OTC),由各州行政长官、主管空气污染控制的官员以及联邦环保署代表组成,主要负责开展东北部臭氧形成及传输影响的研究,同时为实现东北部各州臭氧的达标,提出适用于本区域更加严格的 VOCs 与 NOX 控制措施。

在过去 20 多年内,通过上述机制和模式,OTR 内各州统一实施了加州机动车排放标准;提出了各类 VOCs 排放源(包括消费品、便携式燃烧器、建筑与工业涂装、溶剂清洗操作、发动机维修与更新等)的控制要求,并制定了严于联邦标准的 OTR 消费品 VOCs 含量标准;致力于减少区域内大型燃烧源(包括电厂和大型燃煤锅炉)夏季 NOX 排放,通过执行三个阶段(1994—1998 年、1999—2002 年、2003 年以后)总量控制计划,实现了 NOX 排放比基准年降低 50% 的目标,并在此过程中,实施了 NOX 预算交易项目(NOX Budget Trading Program),在很大程度上促进了夏季 NOX 的减排。

B. 能见度保护与区域灰霾管理

美国应用区域管理的另外一个例子是解决能见度降低的问题。长期以来美国许多地区,特别是一些对国家意义重大的区域,如国家公园、自然保护区、国家纪念公园等都受到能见度降低问题的困扰,这主要是受到空气当中细颗粒物(PM2.5)的影响。在 1990 年《清洁空气法》修订中,由于联邦环保署发现大气污染物的州际传输对能见度影响巨大,国会特别授权联邦环保署划定了能见度传输区域,并成立能见度传输委员会,由受影响各州的行政长官、联邦环保署以及相关联邦机构(如国家公园管理局、渔业与野生动物局、林业局等)代表构成。该组织推动联邦环保署于 1999 年制定了《区域灰霾法案》(*Regional Haze Rule*),要求实施多州联合控制战略,共同减少 PM2.5 排放。

在具体操作时，联邦环保署要求全国 50 个州制定长达 60 年的战略规划，第一期灰霾控制规划于 2003—2008 年制定，之后以每 10 年为一个周期，确定能见度阶段性改善目标，并制定相应 PM2.5 污染控制措施，10 年后进行再评估和修订，每 5 年向联邦环保署提交能见度改善报告。各州灰霾控制规划的制定，得到 5 个跨州区域规划组织包括西部区域空气联盟（WRAP）、中部区域空气规划联盟（CENRAP）、中西部区域规划组织（Midwest RPO）、空气董事财团（LADCO）、中大西洋、东北部能见度联盟（MANE-VU）的技术支持。

C. 其他跨区域传输空气污染问题的管理

除了臭氧与能见度传输区域，清洁空气法案还授权联邦环保署，针对其他受污染排放跨界传输影响导致空气质量超标的州，建立跨州空气污染传输区域及其管理委员会。类似地，这些跨州空气污染传输委员会也是由联邦环保署的代表、联邦环保署区域办公室的官员、各州行政长官及主管空气污染控制的官员组成，其有权向联邦环保署建议在该区域内采取更加严格的控制措施，同时要求联邦环保署在 18 个月内进行答复。该机制有利于区域内各州采取统一更加严格的控制措施，应对空气污染的跨界传输与相互影响。

（6）维护区域公平、践行受益者付费的内在要求

由于京津冀区域中的北京市、天津市、河北省三个次区域发展严重不平衡，治理污染的财政能力和金融力量差异很大。而与此同时，三地的环境污染问题息息相关，单独治理某个地区的环境无法起到很好的作用。

河北省相对于北京市和天津市而言，任务最重，压力最大，财政能力最低，金融力量最弱，单纯依靠其自身能力，实现经济转型和产业结构调整，完成国家污染治理和节能减排的各项目标任务存在很大困难。而北京是我国政治、科技、文化中心，天津市是我国的直辖市之一，北京市和天津市具有得天独厚的政治、经济和技术创新优势是河北省无法达到的。近年来，为实现环境保护目标，大部分北京市的污染企业以及天津市的部分污染企业都迁至河北省，如果北京市、天津市、河北省分

开进行环境污染治理，结果是，拥有较强经济实力的北京市、天津市只需要履行较少的环保责任，而经济发展相对较弱的河北省将承担除了本行政区以外原属于北京市、天津市的环境保护压力，这对于河北省来说是不公平的。

大量的污染企业集中在河北省，必然会加大河北省治理环境的压力，需要更多资金以支持附加的环境污染治理，而同时其污染治理取得成效后，北京市与天津市是非常大的受益方，根据受益者付费原则，北京市、天津市应该为河北省的环境保护提供资金支持。

因此，做好财政金融政策的区域协同配合，建立一体化资金支持，一方面是处于公平原则，另一方面也只有通过一体化资金支持，才能真正共同治理好京津冀污染。

（7）为京津冀大气污染治理一体化提供一体化的资金支持

京津冀大气污染治理一体化的必要性，要求必须建立一体化的资金支持，使得财政金融政策与之协同配合。

①从治理大气污染一般意义上看，建立一体化资金支持是发挥好政府与市场各自功能，提升对污染的多主体、多层次、多维度综合治理能力的客观需要。

②由于京津冀是我国空间分布上人口最稠密的区域之一，治理该区域工业化、城镇化造成的能源消耗和污染排放造成的污染，更需要发挥好财政政策的财力支持作用和金融政策的资金保障作用，统一监管标准，统一环保政策，协同化治理污染。

（8）有效吸纳社会资本

京津冀大气污染治理一体化需要投入大量的资金。例如，在京津保过渡地带成片森林建设重点工程中，仅三北防护林体系建设五期工程就需要累计投资 21 亿元，京津保过渡带成片森林建设工程造林须累计投资 85.76 亿元；京津风沙源治理工程须累计投资 55.59 亿元，太行山绿化工程须投资 29.7 亿元；等等。为了治理京津冀地区的大气污染，还有大量的清洁能源工程、煤炭清洁化工程、燃煤锅炉节能环保提升工程、重点行业多污染物治理工程以及机动车污染防治工程等需要进一步实施，对政府资金的需求很大。然而，在我国目前的财政状况下，财政资金十分紧张，同时地方债务不断增加，推进京津冀大气污染治理一体化进程仅靠政府财政难以支撑，必须建立可以吸纳社会资本的融资平台。

近年来，社会资本逐渐进入我国基础设施建设领域中，社会资本的参与有效弥补了政府财政资源的不足。PPP模式作为一种新型的融资方式，能够将社会资本纳入项目中，充分整合社会资本的作用，减轻政府投资的压力。政府通过引入社会资本进行合作，借助其资金优势进行各项建设。而私营部门身后往往拥有庞大的不为人知的民间资本，它们完全有能力满足京津冀大气污染治理一体化建设中的资金要求。

建立京津冀大气污染治理基金可以有效吸纳社会资本。各种社会资本，其风险偏好和回报需求都是不一样的，通过基金组合的设计，不同类型的基金可以满足不同类型的资金的聚合需求，从而最大化聚合社会资本。另外，社会资本作为金融投资者，往往对大气污染治理具体项目的了解并不深入，资金与项目的对接不流畅，而成立京津冀大气污染治理基金，可以组建由金融专家和环保专家共同合作而成的基金管理公司，在金融操作和与项目对接方面展开合作。目前在大气污染治理方面遇到的很严重的绿色金融问题之一是，有大量的社会资本希望投资于京津冀的大气污染治理，但是却不知道如何与项目对接；同时很多大气污染治理项目，却因为现有的融资渠道不畅通，而不知道如何寻找资金支持。设立京津冀大气污染治理基金可以有效地衔接金融与环境团队，实现金融资金与项目的有效对接，从而有效地吸纳社会资本。

（9）提高财政资金的使用效率

京津冀环保基金的建立和运作可以提高财政资金的使用效率。PPP在资金使用上更有效率，可以解决费用的超支问题。公共部门和私人部门在初始阶段共同参与项目的识别、可行性研究、设施和融资等项目建设过程，保证了项目在技术和经济上的可行性，缩短前期工作周期，使项目费用降低。只有当项目已经完成并得到政府批准使用后，私人部门才能开始获得收益，因此PPP模式有利于提高效率和降低工程造成价，能够消减项目完工风险和资金风险。与传统的融资模式相比，PPP项目平均为政府部门节约17%的费用，并且建设工期都能按时完成。

私营部门在项目运作中不受政府采购条款的制约，在规划和建设中更加灵活，同时私营部门没有政府部门中大量冗员带来的管理费用，能以更低的成本满足项目的要求。此外，由于私营部门提供项目的资金，其既是资金提供者，也是资金使用者，在资金使用中的控制更为严格，可以有效地避免政府在项目建设中产生的寻租和腐败行为。

（10）充分调动市场资源

原有的"治理规模加专项财政资金"的封闭模式难以调动市场资源。专项资金是指中央、省、市为支持地方完成特定工作任务或实现某一事业发展目标而安排的具有专门用途的资金。对环境保护领域来说，环保专项资金是指中央或地方环境保护行政主管部门征收的排污费及其他来源资金构成的、纳入地方预算管理的、专项用于环境污染防治的资金。我国《环境保护法》第十条明确规定："国务院环境保护主管部门，对全国环境保护工作实施统一监督管理；县级以上地方人民政府环境保护主管部门，对本行政区域环境保护工作实施统一监督管理。"《排污费征收使用管理条例》第十九条明确规定："县级以上人民政府财政部门、环境保护行政主管部门应当加强对环境保护专项资金使用的管理和监督。"因此，我国财政专项资金属于行政管理，主要参与者就是行政管理部门。而PPP模式环保基金集合了政府部门和私人部门，集结了财政资金和社会资本，共同参与项目的建设和运营管理。

私人部门带来了更新的技术和管理经验，建设速度也更快。PPP融资模式可以使得参与公共基础设施项目融资的私人企业可以在项目的前期就参与进来，有利于利用私人企业的先进的技术和管理经验。私营部门以利润为导向，因而在项目建设中更愿意运用新技术新工艺。同时在市场竞争中磨砺出的私营企业拥有更为先进的管理方法和管理经验。这些优势一方面提高了基础设施项目的质量和技术含量，另一方面也使得基础设施建设周期大为缩减。在项目建设中，私营部门可以通过培训和技术转让，为政府部门培养人才并积累经验。

另外，《财政专项资金管理办法》第七条规定，专项资金应尽可能细化到具体项目，实行项目管理。对于当年能够完成的项目，原则上应一次足额安排专项资金，不留缺口；对于实施期限较长的单个项目，按规定的期限分年度安排专项资金。财政专项资金分年度划拨的特点，不利于项目的长远建设。而PPP模式环保基金着眼于项目的整个建设周期，在项目开始建设之前就已经进行了充分规划，项目建设所需资金、技术等资源都可以得到很好的统筹与利用。

（11）为京津冀大气污染治理一体化提供持续的资金支持

随着京津冀大气污染治理一体化的不断发展，将会不断随着情况的改变而出现新的投资需求。基金的运作有利于吸纳更多社会资本，以支撑不断涌现的新项目，体现出基金的可持续性和循环性优势。

2. 京津冀大气污染防治基金设计

（1）京津冀大气污染治理基金总规模估算

根据《中国大气污染防治行动计划实施投融资需求及影响研究报告》，京津冀大气污染防治行动计划直投资需求共计2490.29亿元，因此，京津冀大气污染治理基金体系的总资金规模可以设计为2500亿元。一般来说，财政资金在环保项目中撬动社会资本的比例大概为1∶4，所以，本基金需要财政资金500亿元作为引导资金。

表5-3　　　京津冀《大气污染防治行动计划》投资需求汇总

类别	项目		投资需求（亿元）
优化能源结构	关停燃煤锅炉		36.55
	改造燃煤锅炉		600
	小计		636.55
移动源污染防治	新能源汽车	新能源公交车	139.84
		新能源乘用车	49.3
		充电站	4
		充电桩	7.2
	淘汰黄标车		146.68
	油品升级		422.12
	小计		769.14

续表

类别	项目			投资需求（亿元）
工业企业污染治理	火电		脱硫	408.65
			脱硝	102.3
			除尘	41.72
	钢铁	烧结机	脱硫	61.8
			除尘	22.89
	水泥		脱硝	1.3
			除尘	0.34
	石油化工	脱硫		144.52
		脱硝		213.17
		除尘		5.34
		VOCs综合治理		30.51
		油气回收	油库	11.85
			加油站	2.05
			油罐车	38.16
	小计			1084.6

（2）京津冀大气污染防治基金设计原则

笔者认为，京津冀大气污染治理基金的设计需要遵循以下原则：

第一，坚持财政与金融相结合的原则，大力开拓开发性金融在京津冀大气污染治理中的重要作用。

大气污染治理很多项目是具有微利的准公共物品，开发性金融保本微利的运作原则，而且允许中长期贷款的特征，都很符合大气污染治理项目的需求，开发性金融虽然是在政府干预下发放，但却是按照市场原则来运作，因此比财政资金更有市场效率。在目前中国经济下行、财政资金不足的情况下，大力开拓开发性金融的作用，使其在京津冀大气污染治理中发挥重要作用，是解决财政资金不足与大气污染治理资金需求强劲之间的矛盾的好办法。目前，开发性金融来源日益增多，除了国家开发银行外，亚洲基金设施投资银行、金砖国家新开发银行、世界银行、亚洲开发银行等的资金都应该是基金积极争取的资金来源。

第二，坚持区域共治、成本共担的原则。

目前在水体流域治理方面，环保界普遍认识到流域是一个整体，其责任分担和利益共享不能以行政区为界限，因为一个行政区的水环境质量无法由该行政区负责，一个行政区的水环境质量往往是由该行政区上游的来水质量决定的，因此，在流域治理的模式和资金机制上，已经实行了以流域为单位，例如，黄河流域管理委员会、海河流域管理委员会等，统一行动方案，统筹资金。同样，在大气污染治理方面，也存在和流域一样的区域流动问题，不同污染物的输送区间长度不同，决定了统筹资金共治共享的区间范围的不同。例如，二氧化碳是可以在全球远距离传输，不会在某一地聚集，因此，二氧化碳治理就需要全球共治共享，在中国减少二氧化碳排放，全球居民都可以受益。而二氧化硫和氮氧化物的传输距离没有二氧化碳那么远，所以，很难形成二氧化硫和氮氧化物的全球联动治理。但是，二氧化硫、氮氧化物、粉尘等在京津冀地区是在一个传输区间的，而京津冀地区的盆地地形也加剧了污染物在各行政区域间的传输和流动，北京的空气质量在很大程度上不是由其自身的排放决定的，而是由河北的排放决定的。

中国人民银行研究局首席经济学家马骏博士在其著作《PM2.5减排的经济政策分析》中指出，北京要解决空气质量问题，必须实现区域联动治理。[①] 而区域联动治理，就必须在资金机制上体现共同承担的原则，也就是说，要把京津冀作为一个大气污染治理的统一单位，利益共享决定了成本必须共同承担，不以项目行政属地划分资金承担责任，统一由基金来承担和规划。

第三，在基金设计中设计多层次基金，通过各种基金模式来最大化地吸纳社会资本。

财政资金的管理具有严格性和规范性，以保障其支出符合社会利益最大化原则以及公正廉洁原则。高达500亿元的财政资金，需要设立专门的政府基金进行管理，另外，国家专门拨付的开发性金融的管理模式和回报需求也与一般金融资金具有差异性，因此可以将财政资金和国家

---

① 马骏，等.PM2.5减排的经济政策分析［M］.北京：中国经济出版社，2014.

开发性金融资金组成母基金，在下面设计各类二级子基金，最大化发挥财政引导社会资本的能力。

第四，在基金的组织结构设计中坚持金融专家团队与环保专家团队相结合的原则。

目前，在京津冀大气污染治理中，有大量的社会资本正试图进入该领域，但缺乏识别和衔接项目的能力；同时，有大量的大气污染治理项目等待着资金的支持，因为无法顺利与金融工具和模式对接，无法获得融资。因此，在基金的组织结构设计中，要注意金融专家团队与环保专家团队的结合。

第五，在基金的总体构架设计中要遵循从项目到基金的原则。

首先，因为这是一个区域定向基金，基金的盈利性只能靠京津冀区域内大气污染治理项目决定。特别是下面设立的各类子基金，到底是采取怎样的基金模式来构建，要根据京津冀大气污染治理项目群的特征决定。目前普遍的基金构建方式是在没有充分了解、分析区域内项目集群特征的情况下就设计和设立基金，基金设立后再去找项目，往往会导致基金无法顺利找到匹配的项目，或者基金模式不适合项目投资等问题，从而加大基金运营的风险性。从项目入手，由下至上地设立基金，在基金设立时，就已经构建了可投资的项目库，并对项目库内的项目进行了打包分类，对每类项目包的投资回报率有了初步估算，可以降低基金建立后无法发现合适项目或者基金模式不符合项目融资特征的风险。

其次，这是一个政府引导的具有政治政策目标的基金，与一般只注重盈利性的纯金融性基金不同，该基金的设立目标是为了达到京津冀大气污染治理的目标，金融是通过支持实体经济和实体项目来达到其优化配置社会资源的目标，只有从要达到的环境和社会目标入手，分析为达到该目标所需要投资的项目集群的特征，才能使基金更好地服务于特点的项目集群，而不是被动地寻找有利润的项目，才能更好地实现绿色基金的具体绿色治理目标。

第六，基金的资金支付应该包含大气污染治理结果的考核。

这是一个专门为京津冀大气污染治理设计和成立的基金，其目标是为支持京津冀大气污染治理提供资金支持，因此，其支持的项目必须是有利于京津冀大气污染治理的。另外，还要考虑资金支持的项目的治理绩效，对每个项目进行投资审核的时候要考虑其大气污染治理的绩效，在每次资金分年度拨付时要考核已拨付资金在实现大气污染治理方面的绩效，以激励项目管理者更注重项目的大气污染治理绩效，而不是单纯地考虑收益和利润。

（3）京津冀大气污染治理基金的初步设计框架

大气污染防治基金的初步设计框架如图5-4所示，首先是财政和国家开发性金融联合形成的母基金，下设二级子基金，包括PPP污染物控制与治理子基金、低碳节能子基金、循环经济与综合利用子基金，以及专门为排污权交易、煤炭使用许可配额交易提供信息交流、融资等平台的排污权与煤炭资源交易子基金。

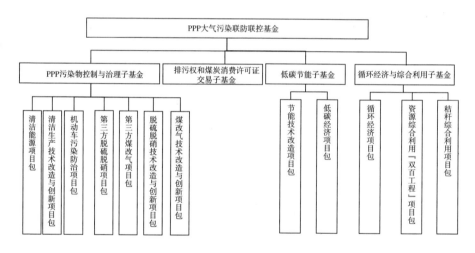

图5-4　PPP大气污染联防联控子基金

①PPP污染物控制与治理子基金

京津冀地区是我国空气污染最重的区域，已经全面亮起"红灯"，尤其是PM2.5污染已成为当地人民群众的"心肺之患"。2012年，京津冀区域二氧化硫、氮氧化物和烟粉尘排放量分别为166.0万吨、227.3万吨和138.7万吨，占全国的7.8%、9.7%和11.2%，单位面积排放强度分别是全国平均水平的3.5倍、4.3倍和5倍。2013年，按照新《环境控制质量标准》（GB 3095—2012）评价，京津冀 13 个城市空气质量无一达标，全年平均达标天数占比仅为 37.5%；区域中 11 个城市排在全国污染最严重城市排名的前 20 位，7 个排在前 10 位；PM2.5 是京津冀地区首要污染物，年平均浓度达到 106 微克/立方米左右，是 74 个城市年平均浓度的 1.5 倍。

PPP 污染物控制与治理子基金主要针对的就是对京津冀大气中这些污染物的控制与治理，例如二氧化硫、氮氧化物等，以提高京津冀地区的空气质量。一方面通过清洁能源、清洁生产等，减少污染物的排放；另一方面通过脱硫脱硝、煤改气等第三方治理或服务进行污染物的控制与治理。

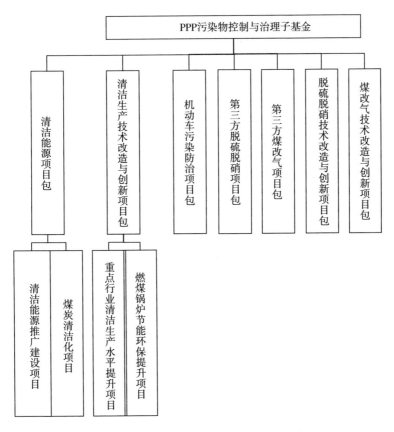

图 5-5　PPP 污染物控制与治理子基金

A. PPP污染物控制与治理子基金框架设计

B. PPP污染物控制与治理子基金项目包分析

（a）清洁能源项目包

清洁能源项目包设计主要通过使用清洁能源，建设清洁能源利用工程，促使减少燃煤发电等措施减少污染。主要内容包括两大类项目：清洁能源改造项目和煤炭清洁化项目。

清洁能源推广建设项目：包括风电与光伏电站建设工程；太阳能、地热能、生物质能综合利用工程；天然气分布式能源、煤改气等工程建设；规划建设储气库及调峰储备基地项目；沿海核电项目建设。

煤炭清洁化项目：包括煤炭清洁化供应项目；燃煤设施清洁改造；建设全密闭煤炭优质化加工、配送中心和清洁煤供应网络。

（b）清洁生产技术改造与创新项目包

主要指对清洁生产技术进行改造与创新的相关项目所组成的项目包。主要包括两大类项目：燃煤锅炉节能环保提升项目、重点行业清洁生产水平提升项目。

燃煤锅炉节能环保提升项目：燃煤锅炉节能环保提升项目主要是开展高效环保煤粉工业锅炉示范；高效层燃煤锅炉综合改造；老旧锅炉更新改造；集中供热改造，包括以大锅炉代替小锅炉、以高效节能锅炉替代低效锅炉；燃煤锅炉改造为全烧秸秆等生物质能源项目；窑炉综合节能改造；工业园区热电冷联产示范推广；工业锅炉用煤优化示范、蒸汽和热力管网优化改造示范；清洁与新能源锅炉示范等相关项目。

重点行业清洁生产水平提升项目：在钢铁、有色金属、水泥、焦化、石化、化工等重点工业行业，推广采用先进、成熟、适用的清洁生产技术和装备等相关项目；对重点行业产生的污染物进行处理；实施电力行业、石油石化行业及其他行业二氧化硫治理项目；电力与水泥行业氮氧化物治理项目；燃煤电厂、水泥窑、钢铁烧结机除尘设施改造项目；有机化工、石化、包装印刷等工业行业挥发性有机物治理项目等。

（c）机动车污染防治项目包

具体内容主要包括油品推进质量升级，加强成品油销售市场监督管理；组织协调淘汰黄标车及老旧车报废拆解；促进新能源车发展；建立京津冀机动车排污监控平台建设；建设机动车氮氧化物减排监管系统的建设与管理；建立完善机动车销售市场和质量监督检查等。

（d）第三方脱硫脱硝项目包

包括通过第三方治理的模式对京津冀地区在电力、钢铁、电力、水泥等行业实现脱硫脱硝新建和改造项目；环保重点企业安装脱硫脱硝设备，并引入第三方公司进行监控；大力推广烟气脱硫第三方治理，将国家出台的与脱硫相关的优惠政策形成的收益权，以合同形式特许给第三方脱硫公司，由第三方脱硫公司承担脱硫设施的投资、建设、运行、维护及日常管理等，从而完成合同规定的脱硫任务。

（e）脱硫脱硝技术改造与创新项目包

包括通过技术引入和一定的资金补贴等方式，对电力、钢铁、电力、水泥等行业工业企业的脱硫脱硝进行技术改造，在传统脱硫脱销设备和技术的基础上，引入技术可行和经济可接受的先进方法对企业脱硫脱硝设备进行提升和创新，从而提高脱硫脱硝效率。

（f）第三方煤改气项目包

主要包括通过施工总承包模式、BOT 与 EMC（Energy Management Contracting，合同能源管理）结合等模式实现第三方煤改气项目。其中施工总承包模式为用户投资，由专业节能公司负责锅炉设计、安装和施工。由企业自主进行运营与管理，包括能源的利用。BOT 与 EMC 结合模式由专业节能公司负责燃气锅炉等设备的投资、安装、运营，通过价格谈判，以蒸汽流量与用户结算，运营一段时间后所有设备资产移交用户，从而实现煤改气全过程的专业化管理，达到更好的煤改气效果。

（g）煤改气技术改造与创新项目包

包括通过技术改造与创新的方式，围绕天然气生产、输送及终端应用完整产业链需求；对燃气电厂、居民采暖的天然气管道进行技术改造；在天然气供应、燃气轮机和余热锅炉设备制造等方面进行技术创新等。

C. PPP 污染物控制与治理子基金资金量估计

PPP 污染物控制与治理子基金主要包括第三方脱硫脱硝与煤改气项

目与其他清洁能源工程、煤炭清洁化工程、燃煤锅炉节能环保提升工程、机动车污染防治工程、农作物秸秆综合利用工程等。

　　基于目前已经确定要求整改的相关企业计算 PPP 污染物控制与治理子基金资金量。总体思路为，根据京津冀地区重点行业污染物综合治理项目包列表，涉及行业包括电力企业、钢铁企业、水泥企业和平板玻璃企业，涉及改造产业包括脱硫、脱硝、除尘改造以及煤改气改造。计算完成京津冀地区重点行业污染物综合治理所需资金。

　　根据我们的计算，电厂、钢铁厂、水泥厂和平板玻璃厂污染改造总共需 140.99 亿元。根据国家发改委办公厅在《环境保护部办公厅关于征求对京津冀协同发展生态环境保护规划（征求意见稿）意见的函》中指出，大气污染防治工程共包含七个内容，除重点行业多污染物治理工程外，还包括清洁能源工程、煤炭清洁化工程、燃煤锅炉节能环保提升工程、机动车污染防治工程、农作物秸秆综合利用工程。因此，PPP 污染物控制与治理子基金所需资金应在 400 亿元左右。

　　具体计算过程如下：

　　（a）电力企业大气污染治理

　　● 总体情况

　　2014 年被要求整改的电力企业共 128 家，其中天津市 29 家（5 家要求关停），河北省石家庄市 27 家，河北省张家口市 14 家，河北省秦皇岛市 6 家，河北省承德市 3 家，河北省唐山市 20 家，河北省廊坊市 1 家，河北省保定市 4 家，河北省沧州市 2 家，河北省衡水市 4 家，河北省邢台市 4 家（2 家要求关停），河北省邯郸市 13 家，河北省定州市 1 家。

　　● 处理措施

　　处理措施包括关停、脱硫改造、脱硝改造和新建脱硝、除尘改造、煤改气。具体资金情况如下：

　　首先是脱硫改造。

　　脱硫改造中应用较广泛的两种工艺分别为湿法脱硫工艺和烟气循环流化床干法工艺。湿法脱硫工艺包括石灰石浆液制备系统、烟气再热系统、脱硫吸收塔系统、石膏浆液脱水系统及废水处理系统。烟气循环流化床干法工艺包括石灰消化系统、吸收塔和电除尘器系统、灰渣再循环系统，脱硫后的烟气不需再热。

烟气循环流化床干法脱硫工艺成本：每脱除 1 吨二氧化硫的成本为 283 元，每度电所增加的成本为 0.0032 元。石灰石/石膏湿法脱硫工艺成本：每脱除 1 吨二氧化硫的成本为 352 元，每度电所增加的成本为 0.004 元。

在电力企业大气污染治理名单中，被要求脱硫改造的企业共 88 家，装机容量之和为 23306 兆瓦，按照每度电增加 0.004 元成本计算，每小时脱硫成本为 93224 元，则全年脱硫成本为 816642240 元，约 8.2 亿元。

其次是脱硝改造与新建脱硝。

SCR 脱硝技术是脱硝改造中应用较广泛的技术。SCR 脱硝成本主要由运行成本、检修维护成本、财务成本及其他成本构成。装机容量为 1000 兆瓦级的 SCR 脱硝平均成本为 0.0109 元/千瓦时；600 兆瓦级的 SCR 脱硝平均成本为 0.0132 元/千瓦时；300 兆瓦级的 SCR 脱硝平均成本为 0.0176 元/千瓦时；200 兆瓦级的 SCR 脱硝平均成本为 0.0253 元/千瓦时。

在电力企业大气污染治理名单中，被要求脱硝改造或新建脱硝的企业共 62 家，装机容量之和为 15703 兆瓦，按照每度电增加 0.025 元成本计算，每小时脱硝成本为 392.575 元/千瓦，则全年脱硝成本为 3438957000 元，约 34.4 亿元。

再次是除尘改造。

除尘系统由除尘风机、净化设备、抽风罩、风管及其他附件等设备组成。目前除尘技术主要分四/五电场电除尘器，袋式除尘器和电袋复合式除尘器。四电场或五电场电除尘器除尘效率在 99.5% ~ 99.8% 之间，袋式除尘器效率大于 99.9%，电袋复合式除尘器除尘效率大于 99.9%。以 200 兆瓦机组为例，平均除尘成本为：四场电除尘器 0.0108 元/千瓦时，袋式除尘器成本为 0.0104 元/千瓦时，电袋复合式除尘器成本为 0.0069 元/千瓦时，改建成本为：300 兆瓦机组，五场电除尘器成本为 0.0046 元/千瓦时，袋式除尘器成本为 0.00328 元/千瓦时，电袋复合除尘器成本为 0.0039 元/千瓦时；600 兆瓦机组，五场电除尘器成本为 0.0047 元/千瓦时，袋式除尘器成本为 0.0054 元/千瓦时，电袋复合除尘器成本为 0.0048 元/千瓦时。

在电力企业大气污染治理名单中，被要求除尘改造的企业共 59 家，需要完成 66 台、17320 兆瓦燃煤机组除尘改造，按照每度电增加 0.0108 元计算，每小时增加成本为 187056 元，总投资额为 1638610560 元，约为 16.4 亿元。

最后是煤改气。

煤改气项目的单位投资折合为 41 万元/兆瓦，被要求煤改气的企业共 5 家，装机容量之和为 35 兆瓦，总投资额为 1435 万元。

（b）钢铁企业大气污染治理

● 总体情况

2014 年被要求整改的钢铁企业共 395 家，其中天津市 17 家，河北省石家庄市 9 家，河北省张家口市 28 家，河北省秦皇岛市 19 家，河北省承德市 22 家，河北省唐山市 190 家，河北省廊坊市 15 家，河北省保定市 2 家，河北省沧州市 4 家，河北省衡水市 1 家，河北省邢台市 11 家，河北省邯郸市 77 家。

● 处理措施

处理措施包括关停、脱硫改造、除尘改造。具体处理方式如下：

首先脱硫改造。

钢铁企业脱硫改造项目分为烧结机改造、球团改造、竖炉改造和回转窑改造。烧结机改造数量最多。钢铁企业目前采用的脱硫方法主要有石灰石—石膏法、氨法、CFB 法、SDA 法、活性炭法。平均脱硫成本石灰石—石膏法为 7.7 元/吨，氨法为 7.2 元/吨，CFB 法为 5.8 元/吨，SDA 法为 4.5 元/吨，活性炭法为 9.7 元/吨。

取成本为 9.7 元/吨，烧结机利用系数为 1.2 ~ 1.6 吨/（平方米·小时），取 1.6 吨/（平方米·小时），烧结机改造项目共计 14067 平方米，通过单位转换，为 22507.2 吨/小时，每小时增加成本为 218319.84 元，每年投资增加 1912481798 元，约 19.1 亿元。

球团竖炉利用系数大致范围为 6 ~ 8 吨/（平方米·小时），取 8 吨/（平方米·小时），通过单位转换，球团竖炉改造项目共计 826 × 8 × 24 +

4044 = 162636 吨/天，每天增加 1577569.2 元，每年投资增加 575812758 元，约 5.76 亿元。

一般回转窑利用系数在 0.3 ~ 0.4 吨/（平方米·小时）之间，取 0.4 吨/（平方米·小时），通过单位转换，回转窑改造项目共计 1080 万吨/天，每天增加 10476 元，每年投资增加 3823740 元。

合计 2492118296 元，约 24.9 亿元。

其次是除尘改造。

较大型除尘设备几百万元到一千万元，共 139 家企业，约 13.9 亿元。

（c）水泥企业大气污染治理

● 总体情况

2014 年被要求整改的水泥企业共 89 家，其中北京市 6 家，天津市 1 家，河北省石家庄市 10 家，河北省张家口市 7 家，河北省秦皇岛市 8 家，河北省承德市 5 家，河北省唐山市 27 家，河北省廊坊市 2 家，河北省保定市 6 家，河北省沧州市 4 家，河北省邢台市 8 家，河北省邯郸市 9 家。

● 处理措施

首先是脱硝改造。

平均每吨熟料脱硝成本为 5 ~ 6 元。共有 155 条、42.4 万吨/日新型干法水泥熟料生产线脱硝工程，每日增加 2544000 元，每年增加投资 928560000 元，约 9.29 亿元。

其次是除尘改造。

表 5 - 4　　　　　　　水泥窑除尘主要技术经济指标

项目	成本（万元）
工程总投资	175
设备费用	125
安装费用	30
土建费用	20
年运行费用	47.025
电费	33.6
维修费	6.875
折旧费	5
人工费	1.55

环境保护部科技司司长熊跃辉表示，要达到水泥工业大气污染物排放标准和水泥窑协同处置固体废物污染控制标准，2000多个水泥企业都要对除尘设施进行改造，每一个企业改造除尘设施都要投入至少1300多万元。依此计算，全行业设备改造总成本将超过260亿元。

京津冀地区被要求进行除尘改造的水泥企业共60家，则设备改造成本为7.8亿元。

PM排放标准提高后，水泥企业每生产1吨水泥，除尘成本将增加1~2元，约占每吨水泥利润的1%。

（d）平板玻璃企业大气污染治理

• 总体情况

2014年被要求整改的平板玻璃企业共46家，其中天津市4家，河北省石家庄市1家，河北省秦皇岛市4家，河北省承德市5家，河北省廊坊市3家，河北省唐山市2家，河北省沧州市4家，河北省邢台市30家，河北省邯郸市1家。

• 处理措施

平板玻璃企业大气污染治理主要工作为煤改气及脱硫、脱硝除尘综合改造。根据项目公告：有一条生产线的玻璃生产工厂，脱硫、脱硝除尘综合改造需3000万元，以安全实业为例，安全实业共78座窑炉，改造需要2亿元。通过计算，综合改造总共投资需26亿元。

②PPP低碳节能子基金

为实现大气污染联防联控，进行低碳节能控制十分必要。国家发改委办公厅在《环境保护部办公厅关于征求对京津冀协同发展生态环境保护规划（征求意见稿）意见的函》的指导思想中指出，"大力推进区域绿色循环低碳发展，优化发展方式"，并将"着力推进绿色、循环、低碳发展"作为基本原则。因此，进行能源控制、实现低碳节能发展是我们实现京津冀大气污染联防联控过程中的重要任务之一。

PPP低碳节能子基金的设立就是针对此目的，为实现低碳节能发展，我们需要将生态环境保护融入经济、政治、文化、社会建设的各方面和全过程，加快转变发展方式，调整优化产业和能源结构，大力发展循环经济和清洁生产，不断提高增长质量和效率，从源头减少资源消耗和污染物、温室气体排放。结合京津冀地区发展现状，具体可采取的措施包括开展燃煤锅炉等节能技术改造，以及进行产业结构调整，推动京津冀地区产业整合与升级。而 PPP 低碳节能子基金即通过对相关项目的支持投资来实现能源控制、低碳节能发展。

A. PPP 低碳节能子基金框架设计

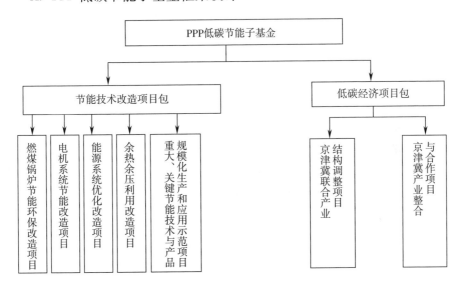

图 5–6　PPP 低碳节能子基金

B. PPP 低碳节能子基金项目包分析

PPP 低碳节能子基金一共包含两类项目包：节能技术改造项目包与低碳经济项目包。

（a）节能技术改造项目包

主要通过技术改造与升级提高能效，实现节能低碳化发展。具体项目包括：

燃煤锅炉节能环保改造项目。具体内容包括老旧锅炉更新改造；集中供热改造，包括以大锅炉替代小锅炉、以高效节能锅炉替代低效锅炉等；燃煤锅炉改为全烧秸秆等生物质能源项目、窑炉综合节能改造等，以及通过开展高效环保煤粉工业锅炉示范、高效层燃锅炉综合改造、工业园区热电冷联产示范推广、工业锅炉用煤优化示范、蒸汽和热力管网优化改造示范、清洁与新能源锅炉示范实现燃煤锅炉的及时改造与升级。

电机系统节能改造项目。具体内容包括采用高效节能电机、风机、水泵、变压器等更新淘汰低效落后耗电设备；对电机系统实施变频调速、永磁调速、无功补偿等节能改造；改造拖动装置，优化电机系统的运行和控制；输电、配电设备和系统节能改造等。

能量系统优化改造项目。具体内容包括高耗能行业企业的生产工艺系统优化、能源梯级利用及高效换热、优化蒸汽、热水等载能介质的管网配置、能源系统整合改造等；发电机组通流改造等；新型阴极结构铝电解槽改造等；采用高效节能水动风机（水轮机）冷却塔技术、循环水系统优化技术等对冷却塔循环水系统进行节能改造等；太阳能工业热利用改造；冰蓄冷技术的推广应用等；港口码头轮胎式集装箱起重机油改电、靠港船舶使用岸电改造及其他节代油项目。

余热余压利用改造项目。具体内容包括钢铁行业干法熄焦、炉顶压差发电、烧结机余热发电、燃气—蒸汽联合循环发电改造等；有色行业烟气废热发电、窑炉烟气辐射预热器和废气热交换器改造等；建材行业余热发电、富氧（全氧）燃烧改造等；化工行业余热（尾气）利用、密闭式电石炉、余热发电改造等；纺织、轻工及其他行业供热管道冷凝水回收、供热锅炉压差发电改造等；油田伴生气回收利用等；企业生产有机废弃物沼气利用等。

重大、关键节能技术与产品规模化生产和应用示范项目。具体内容包括节能潜力大、市场应用广的高效节能锅炉窑炉、电机、变压器、换热器、变频调速、软启动装置、无功补偿装置、余热余压利用设备等节能技术、产品、装备、核心材料、零部件产业化生产项目。

（b）低碳经济项目包

低碳经济项目包主要从京津冀三地经济发展现状与主导产业发展特点出发，以产业优化与整合的方式实现京津冀联合低碳经济发展，提高资源利用效率，发挥合作优势。具体项目包括：

京津冀联合产业结构调整项目。该项目具体是指京津冀三地联合制定行业标准，淘汰落后产能。预计 2017 年底前，京津冀地区基本完成地级及以上城市主城区重污染企业搬迁改造以及钢铁、水泥、化工、石化、有色金属冶炼、平板玻璃等行业清洁生产审核；北京市水泥产能压缩至 400 万吨左右、炼油规模控制在 1000 万吨，天津市钢铁产能、水泥（熟料）产能、燃煤机组装机容量分别控制在 2000 万吨、500 万吨、1400 万千瓦内；河北省淘汰 10 万千瓦以下常规燃煤机组，化解 6000 万吨钢铁过剩产能。

京津冀产业整合及合作项目。根据京津冀三地优势与劣势，将统一产业的产业链中的不同部分分到各地，通过合作，将各地资源优势最大化。根据《京津冀都市圈区域规划》，结合京津冀发展情况，京津冀可实现对接合作的十大产业分别为新能源、新材料、电子信息产业、软件产业、生物医药、生物育种、节能环保、电动汽车、现代制造业、新兴服务业。除此之外，还可实现低碳旅游、低碳农业等领域的合作。

③PPP 循环经济与综合利用子基金

A. PPP 循环经济与综合利用子基金框架设计

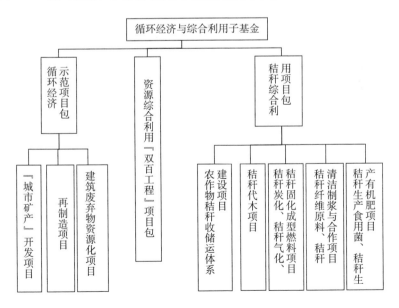

图 5-7　循环经济与综合利用子基金

B. PPP 循环经济与综合利用子基金项目包分析

（a）循环经济示范项目包

主要包括对城市发展过程中产生的固体废弃物再生循环利用，为行业生产及制造等提供再制造服务与解决方案，对建筑废弃物进行资源化利用。

"城市矿产"开发项目：主要包括对工业化和城市化过程中产生的固体废物再生循环利用，从产生和存在于城市各角落的废旧机电设备、电线电缆、通信工具、汽车、家电、电子产品、金属和塑料包装物中，提取可循环利用的钢铁、有色金属、贵金属、塑料、橡胶等资源。

再制造项目：主要包括再制造技术公司为冶金、矿山、化工等行业提供整体解决方案和相关服务，开展专业化再制造服务试点；汽车零部件再制造试点；拖拉机、联合收割机等农业机械再制造试点；完善可再制造旧件回收和再制造产品销售渠道，开展相关网络建设试点；加强再制造相关专业化国产装备生产和产业化应用。

建筑废弃物资源化项目：主要包括对建筑废弃物处理采用"固定线＋移动线"的组合搭配模式；移动线采用"移动破碎＋移动筛分＋磁选"的组合处理模式，解决集中拆迁、现场利用等问题，提高利用效率；处理厂内采用固定处理线，采用"颚式破碎＋两级风选除尘＋多级磁选＋反击式破碎＋水力浮选＋粒径整形"的综合处理工艺；设置通风除尘、喷淋降尘的措施，杜绝粉尘污染。

（b）资源综合利用"双百工程"项目包

包括针对国家发改委办公厅印发的《关于开展资源综合利用"双百工程"建设的通知》，在全国重点培育和扶持百个资源综合利用示范基地和百家资源综合利用骨干企业。建设一批资源综合利用示范项目；培育扶持一批资源综合利用技术研发中心；攻克钒钛磁铁矿综合利用、高铝粉煤灰提取氧化铝等相关领域的关键共性技术；形成一批具有自主知识产权和核心竞争力的资源综合利用技术和产品；研究完善有利于资源综合利用的体制机制和政策体系，从而通过首批示范基地和骨干企业建设，到2015年，形成大宗固体废物综合利用能力5.5亿吨/年，其中新增利用能力 1.2 亿吨/年，实现资源综合利用总产值 3000 亿元。

（c）秸秆综合利用项目包

主要包括农作物秸秆收储运体系建设项目，秸秆代木项目，秸秆炭化、秸秆气化、秸秆固化成型燃料项目，秸秆纤维原料、秸秆清洁制浆与合作项目，以及秸秆生产食用菌、秸秆生产有机肥项目。

农作物秸秆收储运体系建设项目：主要包括通过以秸秆经纪人为主体的分散型收储运模式和以专业秸秆收储公司为主体的集约型收储运模式实现秸秆的收储运体系建设。分散型收储运模式主要以秸秆经纪人为主体，由秸秆经纪人把分散农户组织起来，为企业常年提供秸秆原料。集约型秸秆收储运模式主要以专业秸秆收储公司为主体，负责原料的收集、晾晒、储存、保管、运输等任务，并按照发电企业规定的统一质量标准，对农户或秸秆经纪人交售秸秆的含水、含沙和霉变程度进行质检、称重、支付货款、打捆"标准捆"、堆垛、统一防潮、防火和保存。

秸秆代木项目：主要包括通过秸秆碎料板、秸秆中密度纤维板、秸秆轻质墙体内衬材料、秸秆包装垫枕、秸秆替代木粉制作木塑产品等方式，为农业秸秆增值利用、替代和节约木材、减少污染排放、保护生态环境开辟渠道，开辟并推广市场。

秸秆炭化、秸秆气化、秸秆固化成型燃料项目：主要包括利用秸秆炭化技术、秸秆气化技术、秸秆固化成型燃料技术对秸秆进行循环利用和处理。秸秆炭化技术将秸秆经烘干或晒干、粉碎，然后在制炭设备中，经干燥、干馏、冷却等工序，将松散的秸秆制成木炭，可适用于秸秆资源丰富、密度高、规模大、农户居住较为集中的村镇。秸秆气化集中供气技术以农村丰富的秸秆为原料，经过热解和还原反应后生成可燃性气体，通过管网送到农户家中，供炊事、采暖燃用。秸秆固化成型燃料以秸秆为主原料，通过切片—粉碎—除杂—精粉—筛选—混合—软化—调质—挤压—烘干—冷却—质检—包装等工艺，最后制成成型环保燃料，热值高、燃烧充分。

秸秆纤维原料、秸秆清洁制浆与合作项目：主要包括重点在粮棉主产区开展专项示范工程，从政策、资金和有效运营等方面对秸秆人造板、木塑产业、秸秆清洁造纸给予扶持。建立秸秆代木产业示范基地，选取部分秸秆人造板、木塑装备制造企业，一批秸秆人造板、木塑生产企业，给予重点支持；引进创新秸秆纤维原料加工技术，形成规范、专业、科学的秸秆纤维原料基地布局；鼓励秸秆制浆造纸清洁生产技术研发推广，支持成熟的秸秆制浆造纸清洁化新技术产业化发展；在棉花主产区建立棉秆综合利用产业化示范工程，支持利用秆皮、秆芯生产高强低伸性纤维（造纸制浆原料）、人造板、纺织工业用纤维以及其他工业用增强纤维等。

秸秆生产食用菌、秸秆生产有机肥项目：主要包括做好秸秆栽培食用菌；加快建设高效生态的现代农业；继续重点推广企业加农户的经营模式，建设一批秸秆栽培食用菌生产基地；按照循环经济理念，开辟和建立秸秆多元化利用途径，重点推广秸秆—家畜养殖—沼气—农户生活用能、沼渣—高效肥料—种植等循环利用模式；鼓励粮食主产区建设、秸秆生态循环农业工程，充分利用好秸秆资源。

3. 为什么要引入 PPP 模式

（1）建立 PPP 模式大气污染治理基金可以推动大规模的第三方治理

建立 PPP 大气污染治理基金可以为大气污染治理项目包实行大规模的第三方治理提供融资、建设和运营平台。相较于传统治理模式，采用第三方治理，由于规模效应，第三方大气污染治理项目改造成本降低，监管成本下降，技术研发难度降低。同时，由于专业化运行和技术进步，专业机构治理效率提高，效果更好，且有更强的动力进行减排改造，避免偷排，总体收益提升。符合物有所值原则。

①降低改造成本，提高改造效率

早期我国的大气污染治理设施运营主要是以国家为主导，进行投资、建设、运行及管理。环境污染防治问题是一项公益事业，应由财政支付环保设施运行费用的观点普遍存在。污染防治设施从投资、建设到运营、管理均处在经济政策的制约之下和单一的管理模式之下，不讲经营，不计效益，甚至不顾及环境的恶化。结果导致处理设施运行质量不高，浪费大量投资，污染治理效果较差，难以达到预期效果。同时没有考虑污染防治设施运营的经济效益，人为地将治理污染与加快发展对立起来。

目前我国的工业大气污染治理，基本实行"谁污染、谁治理"的污染者分散治理方式。以排污企业为责任主体，开展污染治理。政府的监管以排污企业为责任对象，通过"三同时"等制度督促企业完成污染治理设施的配套建设，通过重点企业污染设施运行状况排查、排污口监测等形式对企业排污状况进行监督管理。在这一体系下，排污企业全程负责污染治理设施的建设、运营，是污染治理的最终责任方，承担本企业出现超标排放、污染事故等情况时的法律及相关经济责任。

通过分析成本效率，传统治理模式（大气分散治理）增加了脱硫除尘等设备建设和使用成本，在全社会造成固定资产的浪费。同时，分散治理不利于提高大气脱硫、脱硝、除尘、煤改气等工艺流程的去除效率，由于单个企业需要防治的废气量较少，脱硫、除尘等效率更低，成本更高。

相较于传统治理模式，第三方治理的实施由于规模效应，降低了运营成本，提高了改造效率。专业公司运营随着市场化程度、运营规模的集中度提高，一个环保企业负责第三方运营的项目可以达到上百个甚至数百个，采购药剂、外包的一些服务成本还会进一步降低，而内部的监管手段会进一步信息化、现代化，还会有成本降低的空间，可靠性也会进一步提升。

专业环保公司以提供设备、药剂、建设工程承包等形式为企业污染治理提供设计、工程、技术等服务。污染第三方治理模式打破了"谁污染、谁治理"的传统模式，变为"谁污染、谁付费、专业化治理"。专业第三方的引入，将推进企业污染治理的专业化，提高污染治理设施的运营效率，提升突发污染事故的应急能力。第三方企业基于专业能力为业主提供更有针对性的建设运营方案，提高业主方治污的投资效率。排污企业治理设施转由掌握专业技术及管理经验的环境服务公司运营，通过规模效应，减少了全社会固定资产投资，可以降低治污成本，提高治污效率。

以脱硫产业为例。相较于EPC带来的建设质量不过关、运行效果差等问题，BOT 运营模式一方面提高了运行效率，另一方面，通过计算，参与 BOT 的项目毛利率明显高于 EPC。符合物有所值原则。

②减排量与利益挂钩，为专业机构减排改造提供动力

传统的企业自主治理中，企业作为直接的减排责任方和受益方，从利益最大化考虑，难以做到自发改造脱硫除尘等设备工艺，并且偷排现象时有发生。2010 年中华环保联合会对全国 18 个重点流域工业园区调查结果显示，两个国家级、7 个省级工业园区，100% 有水污染问题，78% 涉及大气污染，17% 存在固体废弃物污染。18 个工业园区中有 13 个工业园区配备了治污设施，但或闲置或间歇运行，形同虚设，完全无法实现污染物达标排放要求。究其原因，一是由于缺乏社会责任感和有效监管，工业企业自觉控污减排的意识比较淡薄。更主要的是，目前我国工业污染治理依然沿用"谁污染、谁治理"的思路，由排污企业自行解决治理问题。企业作为市场竞争主体和自主经营、自负盈亏的独立法人，难以从宏观和长远的角度建立有利于环境保护的自我约束机制。

在第三方治理模式下，污染企业以治理委托合同的形式，将污染治理工作全面或部分委托第三方专业企业，污染治理企业通过自身的专业知识能力实现被委托工程的污染治理，并从中获取利润。由于减排量与最终利润直接相关，故第三方治理偷排动机较小。

同时，由于外包形式创造了产值，拉动了 GDP 的增长，体现出大气环境保护的经济效益。随着排污权交易制度的逐步完善，获取的额外减排量可以通过交易平台为污染企业获取一定得经济效益，或为污染企业的改扩建工程的实施提供总量来源保障。

以治理任务占比最重的火电行业为例，京津冀地区到 2015 年新建和改造燃煤机组的脱硫装机容量空间达 5970 万千瓦，脱硝装机空间为 1.1 亿千瓦。按照目前行业平均水平的 200～300 元/千瓦的脱硫成本，以及 90～100 元/千瓦的脱硝成本核算，未来 5 年京津冀地区潜存的仅火电脱硫脱硝的市场空间就可达 250 亿元。如果加之钢铁和水泥的脱硫脱硝改造，京津冀地区未来 5 年 PM2.5 治理带动的脱硫脱硝设备及工程市场空间可达上千亿元。

同时，京津冀作为全国范围内汽车保有量居前的地区，未来油品升级的市场投资空间将在全国千亿元规模中居于主体地位。如果按照汽、柴油质量升级至第五阶段每吨需要新增的成本为 650～750 元计算，仅北京和天津目前所保有汽车量所耗燃油所带动的油品升级改造市场规模就可达数百亿元。油品升级主要就是机动车生产过程中的脱硫投入增加，因此对脱硫的工程设计公司、加氢反应器的制造企业以及加氢脱硫催化剂企业而言均可带来大量收益。

此外，京津冀地区未来 5 年内将有望成为国内天然气消费快速增长的重点区域之一，而由此带动的将是围绕天然气生产、输送及终端应用的完整产业链需求。国家发改委能源研究所能源系统分析和市场分析研究中心主任姜克隽表示，初步估算，仅京津冀全面实现"煤改气"就能创造上千亿元的投资需求。随着"煤改气"进程的推进，燃气电厂、居民采暖的天然气管道改造等板块将获得市场机遇，相关天然气供应商、燃气轮机和余热锅炉设备制造商也有望受益。

③降低执法成本和监管难度

在传统大气污染防治对策中，政策制定和实施过程采用行政手段偏多，环境执法成本较高。企业自主治理导致的偷排现象进一步提高了环境执法成本和监管难度。《北京市大气污染防治条例》自 2014 年 3 月 1 日起实施，截至 5 月中旬，北京共处罚了 178 起违法行为，罚款金额 350 余万元。1 月至 4 月共检查各类污染源单位 20235 家次，处罚金额共 1500 万元，涉及大气的处罚金额为 1000 万元；按照违法案件统计，1 月至 4 月共违法 650 余起，其中大气约 500 余起，与 2013 年相比，案件数量多了 2 倍，处罚金额多了 1 倍。

在第三方治理中，排污企业与治污企业之间的合同关系促使双方互相监督制约，可有效控制单方违规违法排污行为的发生，减轻政府主管部门的监管压力，可有效降低环境污染事件的风险。排污企业治污责任通过合同方式向环境服务公司转移，环保部门的监管对象大为减少，相应的执法成本也大幅降低。

同时，由于污染物集中治理，环境监管部门重点监管对象变少，不再是分散的排污企业，而是相对集中的第三方公司，监管范围大大缩小，成本下降。

④促进技术进步，产业升级

传统改造模式下，化工行业污染物来源复杂，不确定性大，生产企业的环境风险大，而排污企业本身对污染治理并不专长，缺乏先进技术。转交第三方治理后，具备提供综合解决方案及技术实力的环保企业将由目前的设备、工程提供商变为综合服务商，由于第三方治理盈利化的特点，其有充分动力进行脱硫脱硝技术改造，进一步在全行业内降低污染物治理成本，促使产业升级，进而推动环保产业的快速发展。

巨大的市场需求与优胜劣汰的市场法则将有利地推动环保企业服务能力的提升与产业的优化整合，从而实现环保产业整体的壮大与升级。环境服务公司在企业污染治理领域开拓新的市场，提供新的服务领域，将由过去单纯的设备制造、工程建设、拓展到投资运营服务，为自身成长提供新动力。

同时，由于规模效应，负责第三方治理的专业机构能够汇聚更多的经验和资金进行技术升级与改造，相较于传统模式下各个需改造的企业单独进行技术引进，成本更低、效果更好。

（2）通过建立 PPP 基金，可成立财务公司，实现产融一体化

由于我国目前严格禁止银行等金融机构兴办、投资实业，故尚不存在由融而产的形式，产融一体化是靠由产而融形式进行，由产业实体直接创办财务公司，逐步升为银行，或通过参股、控股等方式进入金融企业重组金融资本，形成一个产业实体控制的组织形态。在京津冀大气污染防治中，专门设立京津冀大气污染防治基金管理机构，可以降低基金筹措费用、减少技术重复引进等分散化带来的浪费，同时优化资金管理，提高运营效率，增强资金聚集效应，符合物有所值原则。

①形成稳定的现金流，为第三方治理项目提供资金支持

第三方治理项目中，融资是重要一环。能否为第三方治理企业提供获取项目资金的途径是推动规模化第三方治理的关键。在传统的第三方治理模式中，治理企业融资途径有限，且耗时耗力。通过建立 PPP 基金，

拓宽融资途径，基金管理机构可以综合运用多种金融融资工具，包括银行贷款、保险、私募股权以及包含可续期债券、项目收益债券等的债券工具；同时，作为产融一体化的综合性融资治理机构，也能在融资过程中提供更高层级的信用担保，获得更为集中的财政支持，相较于传统模式融资难度更低，可募集的资金更多。另外，通过建立PPP基金，实现产融一体化后，基金能直接为项目建设提供所需资金，融资更便捷。

通过提供更丰富、更便捷的融资途径，产融一体化为推动大气污染第三方治理建立了基础。

②强化资金统一管理，增强资本集中效应，为技术发展提供基础

传统的第三方治理模式下，项目较为分散，社会资本参与度低，单个项目资本量小，难以盘活整个产业的资金链，也难以形成规模效应，资本无法用于投资。通过建立PPP基金，推动产融一体化，原本分散的第三方治理的项目资金可以在一个体系中统一进行管理，一方面管理效率更高；另一方面，由于资本量增大，基金使用更为灵活，在直接投入到第三方治理项目之外，剩余资金可以用于进一步的投资，从而获得更多的资金积累。

同时，在更多的资金支持下，更易实现技术研发，同时也为承担更大规模的第三方治理项目奠定了基础。

③提高资金管理效率，避免重复引进

随着大气污染物排放标准的进一步提高，部分企业引进国外先进生产线进行污染物减排，如煤化工领域的煤气化炉和硅薄膜太阳电池生产线等，虽然投资巨大，但效益较差。其原因是行业内减排技术较差，自主创新经费不足，且各企业分别引进技术的方式形成了重复引进，大大增加了治理成本。在传统的企业自主各自治理模式中，技术重复引进与创新能力低下导致企业的大气治理成本居高不下，减排动力弱，偷排漏排现象频繁。

构建PPP基金可以有效吸纳社会资本，对污染处理技术设备进行统一管理，统一投资，提高资金的管理和利用效率，促进减排自主创新技术的开发。对于污染企业而言，只需与第三方治理机构进行大气污染减

排交易，方便企业内部的资金管理和资金分配，同时有效避免企业分散投资导致的技术重复引进，进一步提高资源配置效率，增加大气污染治理行业产值，扩大项目包收益。

④抵御风险能力增强

在运用PPP模式进行大气污染治理的过程中，存在投资风险、环境风险、市场动荡等一系列可能导致改造或治理项目失败的风险，传统的分散式投资方式使得此类风险事件一旦发生，环保机构与企业自身缺乏独立承担的能力。

通过成立PPP大气污染治理子基金，建立产融一体化的资金统一管理机构，就会有强大的资金实力作为支撑。一方面减少了包括投资不谨慎、对环境风险与难度预估不足等风险；另一方面，一旦有某些项目亏损，收益项目填平资金亏损后可以保证基金的收益不受太大损失，同时借助资金聚集效应迅速化解危机，具有更强的抵御风险的能力，社会资本和政府财政投入的资金安全有一定的保障。

参 考 文 献

［1］马骏，等. PM2.5 减排的经济政策分析［M］. 北京：中国经济出版社，2014.

［2］李豫. 燃煤发电 SO2 排控状况浅析［J］. 电力勘测设计，2012，8（4）：42－45.

［3］史建勇. 燃煤电站烟气脱硫脱硝技术成本效益分析［D］. 杭州：浙江大学硕士学位论文，2015.

［4］蒋春来，杨金田，许艳玲，等. 燃煤电厂差异化脱硝电价方案研究［J］. 中国电力，2013，11（46）：78－83.

［5］曹雨清. 静电—布袋复合除尘器在 300MW 火电机组中的应用研究［D］. 广州：华南理工大学硕士学位论文，2009.

［6］我国电除尘设备行业销售收入与集中度分析［EB/OL］.［2016－07－25］. 中国报告网，http：//market. chinabaogao. com/jixie/0331KD02014. html.

［7］除尘竞争格局清晰集中度可能进一步提高［EB/OL］.［2016－07－25］. 中研网，http：//www. chinairn. com/news/20140925/142757511. shtml.

［8］东吴证券：环保行业 VOCs 行业深度报告［EB/OL］.［2015－10－22］. http//：www. gep research. com.

［9］孙祥升. LDAR 在中沙石化的应用及成果［J］. 中国石油和化工标准与质量，2016（7）：86－88.

［10］张雁雁，温鹏飞，胡颖华，郭筠. 石化行业 VOCS 泄漏检测与

修复体系的建立［J］.环境与发展，2015（5）：68－71.

［11］薛桦.项目融资理论与应用研究［D］.长沙：湖南大学硕士学位论文，2001.

［12］杨超.我国城市污水处理业运营模式研究［D］.杭州：浙江工商大学硕士学位论文，2008.

［13］刘翎.我国农村污水处理项目BOT运作模式研究［D］.天津：天津大学硕士学位论文，2012.

［14］肖林，马海倩.特许经营管理［M］.上海：上海人民出版社，2013：152－158.

［15］市政水务行业PPP项目三大经典案例解读［EB/OL］.［2015－05－21］.北极星节能环保网，http：//huanbao.bjx.com.cn/news/20150521/621365.shtml.

［16］刘启良.大型市政工程BOT项目广州西朗污水处理工程实施案例［D］.成都：西南交通大学硕士学位论文，2007.

［17］中华人民共和国财政部.2016年中央一般公共预算支出预算表［EB/OL］.［2016－08－10］.http：//yss.mof.gov.cn/2016czys/201603/t20160325_1924496.html.

［18］中华人民共和国财政部.2016年中央政府性基金支出预算表［EB/OL］.［2016－08－10］.http：//yss.mof.gov.cn/2016czys/201603/t20160325_1924459.html.

［19］中华人民共和国财政部.2016年中央国有资本经营支出预算表［EB/OL］.［2016－08－10］.http：//yss.mof.gov.cn/2016czys/201603/t20160325_1924190.html.

［20］2016年中央国有资本经营收入预算下降13.2%［EB/OL］.［2016－08－10］.新浪财经，http：//finance.sina.com.cn/china/gncj/2016－03－30/doc－ifxqswxn6575424.shtml.

［21］中央财政大气污染防治专项资金逐年增2016年三大重点工作［EB/OL］.［2016－08－10］.中国文明网，http：//www.wenming.cn/specials/hot/dsh/201601/t20160122_3103074.shtml.